织物结构与性能

刘让同　李亮　刘淑萍　李淑静　编著

中国纺织出版社有限公司

内 容 提 要

本书对织物的结构与性能的内容体系进行了逻辑归集，分析了织物的分类，从几何结构、松紧结构、孔隙结构和表面结构四方面对织物结构进行了特征描述，织物的性能则从织物的表面性能与光泽、织物的力学性能与风格、织物的透通性与传递性、织物的穿着舒适性、织物的耐用性与防护性等方面进行归集。本书内容不仅包括织物结构与性能方面的经典概念，而且融入了现代科技对其认识的影响。

本书可作为纺织服装相关专业师生及科研人员的参考用书。

图书在版编目（CIP）数据

织物结构与性能／刘让同等编著. --北京：中国纺织出版社有限公司，2024.12. -- ISBN 978-7-5229-2206-5

Ⅰ. TS105.1；TS101.92

中国国家版本馆 CIP 数据核字第 2024JH6377 号

责任编辑：朱利锋　　责任校对：高　涵　　责任印制：王艳丽

中国纺织出版社有限公司出版发行
地址：北京市朝阳区百子湾东里 A407 号楼　邮政编码：100124
销售电话：010—67004422　传真：010—87155801
http://www.c-textilep.com
中国纺织出版社天猫旗舰店
官方微博 http://weibo.com/2119887771
三河市宏盛印务有限公司印刷　各地新华书店经销
2024 年 12 月第 1 版第 1 次印刷
开本：787×1092　1/16　印张：16.25
字数：365 千字　定价：68.00 元

前　言

　　"织物结构与性能"课程是纺织科学与工程学科的硕士研究生学位课，也是纺织工程专业纺织品设计领域的进阶和深化课程，其内容为纺织科学与工程学科建设的重要组成部分。

　　织物结构与性能的研究在纺织学科中具有重要地位。纺织产品主要涉及纱线和织物，研究纱线、织物的形成和应用是纺织学科的主干内容，也是纺织学科独立于其他学科的特征内涵。目前已出版图书中对织物结构和性能的描述大多是基于应用的，即把应用所涉及的领域作为修饰词来诠释，这种诠释看起来很综合，但因为并不是来源于织物本身的物理条件，所以物理意义并不清晰，需要对织物结构与性能的内涵进行系统凝练。

　　很多高校的纺织学科硕士点在培养方案中都开设了"织物结构与性能"或类似的课程。在教学实践中，有的拥有讲义，如西安工程大学研究生培养早期；有的也拥有正式出版的教材，如东华大学的《纺织物理》，内容涵盖了纤维、纱线、织物等。在这样一种混合体中，对织物对象阐述的有限性是可想而知的，换言之，到目前为止还没有一本从学科角度全面描述织物的专著或教材，这对于培养具有纺织学科核心能力的人才是不利的，这也是编写本书的最初动因。

　　作者经过二十余年的研究、积累、实践和创新，吸收了纺织学科的很多研究成果，对织物结构与性能的内容体系进行了多观测点分析、补充和生成，汇集了11个相对独立又相互联系的主题，对织物结构和织物性能内涵进行厘析。课程内容主要分为三大块，即织物的分类、织物的结构及织物的性能。对织物进行分类是我们分析织物的起点，实际上就是完成对织物的全方位认识，要从多个侧面对织物进行了解。织物结构就是织物内部多种组成单元之间的联结方式，以及这种联结的空间表现。织物在与外部世界的相互作用中所体现的基本特征就是织物的性能，性能是织物能够与周围世界发生特定形式的相互作用的根本属性，这也是织物这种物质对象存在的一个更重要的原因。三位一体，相辅相成，要了解织物的结构与性能，首先必须弄清楚织物的种类，只有弄清了具体对象才谈得上对结构和性能的分析。

　　本书的目的在于给读者提供一种对"织物结构与性能"进行分析研究的方法

论和知识体系，但不主张受此拘泥，仅起抛砖引玉之作用。

　　本书的成稿凝聚了作者的心血，也得到了许多同仁的支持，尤其得到了河南省研究生教育改革与质量提升工程项目（YJS2022JC20）的资助，在此表示感谢。本书中内容的整体架构和插图设计由刘让同完成；第一章至第四章的文字内容由刘让同撰写，第五章和第六章由李亮撰写，第七章和第八章由刘淑萍撰写，第九章和第十章由李淑静撰写；书中插图的绘制由李亮、焦云、王慧萍和曾媛完成。

　　由于作者水平有限，本书可能存在不足和错误之处，欢迎读者提出宝贵意见。

刘让同
2024 年 8 月

目 录

第一章　绪论

　　织物是纤维的集合体，是把纤维有序或无序地集合在一起制成的较大、较薄的平面状物体，包括机织物、针织物、非织造布等，其中以机织物、针织物两大类使用范围最广、产量最高，非织造布的发展速度最快。《织物结构与性能》的内容从逻辑上主要分为三大块，即织物的分类、织物的结构和织物的性能。

　　对织物进行分类是织物研究的起点，其目标是对织物本身有一个全面的认识，从多个侧面对织物进行了解。分类学本身也是一门复杂的学科，分类实际上就是要从不同的侧面对事物进行观察，其核心问题就是观察侧面即分类基准，分类基准不同，所分的类别也会产生差异，织物分类是开展织物结构和性能研究的基础，反过来，织物结构与性能的深入研究也会给织物分类提供新的分类依据。

　　织物内部组成单元的相互联系和相互作用表现为织物的结构。织物结构就是织物内部诸种组成单元之间的联结方式，以及这种联结的空间表现。没有结构的织物是不存在的，结构使织物的单元要素联结为一个统一的整体，使整体的织物得以形成。

　　织物与外部环境间存在各种各样的相互作用，可以是显性的直接的，也可以是隐性的间接的，织物在与外部环境的相互作用中所体现的基本特征就是织物的性能。性能是织物能够与环境发生特定形式的相互作用的根本属性，也是织物作为一种独立的物质对象存在的更重要的原因。不同结构的织物具有不同的性能，因此性能成为不同织物相区别的一个标志。织物在与环境的相互作用过程中，有些性能被强化而显现，另外一些性能则被弱化而被忽视，表现出对织物性能要求的差异性，这种性能的差异性需要通过织物结构的多样性和差异性来保障，归根结底，织物结构的改变是满足织物性能改变的要求。但不管是什么样的织物，都是纤维纺织产品，其结构和性能又具有一定的统一性和相似性。正因为这种多样性与统一性、差异性与相似性，使织物结构呈现出多彩纷呈的格局，构成了织物产品的丰富多彩。

　　织物的分类、结构和性能，三者互为支撑，协同一体。要了解织物的结构与性能，首先必须弄清楚织物的种类，从纺织材料学可知，不同的织物的物理结构不同，性能也有明显的差别，只有弄清具体对象才能对其结构和性能进行具体分析。织物的内外关系相互联系，表现为织物的性能与结构的密切关联和有机统一。所以，具体织物都是特定性能与特定结构的统一。织物的结构与性能相辅相成、互相影响，性能是对材料内在结构的反映，受内部结构制约，结构是材料具有某些特殊性能的内因。从应用上讲，材料的性能可以从组分及结构上寻找其形成原因，因此，如果希望材料具有某些特殊性能，就可以从结构设计入手。比如，羊毛和蚕丝同为天然蛋白质纤维，但羊毛和蚕丝在性能上存在较大差异，羊毛具有较高的吸湿性而强力较小，其根本原因就在于内部结构的不同；蚕丝蛋白质的分子链主要由简单氨基酸组成，其分子结构比较均匀规整，缝隙孔洞少，取向度高，造成强度高、吸湿小，而羊毛中复杂氨基酸含量较多、侧基大，且极性基团多，分子结构不能形成规整结构，缝隙空洞大（多），因而强度低、吸湿性好。这是结构对性能影响比较突出的一个例子。

以上所说的织物概念是传统意义的，也是内涵意义上的，而从实际出发，要对织物有一个全面的了解，离不开织物外在的使用形式。织物具有各种各样的用途，不仅是人们生活所必需的生活资料之一，也是工农业生产、交通运输和国防工业的重要材料，在有些领域，织物可能单独承担应用功能（如服装），而在另一些领域，织物可能要与其他材料一起协同完成（如纺织结构复合材料），这种情况下不能单就织物说织物，而是用系统方法把它们看成为一个整体。所以这里所讨论的织物不仅包括内涵意义的织物，更涉及实际应用环境中的织物外延，即织物及其复合物（比如共混或分相的纺织结构复合材料），因此，不仅要讨论单一织物的分类、结构和性能，也会涉及织物复合物的分类、结构和性能。

第一节　织物分类

1–2

可根据加工方式、使用原料、设计的组织、应用领域、外观色泽等对织物进行分类。

一、按加工方式分类

根据织物的加工方式分类，即机织物、针织物、非织造布等。

（1）机织物（woven fabrics）：机织物是由两系统相互独立的纱或线（分别叫经纱、纬纱）按照一定的交织规律在织布机上织制而成，由于传统织布机借助梭子织布，所以机织物在习惯上又常称为梭织物。

（2）针织物（knitted fabrics）：针织物是用织针把纱线弯成线圈，再将线圈一个一个串套连接起来而制成的织物，根据其成圈原理可分为经编针织物和纬编针织物，根据产品形式可分为针织坯布和针织成型产品两类。针织坯布主要用来缝制内衣、外衣、围巾等，如汗衫、棉毛衫、羊毛衫、针织两用衫等；针织成型产品有袜类、手套、绒线衫、羊毛衫等。

（3）非织造布（nonwoven fabrics）：非织造布俗称无纺布，是由一定取向或随机排列组成的纤维层或由该纤维层与纱线交织，通过机械钩缠、缝合或化学、热黏合等方法连接而成的织物。形态可以是厚厚的絮片，或薄如纸状，或毛毯状，或真皮结构状，或如传统的纺织品状，所以也称"布"，这里的"布"，只表明其属于纺织范畴，实际上已大大扩大了其原有的含义。非织造技术是继机织、针织之后的第三种主要的纺织生产技术。

（4）其他：织物还包括以钩针或其他方式箍编而成，如以接结或其他方式箍结的网制品，以铺絮擀毡等方式制成的物品等。

在介绍织物结构时主要以这种分类标准进行。由于机织物、针织物和非织造布在结构上有很大差异，考虑篇幅长度和知识的系统性，本书以机织物为研究对象展开论述。

二、按用途分类

根据织物的不同用途进行分类，即服装用织物、卫生用织物、装饰用织物、产业用织物等。

（1）服装用织物：这类织物主要用于内衣、外衣、衬里衣料。

（2）卫生用织物：如毛巾、浴巾、枕巾、手帕、床上用品等。

（3）装饰用织物：如窗帘、帷幔、床罩、家具罩布等。

（4）产业用织物：指用于工农业、医疗和军需的各种织物。如传动带、帆布、塑料衬布、滤布、绷带、水龙带、包装、体育、防护、军用、建筑、篷盖等。

织物性能可以认为是这些应用领域中对织物要求的一种集合。

三、按织物原料分类

按原料织物可分为纯纺织物、混纺织物和交织织物。

（1）纯纺织物。纯纺织物是指经纬纱都用同一种纤维纺织而成的织物。根据纤维种类可分成：

①棉织物：如细布、漂布、府绸、卡其、华达呢等；

②毛织物：如麦尔登、凡立丁、女士呢等；

③丝织物：各种绫、罗、绸、缎、纱等；

④麻织物：如夏布、麻布、麻帆布等；

⑤化纤织物：如纯涤纶织物；

⑥矿物性纤维织物：如石棉防火织物、玻璃纤维织物等；

⑦金属性原料织物：如金属筛网等。

（2）混纺织物。混纺织物是指用两种或两种以上不同种类的纤维混纺成纱后织成的织物。随着化纤工业的发展，天然纤维与化纤混纺的品种逐渐增多，如毛、棉与各种合成纤维混纺的织物，人造纤维与毛、人造纤维与涤纶等混纺的凡立丁、花呢等；涤黏、毛黏、黏锦等混纺织物；此外，还有用三种纤维混纺的织物，称"三合一"织物。

（3）交织织物。交织物是指用两种不同纤维原料的纱线或长丝交织而成的织物，如棉经、毛纬的棉毛交织物，毛丝交织的凡立丁，丝棉交织的线绨等。这些交织物除了使织物经纬向具有不同的力学性能外，在染色后还具有闪色效应。根据纱线原料的变化又可分为纯纺交织物和混纺交织物。

四、按织物组织分类

按织物组织分类，即基本组织织物、变化组织织物和复杂组织织物。

（1）基本组织织物。机织物的基本组织有平纹、斜纹、缎纹；针织物可分为纬编针织物和经编针织物，纬编针织物的基本组织有纬平针组织、罗纹组织、双反面组织、双罗纹组织，经编针织物的基本组织有编链组织、经平组织和经缎组织。

（2）变化组织织物是指织物的组织由基本组织变化而来，但仍带有基本组织的某些特点。

（3）复杂组织织物是指织物的组织具有比较复杂的规律。

五、按织物色泽分类

按色泽可把织物分为本色织物、漂白织物和染色织物。

（1）本色织物又称原色织物、坯布，是直接从织机上取下来未经加工处理的织物。

（2）漂白织物，即纱线经过漂白后织成的织物或坯布经过漂白后得到的织物。

（3）染色织物包括纱线染色后织成的织物（色织布）、坯布染色及印花织物等。

六、按织物后整理方式分类

按后整理工艺可把织物分为一般整理织物和特殊整理织物。

（1）一般整理织物，即经漂白、丝光、染色、印花等整理的织物。

（2）特殊整理织物，即经过防燃、防蛀、防水、防静电等整理后的织物。

七、按纱线系统分类

按纱线系统可分为环锭纺织物和转杯纺织物；根据原棉加工系统的不同，用精梳棉纱织成的织物称为精梳棉织物，用粗梳棉纱织成的称粗梳棉织物；毛织物则分为精纺织物和粗纺织物；根据其经纬所用的纱线不同，可分为纱织物、半线织物与全线织物。

八、其他分类方法

当前除由线圈组成的针织物和用相互垂直的两个系统的纱线交织而成的机织物以外，还有联合使用针织与机织工艺制成的织物，用三个系统纱线互呈一定角度制成的"三向织物"。传统的机织物又称二向织物，受力时呈各向异性，即经向和纬向具有较大的强力，而斜向强力较弱，耐用性较差。为了改善这个缺点，满足某些产品的要求，三向（平面）织物得到关注。三向织物在三个方向受力是均等的，具有很高的顶破强力、优良的抗撕扯性和抗剪切性，是降落伞、船帆、气球、轮胎等理想的应用材料。

二向织物和三向织物都属于平面织物。但随着科学技术和产业经济的发展，普通结构的织物已不能满足航空、航天、汽车、建筑、医疗器具等领域的更高要求，出现了三维织物。三维织物是对传统纺织技术的拓展，三维织物中的纤维束不仅具有二维结构，而且在厚度方向相互交织形成整体结构。目前三维纺织技术已得到了很好的发展，特别是复合材料的发展促进了其相关研究，许多复杂的构件都已经具备成熟的制作技术（包括机织、针织和编织等方法）。三维机织物是指纱线在空间三个方向相互穿插，相互交织成一定的几何形状，形成空间网络。三维机织物作为纺织结构预制件，具有良好的整体性，是结构复合材料的理想骨架，三维机织物结构组织形式多样，其截面形状多种多样，如"工"形梁、"L"形梁、蜂窝状织物、箱状织物、管材、中空双层壁织物等，设计灵活，易于采用机下变形制造异型件，易于实现计算机的辅助设计，三维机织物与多轴向经编针织物及三维整体异型编织物相比，能实现较大幅宽织物及规模化生产，但厚度受到设备条件的限制。

第二节　织物结构概述

随着纺织科学技术的不断发展和科学研究成果的不断涌现，"织物结构"的内容也在不断更新和完善，多样化织物形成原理和应用方面的信息越来越完善，人们对织物结构复杂性的认知也越来越清晰，显然对"织物结构"所涉及的内涵进行逻辑归集是很有必要的，一方面可以帮助广大纺织服装研究工作者进行研究，另一方面可为纺织学科的发展做一些基础的梳理工作。

一、织物结构的研究现状

结构是指物质基本单元堆砌、组合所形成的内在关系，包括堆砌单元数目、组合形式、平面空间关系等。任何织物都是结构与性能的统一。

对于机织物结构的研究已有悠久的历史，纺织科学研究者们一直试图对织物结构建立一套系统的理论，每个研究者从各自的观察角度提出了对织物结构的见解，有的从纱线在织物中的形态出发，用几何结构方法建立模型展开几何关系研究，有的则从实验资料出发，用经验方法进行统计回归分析，试图探讨织物结构与经纬纱粗细、密度之间的定量关系。

纱线在织物中的截面形状是复杂多样的，最初的研究者企图将纱线截面形状规整化、模型化，从 1937 年弗雷德里克·托马斯·皮尔斯（Fredrick Tomas Pierce）出版《织物结构几何学》开始，前后提出了许多模型。Peirce 主张以圆形或椭圆形描述纱线截面形状，便于几何模型的推导，基于此，有人提出了跑道形、凸透镜形、碗形等截面结构模型。Peirce 提出的机织物结构模型由 11 个独立变量 7 个方程构成，反映了机织物中各独立变量的几何约束关系，在这 11 个变量中只要知道任意 4 个就可以解出其余的所有变量，4 个变量可以形成多种组合方案，因此这个方程组没有唯一解，反映了参数组合的不确定性。基于这组方程探索织物的紧密性，推出了织物的挤紧状态方程，明确了经纬纱结构参数间彼此的约束，在此基础上，研究者对织物几何结构开展深入研究，Peirce 模型得到进一步发展和应用。本特（Painter）（1952 年）建立了基于 Peirce 关系方程的诺模图技术，根据实际数据积累反演设计确定织物的结构参数，大大简化了 Peirce 方程的求解；拉夫（Love）（1954 年）根据 Peirce 提出的平纹织物紧密结构条件，将纱线截面修正为跑道形，发展建立了非平纹织物紧密结构的最大可织图解，并阐明此可织图解在织造工艺中的实际应用；汉密尔顿（Hamilton）（1964 年）在此基础上提出了织物织紧度的概念及其算术图解。综上所述，对 Peirce 理论的修正主要集中在对纱线的截面形态和屈曲形态的修正上。

由于织物结构的易变性，结构的纯几何学研究已不能充分解决实际情形中所包含的复杂性，采用经验数据研究织物结构的方法应运而生，在这方面做出贡献的学者有奥洛夫森（Olofsson）（1964 年）等，他们把织物成型时的力学条件和经纬纱线相互作用产生的形变作为已知条件，建立织物结构的数理（力学）方程，摆脱了纱线截面形态和交叉屈曲形态所造成的影响，着眼于探求织物结构和性能之间的内在联系，使织物结构的研究又更进一步。

疏松的平纹织物的孔隙明显，研究者对织物孔隙开展研究，提出了平纹织物纱线间的孔隙模型，此模型描述的孔隙形态是外口大而内口小、小口与小口相连接、截面为变角方形的喇叭形，变角方形的方口方向沿厚度方向存在顺时针或逆时针方向的偏转。该模型得到了施榴梧等人的证实。

研究人员在对机织物几何结构研究过程中，发现机织物内的纱线并不是二维的弯曲形态，而是三维的波动曲线，因此纱线在织物中的分布、弯曲，形成孔洞的形状、尺寸，与二维结构理论的分析结果不同。纱线在机织物中产生三维变形移位的主要原因是两种力学关系：一是织物中与某根纱线相接触的其他纱线的作用力（包括同一系统的纱线和另一系统的纱线）；二是纱线本身扭应力的影响。

以上模型并不成熟，且对非织造布和织物的表面结构涉及较少。要对织物结构有比较全面的掌握，就应立足实际织物的现实结构进行分析。

二、织物结构的特征信息

（一）从织物的定义分析

织物的定义可以用两句话来描述，即"织物是一种纤维堆砌的集合体材料，是把纤维有序或无序地集合在一起形成的较大、较薄的平面状物体"。这个定义给出了织物的内涵信息，可以理解为：织物是由纤维组成的；纤维是"有序或无序地"堆砌在一起的；形成的集合体是"较大较薄的平面物"；根据"纤维有序或无序地集合在一起"的信息必须明确纤维变成织物的堆砌状态（堆砌的数目、相互关系）。

基于织物定义，"纤维的堆砌"与堆砌几何有关，形成织物的几何结构；"较大较薄的平面物"意味着织物有宏观表面和形状，形成织物的表面结构。从定义的隐含信息可以知道，纤维形成织物后可紧密堆砌也可松散堆砌，纤维形成的组成单元可能彼此接触也可能不接触，这就势必形成织物的松紧结构和孔隙结构，即在织物定义中已经暗含织物结构包含四个方面的内容，即几何结构、松紧结构和孔隙结构和表面结构。

（二）从织物形成角度分析

织物的形成必须要以几何结构为基础，首先要确定纱线的粗细、纱线的堆砌形式即织物的组织等，其次必须根据应用要求来确定织物的初始松紧结构，比如纱线的排列密度、织物的紧度、覆盖系数等。这种初始松紧结构决定了织物中的初始孔隙结构。织物织造成功后就会形成某种确定的外观，与之相匹配的表面结构固定下来，织物的外观设计受表面结构影响。

（三）从应用设计角度分析

织物织造以应用为目的，应用目的决定了对织物性能要求的特殊性，而这些特殊要求通过织物结构实现。织物的结构应该包括织物的几何结构、松紧结构、孔隙结构和表面结构四个方面。

几何构造是织物结构研究的基础，也是织物形成的依据，松紧结构、孔隙结构和表面结构是织物结构描述的重要方面，有利于了解织物结构的细微差异，从而了解织物性能差异性的原因。松紧结构规定了织物的组成结构单元之间的相互接触关系，直接决定了织物的柔软性；孔隙结构是从孔隙本身来了解织物结构；表面结构是织物的外观，决定了织物的光泽和摩擦性能。织物的柔软性、透通性和光泽等是织物的特征性质，因此与之相关联的松紧结构、孔隙结构和表面结构也是织物的特征信息，符合我们对织物结构观察的习惯，因此也把它们称为织物结构的四个特征内容。

三、织物结构的内容

织物结构是研究织物性能规律的基础，也是按照织物性能设计织物的基础。织物结构参数，特别是经纬纱细度、经纬纱排列密度、织物组织等，尚不能构成完整成熟的结构参数体系，说明了织物结构研究的难度和复杂性。

任何事物的结构不可能简单描述，需要从不同侧面、多方位、多层次进行解剖，既可以从几何学视角进行分析，也可以按照织物组成单元的形成层次进行分析。

（一）从几何学视角看结构的内容

应用几何学的目的是解析对象之间的相对位置和相对位置的形成关系。按照这种逻辑，织物结构要研究织物的平面几何结构、空间立体结构和织物形成的过程结构，包括织物组织、织物中各系统纱线（纤维）相互关系、表面结构等。

为了简化几何问题，考虑到常规织物在厚度方向上尺寸较小，所以常常重点关注织物中组成单元在二维平面上的相互关系，而不考虑第三维，这就是织物的平面几何结构。如果考虑第三维组成单元的相互关系，就变成织物空间立体结构的问题。

任何物质都是由其组成单元集合而成的，这些组成单元之间会以某种几何形式进行集合，织物也不例外，这也是从几何学视角认识织物的现实基础。

纱线或纤维是构成织物的基本组成单元，存在三种基本的组合堆砌方式，即交叉、串套和纠缠黏合，分别对应机织物、针织物、非织造布的结构，也包含了平面织物结构和立体织物结构。这些结构的组成单元可以紧密结合也可以稀疏堆积，从而形成组成单元的排列密度，对织物来讲就是松紧结构；正因为这种排列密度和单元之间的非连续性造成组成单元之间的间隙，形成织物内部的孔隙结构。织物柔软，变形能力大，结构不稳定，这种不稳定性除了与纤维特性有关外，还与织物的松紧、几何构造、孔隙等有关。织物是一种具有孔隙结构的薄型的平面状纤维集合体，用俯视视角看就是表面结构，这种结构直接影响织物的表面性能与光泽。

由于织物具有易变形性，有些织物的最终结构与初始结构存在差异，后整理也会影响到织物的四大结构，因此有必要关注织物形成过程中的结构变化，这也是织物设计需要考虑的因素。

（二）从织物组成单元的层次看结构的内容

织物可以由纱线织成，不同结构的纱线可织成不同的织物结构，因此织物结构参数应该包括纱线参数，即组成纱线的纤维种类、纤维含量及分布情况、纱线在织物中截面被压扁的程度、纱线的体积重量、纱线的线密度、纱线的捻度等。织物也可直接由纤维集结而成，纤维的集结方式将影响织物的结构。可以认为织物的结构参数包括三个层面。从织物的几何尺寸层面看结构参数主要包括匹长、幅度、厚度等；从织物的平面关系看，包括纱线的排列密度、织物的平方米克重、体积质量等；从织物的交织关系看，包括纱线交织规律（即织物组织）、几何结构相、支持面及紧度等。下面介绍几种主要的结构参数。

1. 织物组织（与几何结构有关）

织物组织是织物结构的基础描述，决定着织物中纱线的交织规律。

2. 纱线的线密度和直径（与几何结构有关）

线密度是描述纱线粗细的间接指标。纱线直径与纱线基本表面以内的尺寸有关，由于纱线表面有毛羽，本身又是黏弹体，容易变形，而且纱线截面并非正圆，因而纱线基本表面具有很大的不确定性，直径也具有一定的模糊性。

3. 织物厚度（与几何结构有关）

织物厚度即织物正反表面之间的垂直距离。织物厚度与纱线线密度、织物组织等有关。织物中纱线的弯曲程度对厚度也有影响，染整加工中的张力对织物屈曲波高有明显的影响，因而也影响到织物的厚度。织物的坚牢度、保暖性、透气性、防风性、刚度和悬垂性等都与织物厚度有关。织物与平面物体的接触首先是毛茸接触，当压力达到一定值时平面物体才会接触到纱线的组织点，因此织物的厚度是织物在一定压力下的测定值。

4. 纱线的排列密度（与几何结构、松紧结构有关）

经、纬纱排列密度（简称经密、纬密）是指 10cm 或 100mm 织物中经纱或纬纱的排列根数，是织物设计的重要内容之一。不同织物的经纬纱排列密度区别较大，从麻类织物的 40 根左右到丝织物的 1000 根左右，大多数棉、毛织物的经纬纱排列密度为 100~600 根。织物经、纬密度大小以及经纬向密度的配置，对织物的性状如织物重量、坚牢度、手感及透水性、透气性等有重要影响。

5. 平方米克重、容重（与松紧结构、孔隙结构有关）

织物的重量是对坯布进行成本核算的主要项目，同时也与织物的服用性能密切相关，间接反映织物结构的紧密程度，织物的重量一般是指织物单位面积的重量，又称平方米克重。用纱线的特数与密度可以估算平方米克重。

织物的容重是指织物单位体积内的重量，不同结构纺织品的容重区别也较大，一般棉织物的容重较大，粗梳毛织物的容重较小，针织物更小，絮制品最小。织物的容重与导热性能关系十分密切。

6. 孔隙率与填充率（与孔隙结构有关）

填充率是指织物中纤维体积占织物总体积的百分数，用 f 表示，孔隙率是指织物中孔隙体积占织物总体积的百分数，用 ε 表示，$\varepsilon = 1 - f$。孔隙率可分几个层次：纤维内孔隙率、纱线中纤维间孔洞的孔隙率、织物中纱线间孔洞的孔隙率、纱线中总孔隙率、织物中总空隙率。

7. 支持面与支持面率（与表面结构有关）

织物表面与平面靠近时，表面毛羽先接触平面物体，然后是凸起的屈曲峰尖接触，这些接触点集合在一起就形成了织物的支持面。织物的支持面率就是织物单位面积中支持面面积占织物总面积的百分数。织物厚度也可以指在一定支持面率下的测定值。

以上所列结构参数是织物结构的常用参数,不同参数可以相互推导;每个参数都存在不精细、不确定的特点,也导致织物结构具有不稳定的特点。

四、织物结构的特点

织物的结构具有以下一些特点:

(1)复杂性。不同用途的织物其性能要求也不同,织物结构决定织物性能,这就导致了织物结构的多样性和差异性。但织物都是纤维纺织产品,因而又具有一定的统一性和相似性。织物的这种多样性和统一性,使其产品丰富多彩,即使相同的物质组成单元,由于堆砌组合关系不同有可能形成不同的空间结构,因而织物结构具有复杂性。

(2)易变性。织物织造前必须确定纱线、组织、排列密度和工艺条件,但这四个因素不能决定织物结构的最终形式,只能代表一种相对稳定性。

(3)多态性。织物织造成功后,就形成了织物的一种初始结构,一旦受到外界干扰,其结构状态就会变化,比如,织物经过后整理加工后,其几何结构、松紧结构、孔隙结构和表面结构都会发生变化。织物使用中无时无刻不受外力的作用,织物结构状态也随之改变,这就构成了织物结构变化量的积累,当这种量的积累达到一定程度时,就会引起结构状态质的变化,直至破坏。所以在织物破坏之前的任意一种结构状态都不是最终结构。

织物结构的这种复杂性、易变性和多态性导致了织物结构的难确定性,因此用系统思维研究织物结构是必要的。

第三节　织物性能概述

1-4

与织物结构相似,随着技术和时代的进步,织物性能的内容也在不断更新和完善,对"织物性能"所涉及的内涵体系进行逻辑归集也是很有必要的。

一、织物性能的逻辑归集

(一)织物性能定义

织物与环境中的各种因素不断进行着相互作用,这种相互作用是客观的,这就形成了织物与环境的相互关系,形成织物的性能,所以织物性能是织物与环境相互作用的一种或多种存在关系。

织物与外在环境的相互作用表现为性能,织物内部各组成单元的联结关系表现为结构,表现出了织物结构与织物性能的有机统一。在织物设计与开发进程中,织物性能易发生改变,织物结构反而相对稳定。织物在与环境的相互作用中,首先能够被感知到变化的是性能,然后才是结构,但其实质是织物内部结构变化到一定程度后,出现"旧的结构不能满足新的性能要求"的矛盾,形成织物新的几何结构;随着相互作用的进行,织物将在更大范围内产生结构改变，织物性能将在这个改变基础上得到新的呈现，表现出性能的变化。织物性能与结构的矛盾运动是织物结构不断适应和更新的内在动力，导致织物性能和形态的不断变化。

性能是对织物内在结构的一种外在映射，织物具有比较好的透气性就是对织物孔眼比较大的结构特征的一种反映，孔眼小透气性就可能比较差，这就是说织物的透气性与织物的孔隙结构息息相关。平纹织物和缎纹织物的光泽不一样就是由织物的表面结构决定的，缎纹织物表面纱线浮长相对比较大，形成连续而且面积比较大的反光面，反射光强，形成较强的光泽。组成原料也是织物结构的重要内容，不同原料的织物性能会有差别，如毛织物与棉织物在保暖性、亲肤性、弹性上都存在差异，这就是原料（或结构）决定的差异性。性能是对织物内在结构的一种外在映射，织物具有比较好的透气性就是对"织物孔眼比较大"的结构特征的一种反映，孔眼小透气性就可能比较差，这就是说织物的透气性与织物的孔隙结构息息相关。

由此可见，织物性能是织物与外部环境相互作用关系的一种表现，是织物内在结构的外在反映，是组成材料性能的集中体现，是评判织物质量的客观依据。

（二）织物性能剖析

要较好地掌握织物性能，可以从织物应用场合出发进行分析。

织物性能是织物与环境相互作用所形成的关系，因此环境中存在什么因素，织物就与该因素联系而形成某种性能，因此织物性能在内容体系上具有统一性、全集性。不管何种织物，每个性能都是具备的，性能的内容具有全集性。

虽然织物性能在内容上具有全集性，但在强弱上具有差异性，这也是区分不同类型织物的依据，是对织物性能进行评价的依据。实际应用场合常常重点关注织物某些性能，极有可能忽略那些不影响应用效果的性能。比如，产业用织物有可能对织物的强度、伸长要求比较多，而诸如手感、风格方面的性能要求可以低一些；装饰织物应该体现其美化环境的作用；卫生织物则要求吸收性、透通性等方面表现良好。当然，这不代表这些性能不存在或不重要，这些性能是所关注性能能够表现出来的基础、默认条件甚至是保障条件，比如光泽织物也必须符合强伸性能要求，对于服装用织物不仅要求有一定强度，而且要求其手感、风格、光泽、舒适等方面都应达到一定的水平。

不同应用领域对织物的性能会有不同的量度要求。服装用织物需对人体健康无不良影响，能使人体免受外来损伤，帮助人体适应气候变化和便于人们肢体活动，其断裂强度不应小于17kgf❶，也应具有一定的美观性。产业用织物一般对强度、耐疲劳与磨损性、耐热性、耐气候性与耐腐蚀、吸湿与吸水、过滤、保湿与绝热、噪声控制、阻燃、抗静电等方面的性能比较关注。

不同应用领域对织物性能要求的内容和量度差异还具有一定的时代性。同样是服装用织物，在 20 世纪六七十年代人们对织物的强度性能比较关注，而在当今时代更多关注舒适性和美观性。

---

❶ 1kgf=9.8N。

（三）逻辑归集的必要性

首先，从应用领域看，希望利用织物来实现某一应用目标，就需要从众多的织物中选择合适的试样进行匹配，对各种织物的性能进行对比，这种对比的有效性是建立全面了解织物性能的基础上。其次，从织物设计角度看，设计就是体现个性，使织物某一方面的性能能够凸显出来，然后通过织物结构和原料实现，如果对性能情况没有一个全面了解，设计是无从下手的。再次，对织物性能进行全方位了解也是认识客观世界的基本要求，需要形成织物性能内容的完整体系，否则会形成"瞎子摸象"的结论。由此可见，对织物性能进行全面掌握是必要的，枚举法容易出现挂一漏万，达不到目标，只有对织物性能进行归集，才能科学认知织物，为改造织物提供依据。

二、织物性能的内容体系

织物性能包括内容广泛，它是织物内在结构的外在反映，这种反映随观察目的、观察角度不同会产生认知上的差异，也就是说，织物性能的内容体系可以罗列出多种不同的结果，因此需要从多种角度对性能体系进行观察。

（一）从织物自身看织物性能

任何事物都具有多种性能，这些性能并不是杂乱无章的。根据性能与织物的关系可进行类别划分，有一般性能、主要性能和根本性能。织物的一般性能较多，且时常变化；织物的主要性能与织物本身关系较密切，在织物诸多性能中表现较为突出，往往成为织物辨认区分的主要标志；织物的根本性能直接关系到织物的存在与否，也被称为本质属性。这三种性能以根本性能为根基，以主要性能为主干，以一般性能为枝叶，使织物与环境之间表现为一棵活生生的"性能之树"。

（二）从织物与环境的相互作用方式看织物性能

1. 作用类型

外界因素作用于织物有三种类型，即点作用、面作用和体作用。点作用是指外界因素集中作用在织物局部位置上，如顶破、刺破、撕裂等；面作用是指外界因素作用在织物的正面或反面，如表面性能、摩擦性能、悬垂性、光泽等；体作用是指外界因素由织物整体承担，如拉伸、压缩、弯曲、剪切等。另外，外界因素与织物发生相互作用时还可能出现反弹、吸收、透过和传递四种现象，如光泽、透气（含气）、透湿、透水、吸水性、防污（藏污）、导热、导电等性能。

2. 作用方式

织物的损坏可能是一次作用的结果，也可能是多次外界因素、多种外界因素共同作用的总和。例如机械损坏，所用的外力形式可能是一次的，也可能是反复多次的，即使是一次的还有快速作用（冲击）和慢速作用（疲劳）之分。因此存在作用强度、作用频率、作用速度的区分。

织物的损坏或耐用程度是多种因素的综合结果。比如，织物经常与周围所接触的物体相摩擦，在洗涤时受到搓揉和水、温度、皂液等的影响，外衣穿用时受到阳光照射，内衣则与汗液起作用。

(三) 从性能的内容特点看织物性能

织物性能有其逻辑上的层次，这种逻辑层次是与人类的使用经验分不开的。据此，织物性能基本可以分为两大类，即基本物理化学性能和应用衍生性能。织物性能形成时可能涉及力、热、电、光、水、气、声、磁、尘等因素，这些因素形成的相关性能就构成了织物的基本物理化学性能，内容相对单一；在这些基本性能基础上进行综合或部分强化而形成的性能就是应用衍生性能，衍生性能的内容相对复杂。基本物理化学性能、应用衍生性能及其对应情况见表1-1。

表1-1　织物的基本物理化学性能和应用衍生性能

基本物理化学性能	衍生性能	应用领域
力学性能（拉、撕、顶、磨、弯等）	耐用性、保护性、美观性	一般应用、产业应用
热学性能（导热、熔点等）	保暖性、保护性、接触冷暖感	
电学性能（导电）	抗静电性	
光学性能（反光、透光）	光泽、美观性、遮蔽性	
透通性（气、汽、水）	卫生性能、舒适性、过滤性	
老化	耐用性	
吸水性	卫生性能	
表面性能	风格、防污性、遮蔽性	

从表1-1中可看出，织物的基本物理化学性能是从织物本身考虑的，即织物的基本能力；而衍生性能大多是从使用角度提出的，或者是根据应用场合要求提出的一些功能期望，这些期望可能涉及多个基本物理性质，也可能是对某一基本物性的局部强化或细化。所以应用衍生性能可以单个衍生，也可以多个衍生，还可以多级衍生、综合。

由此可以看出，织物的基本物理化学性能是其他性能的基础，不同性能之间存在相关关系，相互影响、相互制约。

(四) 从应用领域的集成视角看织物性能

在织物评价的操作过程中，有时不按照上述逻辑从某个单一性能进行，而是把各单个性能集成起来，形成一个特征性强而全面的性能框架，用综合的概念进行系统评价。服装面料是织物的重要应用，根据对织物长期的使用经验和穿着实践，形成了几个常见的集成概念，即风格、光泽、舒适性和功能性。这四个集成概念都涉及两个或两个以上的单个性能，但每个概念又有所偏重，风格偏重于力学性质，光泽偏重于光学性质，舒适性则牵涉物理、生理、心理等内容，功能性所描述的内容更综合。

以功能性为例进行阐述。织物的服装应用是其功能性的集中体现，服装可遮蔽身体，可以使人类更好地适应环境。

1. 对自然环境（物理、化学）的适应

人类对自然环境的适应带有被动性，如季节变化、气候变化，人类可以通过服装的增减来适应这些环境变化；而人类对环境的探索是主动的，比如南极科考、太空漫游、月球探险等，服装可以帮助人类适应更恶劣的环境。人类对生存环境的适应或扩大，要求服装有以下三个方面的功能：

（1）好的微气候调节能力。服装与人体皮肤间可形成微气候，并通过调整服装量以适应外界的气候变化，保持人体舒适。从气候调节来考虑织物应具有吸湿性、吸水性、保温性、透气性、含气性、导热性、防水性、疏水性、耐汗性、抗热辐射性。

（2）保护身体的能力。主要表现在两个方面：保护皮肤不受外部及内部污染；抵抗机械性外力的危害。

保护皮肤不受外部及内部污染就是保持皮肤表面的清洁。外部污染有灰尘、煤烟、其他的粉末和飞沫等。服装要具备阻止这些东西侵入皮肤的功能，即使受到侵入污染，也要能够通过洗涤去除污染，服装还要具备阻止外界致病微生物或非病原微生物入侵或在其表面能被杀灭的功能；内部污染是皮肤表面出的汗、分泌的皮脂、脱落的表皮细胞，附在皮肤上形成所谓的污垢，内衣要具备能吸附这些污垢的功能。

要抵抗机械性外力的危害，织物需要具有强韧性、耐用性和抗冲击能力；要应对热辐射或火灾场景等，要求织物拥有较小的热传导性，并具有阻燃性；应对电的危害要求服装具有绝缘性。这些性能都是基于劳动安全因素考虑的。从保护身体的角度来考虑，织物要具备防污染性、耐洗涤性、热传导性、耐热性、耐光性、耐气候性、抗辐射性、耐旱性、强韧性、抗冲击能力、柔软性、导电性、耐摩擦性、耐化学药品性、防虫性、防菌防霉性等性能。

（3）适合身体运动的能力。从身体活动来考虑，服装要具有柔软性、弹性、重量轻、压缩弹性、弯曲刚度、拉伸强度、抗皱性等。

2. 对社会环境的适应

服装还具有表示在社会环境中人类的相互关系和未来发展的作用，以及协助社交的，甚至是彼此传情达意的功能。

（五）从经验视角看织物性能

织物性能的内容从经验上表现为以下几方面：耐用性（耐拉性、耐撕性、耐顶破性、耐磨性、耐疲劳性、耐冲击性），美观性（悬垂性、刚柔性、光泽、抗皱性、抗起毛起球性、勾丝性），透通性（透气性、导热性、透汽性、透水性、透光性），美观性和舒适性。

（1）耐用性。即织物在一定使用条件下抵抗损坏的性能。织物在使用过程中会受到各种各样的外界因素作用，使其使用价值降低甚至被破坏，影响耐用性。使织物损坏的因素有很多，既有物理（光、热、点等）、机械（如冲击）方面的因素，也有化学（酸、碱、盐）、生物（菌、酶）等方面的因素。

（2）防护性。防护性应从两方面理解，即抵抗外来侵袭和能为肢体运动提供更为有利的条件。

（3）透通性。透通性包括透气（过滤、降落伞）、透汽（透湿）、吸湿、防水（防雨）、抗菌等，影响织物的卫生性能。织物的卫生性能是指织物保持人体皮肤表面清洁、干燥等方面的能力，也包含织物本身的耐污垢能力等。

（4）美观性。表现为视觉美观性（颜色、光泽、免烫抗皱、抗起毛起球与勾丝）和造型美观性（悬垂性、弯曲造型）两方面。织物的美观性既包括织物外观美学方面也包括内在的给人以隐形美观享受两方面，如织物的弯曲性能、悬垂性、抗皱免烫性、起毛起球性、勾丝性，织物的手感、风格、光泽、颜色等也影响织物的外观。

（5）舒适性。舒适是指人在生理上或心理上感到满足的状态，服装穿着时能造成这种舒适状态的性能就叫穿着舒适性。服装的穿着舒适性是服装功能的一部分。

三、性能归集的有限性与内容的无限性

（一）织物性能内容的无限性

织物性能内容的无限性可以从织物性能的定义进行说明。

织物的结构包括织物的几何结构、松紧结构、孔隙结构和表面结构，任一方面信息的改变就意味着一种新的结构，形成了结构无穷尽。而织物性能是织物内在结构的外在反映，结构的无穷尽形成织物性能的无穷尽。

传统意义上能够制作织物的原料有棉、毛、丝、麻，但随着高分子科学的发展，再生纤维、合成纤维大量涌现，使织物原料品种更加多样，而织物性能是组成织物原料性能的集成体现，因此新材料的层出不穷形成了织物性能的无穷尽。

织物性能形成时可能涉及力、热、电、光、水、气、声、磁、尘等因素，这是目前能够列出的外界因素，可能还存在没有列出的因素以及人类不曾涉及的应用场合，因此存在外界因素的无穷尽，而织物性能是与外界环境相互关系的体现，因此这种关系造成了织物性能的无穷尽。

（二）认识的有限性

目前织物性能的内涵体系只是一种有限归集，只是对人类所触及的性能内容的一种认知和归纳，这些认知和归纳往往局限于某些研究者在某一时段针对某一局部应用领域展开的有限研究，如果再受限于研究手段，对性能认识的局限性是可想而知的，这就形成了对织物性能认识的有限性。

（三）性能内涵体系的有限归集向无限本质的无限逼近

对织物的认知，实际是对织物内涵体系的有限归集向本质无限的无限逼近。随着时间的推移，人类对自然世界的认知水平会不断提高，研究方法和研究手段会不断完善，加上经验的积累和接触对象的积累（太空行走、太平洋臭氧层、人造纤维、羊毛毡缩），这种不断增加的应用领域，也不断深化对织物性能的认知，使性能体系也越来越接近性能内容的本身（全集）。从数学原理可知，逼近就是由离散向连续的飞跃，建立模型就相当于建立起性能框架，每新增加的一个性能内容都可填充到这个框架中，使模型更加贴近性能全集，使织物性能形成严密的逻辑体系，实现有限模型向性能内容本质的无限逼近。

四、织物性能的特点

织物性能是织物多种外在特征、能力的总称，是织物内在结构的一种外在反映。比如织

物具有比较好的透气性就是对织物孔眼比较大的结构特征的一种反映，孔眼小透气性就可能比较差。

针对不同的织物对象和不同的应用领域，织物性能具有一些特征：

（1）织物性能内容体系上具有统一性。

（2）材料（或结构）决定的差异性。

（3）不同应用领域对织物性能内容及其量度的要求不同。

（4）同一应用领域不同方面对织物性能的要求在层次上存在区别。

（5）同一性能在不同应用领域的要求不同。

五、织物性能的评价

织物的性能之间是彼此依赖的，对织物的性能评价要从以下几点入手：性能的基本情况、性能的保持性（可变性）和耐久性。因此，在了解织物性能时，应注重以下四方面的内容：性能的基本概念，性能的表达指标及其物理意义，性能的测试方法、原理、结果，改善途径。

参考文献

[1] 姚穆. 纺织材料学［M］. 2版. 北京：中国纺织出版社，1990.

[2] 于伟东. 纺织材料学［M］. 2版. 北京：中国纺织出版社，2019.

[3] 姜怀. 纺织材料学［M］. 2版. 北京：中国纺织出版社，2004.

[4] PEIRCE F T. The geometry of cloth structure［J］. Journal of the Textile Institute Transactions, 1937, 28（3）: T45-T96.

[5] PAINTERT E V. Mechanics of elastic performance of textile materials［J］. Textile Research Journal, 1952, 22（3）: 153-169.

[6] OLOFSSON B. A general model of a fabric as a geometric-mechanical structure［J］. Journal of the Textile Institute Transactions, 1964, 55（11）: T541-T557.

[7] PEIRCE F T. Geometrical principles applicable to the design of functional fabrics［J］. Textile Research Journal, 1947, 17（3）: 123-147.

[8] KEMP A. An extension of peirce's cloth geometry to the treatment of non-circular threads［J］. Journal of the Textile Institute Transactions, 1958, 49（1）: T44-T48.

[9] HAMILTON J B. A general system of woven-fabric geometry［J］. Journal of the Textile Institute Transactions, 1964, 55（1）: T66-T82.

[10] HEARLE J W S, SHANAHAN W J. An energy method for calculations in fabric mechanics part i: Principles of the method［J］. The Journal of the Textile Institute, 1978, 69（4）: 81-91.

[11] SHANAHAN W J, HEARLE J W S. An energy method for calculations in fabric mechanics part ii: Examples of application of the method to woven fabrics［J］. The Journal of the Textile Institute, 1978, 69（4）: 92-100.

[12] HU JINLIAN. Theories of woven fabric geometry［J］. Textile Asia, 1995（1）: 56-60.

第二章　织物的几何结构

　　织物的几何结构主要是指经纬纱线在织物中相互交错与配置的空间形态或织物中经纬纱的配置和交织关系，用几何理论来研究织物的结构是织物结构研究的重要内容。织物的外观和性能主要由织物原料和几何构造决定。机织物的几何结构状态，包括经纬纱的交织规律、纱线在织物中的截面形态模型、织物中纱线的弯曲及其相互配置、机织物结构参数的关系模型、纱线屈曲长度与单个组织循环宽度估算、织物经纬纱织缩的估算、纱线的屈曲模型与弯曲轨迹描述、织物结构的三维理论等，形成纱线原位形态学（纱线截面形态学、纱线弯曲形态学、纱线弯曲轨迹学、纱线三维弯曲形态学）和织物结构几何学。

第一节　纱线原位形态学

2-1

一、织物中纱线截面形态学

（一）纱线截面形状模型

　　机织物中纱线截面形状是复杂多样的，纱线截面形态不同会导致纱线之间几何关系的改变，许多研究者都企图将纱线截面形状模型化，从弗雷德里克·托马斯·皮尔斯（Fredrick Tomas Peirce）（1937 年）《织物结构几何学》著作开始，多种纱线截面模型相继提出。

　　皮尔斯（Peirce）被认为是最早研究织物几何结构的学者，他通过对平纹织物、2/2 方平和 2/2 斜纹等短浮长织物（短浮长织物的浮长至多是 3 个组织点）的研究，以圆形截面为起点提出了著名的 Peirce 机织物结构模型。圆形截面模型［图 2-1（a）］是将纱线想象为理想圆形截面的柔性弯曲柱，如棉帘子布中的经纱，棉罗纹中的纬纱，就趋近于圆形。Peirce 圆形截面模型对于疏松织物是有效的，但其假设的圆形截面、不可压缩、结构均匀和良好弯曲的条件是不现实的，这也限制了模型的应用。

　　在较紧密的机织物中，纱线之间的交织压力会使纱线压扁，Peirce 认识到这一点继而提出椭圆形截面模型，椭圆形截面模型［图 2-1（b）］把纱线想象为理想椭圆形截面的柔性弯曲柱。但在织物形成过程中，每完成一个运动循环，纬纱都被推向织口并挤紧，经纱同时也受到纬纱的反作用力，因此，纱线在织物中的截面形状不可能绝对规则，较紧的棉单纱、毛单纱机织物的经纬纱截面趋近于椭圆形。由于这种模型太复杂和烦琐，需要进行简化和近似处理，用椭圆的短径代替圆直径，这与疏松织物情形相适应，但不适用于挤紧结构。于是就出现了其他的纱线截面形态的说法。

　　坎普（Kemp）（1958 年）提出跑道圆模型来描述纱线截面，其形状是由两个半圆和两条平行线段组合而成［图 2-1（c）］，该模型的优点是既能利用圆形截面模型中相对比较简单的几何关系，又考虑到了纱线的压扁形态。极弱捻长丝机织物的纱线截面形状接近于这种形状，该截面形态是目前使用较多的一种模型。

不对称椭圆形截面模型是将纱线截面想象成正反面不对称的椭圆，从弯曲中性面向外，椭圆半径较大，从弯曲中性面向里，椭圆半径较小，用长径相异的两个半椭圆弧段拼合成一种异型椭圆。这种模型是在机织物异波面结构研究以后提出的；弱捻纱线的棉、毛机织物接近于这种情况。

赫勒（Hearle）与沙纳汉（Shanahan）（1978年）提出了凸透镜形几何模型。凸透镜形截面模型［图2-1（d）］认为，纱线被挤压变形后呈凸透镜形，其形状是通过圆弧收缩后变形得来。凸透镜形态较多地呈现在加捻较多的长丝当中。纽顿（Newton）与胡（Hu）（1992年）还提出了碗形截面模型。

有学者对本色棉布和部分毛织物切片进行观测，提出织物中单独浮点的纱线截面为正弦曲线与圆弧衔接而成的图形［如图2-1（e）所示，弧ab和弧cd是正弦曲线］。

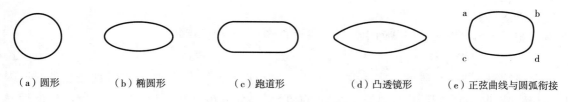

（a）圆形　　　　（b）椭圆形　　　　（c）跑道形　　　　（d）凸透镜形　　（e）正弦曲线与圆弧衔接

图2-1　纱线在织物中的截面形状

如上所述，纱线模型不是通用的，某一种模型可能只与某种织物中的纱线形态符合，所以不能用有限的纱线截面类型覆盖众多类型的纱线截面形状，应该从实际出发进行研究。

通过对平纹织物切片观察，发现其经纬纱截面形态以圆形或椭圆形为主，椭圆截面一般出现在织物密度较大、纱线结构较紧密、纱线较细的织物中，如图2-2所示。

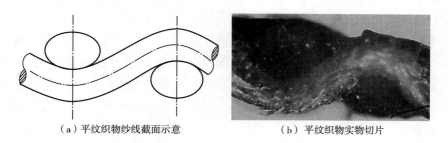

（a）平纹织物纱线截面示意　　　　　　（b）平纹织物实物切片

图2-2　平纹织物中纱线截面结构

（二）织物中纱线截面形态的描述

经纬纱在交织状态下，与轴心线垂直的截面形状不同，与纤维材料的特性、所受外力情况及纱线屈曲的曲率半径有关。织物中纱线截面的压扁变形如图2-3所示，织物中纱线截面的变形程度可用"压扁系数""延宽系数"等指标来表示。

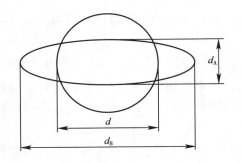

图 2-3　纱线截面的压扁状态示意图

d_A—纱线截面的纵向直径（简称纵径）

d_B—纱线截面的横向直径（简称横径）

d—纱线的理论直径

1. 压扁系数 η

织物中经纬纱线在不同的位置常呈有不同参数的椭圆形截面，一般用压扁系数描述。压扁系数就是纱线截面的纵向直径与理论直径之比。即

$$\eta = d_A/d \qquad (2-1)$$

根据长期研究积累，棉织物的压扁系数值为 0.7 左右，同时实验得出，织物中纱线的压扁系数与织物的加工条件密切相关，如府绸织物在加工后压扁系数要比坯布小，而使成布的厚度变薄。降低纱线的压扁系数可提高织物的悬垂性，降低织物刚度，改进织物手感。降低纱线捻系数及进行轧光整理均可降低织物中纱线压扁系数。

2. 延宽系数 η'

延宽系数为织物中纱线截面中纱线的横向直径与理论直径之比。即

$$\eta' = d_B/d \qquad (2-2)$$

在平纹织物中，经纱的延宽系数一般为 1.4~1.6（坯布）。对坯布进行加工整理时，因坯布经向受到拉伸，织物中经纱延宽系数有所降低，而纬纱延宽系数增加。织物经洗涤后发生经向收缩，使经纱延宽系数增加，纬纱延宽系数减小。

纱线在织物中的变形与纱线种类、捻度大小及力学性能等因素有关，刚度大的纱线不易变形。一般情况下可以利用纱线变形来改善织物外观，提高织物中纱线覆盖面积，改进手感与光泽。

根据织物中纱线变形的原则，可以使织物表面纱线处于充分松弛状态，以便在纱线中的部分粗节、细节和部分棉结粒子等不匀织入时，使这些部位的挤压程度提高，而使这些纱疵在织物表面显露程度降低，相对提高织物的匀整度。在经纬密度小，又需在其外观方面提高紧密感时，可以提高纱线的延宽系数，覆盖织物孔隙。

在棉织物中利用某一系统纱线作较多的屈曲及降低纱线的捻度可增加此系统纱线的延宽系数。压扁系数的大小与织物组织、工艺密度、纱线成分、成纱结构及织染两部分的工艺参数有密切关系。一般全毛纱压扁系数为 0.80~0.90，毛混纺纱的压扁系数为 0.85~0.95，其中高密织物取上限，低密织物取下限。

二、织物中纱线弯曲形态学

经纬纱在形成织物时由于交织作用而成屈曲形态，经纬纱之间屈曲程度的不同配置会显示出不同的结构特征，使织物表面形成凸起和下凹，这种凸起和下凹也是形成织物纹理的原因之一。

（一）纱线在织物中的弯曲

要了解织物的几何结构，首先要弄清楚纱线的屈曲波高的概念。

机织物由经纬纱交织而成，经纬纱在织物中呈屈曲状态，织物中经纬纱的屈曲程度可由经纬纱的屈曲波高来表示。织物中弯曲纱线波峰与波谷之间垂直于布面方向的距离叫屈曲波高，单位为 mm，那么织物的经（纬）纱屈曲的波峰和波谷之间垂直于布面的距离就叫经（纬）纱屈曲波高，分别用 h_j 和 h_w 来表示。

织物中经纬纱的屈曲波高有较大的变化范围，有时经纱接近于平直，纬纱有较大的弯曲，如麻纱、帘子布；相反，有时纬纱接近于平直，经纱有较大的弯曲，如府绸、罗纹织物；也有可能经纬纱的屈曲波高比较接近，如平布类织物等。

织物内如果经纱是完全伸直的，仅纬纱具有屈曲，按照屈曲波高的定义，显然 $h_w = d_j + d_w$，而 $h_j = 0$，那么 $h_j + h_w = d_j + d_w$，式中：d_j、d_w 分别为经、纬纱理论直径。

对于该种结构的织物，假如纬向施以张力或减少织造的经纱张力，使纬纱的屈曲波高 h_w 减少一个 Δ 值，经纱的屈曲波高 h_j 必然会增加一个 Δ 值，即 $h_w' = (d_j + d_w) - \Delta$，$h_j' = \Delta$ 两者相加仍有 $h_j + h_w' = d_j + d_w$。

因此，织物的经纬纱屈曲波高之和等于经纬纱直径之和，这也是屈曲波高变化约束规律。

一般情况下，随着一个系统纱线的屈曲波高增加若干，则另一纱线的屈曲波高必相应地减少若干，所以织物内经纬纱屈曲波高之和接近一个常量，即 $h_j + h_w =$ 常数。

若将压扁系数 η 考虑在内，则 $h_j + h_w = \eta (d_j + d_w)$。

（二）织物结构相

结构相是对织物结构进行量化描述的指标，反映织物中经纬纱屈曲程度的相互配合情况。经纬纱之间的屈曲程度的配置不同会使织物结构特征不同，在织物设计和研究中应用较广。经纬纱的原料、粗细、密度及织物组织等不同，使经纬纱之间具有千变万化的相互配置关系，如果再考虑到纱线受力变形等影响，织物的几何结构显然是非常复杂的，但只要科学分析，织物结构相就能有助于织物性质的认识，成为织物设计时概算织物中纱线细度和排列密度的依据。

1. 经纬纱屈曲波高的比值

织物的结构特征与纱线的屈曲波高有关，一般可用经纱的屈曲波高 h_j 与纬纱的屈曲波高 h_w 的比值来描述。

$$\Phi_1 = h_j / h_w \tag{2-3}$$

式中：Φ_1 为织物几何特征参数；h_j、h_w 分别为经纬纱的屈曲波高。

用经纬屈曲波高之比值定义结构相具有简单明了的特征，但不能说明 $h_w = 0$ 时的结构状态，且 Φ_1 的数值不能具体说明结构情况，不能反映纱线粗细对织物结构的影响。

2. 9 状态结构相体系

织物中经纬纱交织有两种极端情况：经纱呈直线状态而纬纱具有最大程度的屈曲；纬纱呈直线状态而经纱具有最大程度的屈曲，一般织物均介于这两种结构状态之间。

为了便于研究，可以规定经纬纱的屈曲波高每变动 $(d_j + d_w)/8$ 就叫变动一个"结构相"，这就形成9状态的结构相。以（$d_j + d_w$）/8作为划分结构相的间隔，再以经纱完全伸直（$h_j = 0$），纬纱达到最大屈曲状态（$h_j = d_j + d_w$）作为起始状态，为第一结构相；然后经纱逐步增加屈曲波高，每次递增（$d_j + d_w$）/8，相应的纬纱的屈曲波高则递减（$d_j + d_w$）/8，于是就得到第2、第3…结构相，直到经纱屈曲波高 $h_j = d_j + d_w$，而纬纱屈曲波高 $h_w = 0$ 为第9结构相。可用式（2-4）进行计算：

$$\Phi = \begin{cases} 0 & \text{当 } h_j = d_w, \ h_w = d_j \text{ 时} \\ \dfrac{8h_j}{d_j + d_w} + 1 & \text{或} \quad 9 - \dfrac{8h_w}{d_j + d_w} \end{cases} \tag{2-4}$$

式中：Φ 为织物结构相序号，d_j、d_w 分别为经纬纱的理论直径。

3. 11 状态结构相体系

织物结构相也可分11个状态，即经或纬纱的屈曲波高每变动（$d_j + d_w$）/10就叫变动一个结构相，与9状态结构相体系类似，形成11个状态的结构相，可用式（2-5）描述。

$$\Phi = \begin{cases} 0 & \text{当 } h_j = d_w, \ h_w = d_j \text{ 时} \\ \dfrac{10h_j}{d_j + d_w} + 1 & \text{或} \quad 11 - \dfrac{10h_w}{d_j + d_w} \end{cases} \tag{2-5}$$

4. 21 状态结构相体系

不管是9状态结构相还是11状态结构相，状态间间距都太长，对部分织物难以给出恰当的结构相状态，如府绸、华达呢、卡其等，不能提高几何结构相的使用精确性，可见有必要采用更细的划分法，进一步减小相间距。21状态结构相划分法是在原11个结构相划分法的基础上，于每两相之间再划出一个结构相，即1，1.5，2，2.5…10.5，11共计21个结构相。

式（2-4）、式（2-5）中的数字8或10与结构相个数相关，一般用 n 来表示。n 只能是偶数，否则就会漏掉 h_j 与 h_w 相等的情况。

（三）切片技术与屈曲波高结构相的确定

织物受到外力作用时，纱线会产生伸长和截面变形，影响到织物几何结构的稳定，纱线的变形取决于纤维原料和纱线结构。织物中的这种微小变化从织物的表面是难以观测的，可以通过织物切片观察纱线的截面结构与形态，分析纱线的几何截面形态与织物外观的关系，并用这些结论来指导织物的设计。

1. 切片技术

切片是用锋利的刀片将材料切成薄片的一种操作，该薄片需符合实验目的和厚度的要求。根据切片的厚度可分为以下三种类型：①厚切片：5μm 以上，如石蜡切片；②半薄切片：0.5~2μm，如乙二醇甲基丙烯酸醋（GMA）切片；③超薄切片：40~100nm，如电镜切片。织物切片属于厚切片，切片过程（图2-4）如下：

对织物进行切片前，首先要进行包埋处理，以此固定织物的结构状态，防止切片操作时织物内的纱线发生松散。

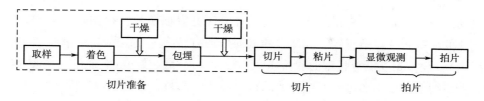

图 2-4　织物切片流程图

　　包埋的目的就是使包埋剂与材料固化为一体，便于将材料切成适当厚度切片。包埋剂是为了便于织物切片和显微观测用来固定织物中纱线相对位置而使用的胶水或蜡质材料，常用于织物切片的包埋剂有石蜡、火棉胶、甲基丙烯酸甲酯共聚物及某些树脂材料配成的胶水。在实验中应针对切片的精度、切片方法或切片仪器、切片的用途等选择适当的包埋剂对织物进行包埋。因此包埋剂主要有两个作用，一是固定织物中的纱线位置，二是通过切片为织物几何结构的观测提供良好条件。

　　包埋剂的选择直接决定了切片能否顺利进行，使用何种包埋剂决定了后续切片方式的相应选择，并决定了切片的其他试剂及操作过程。包埋剂对切片的成功起着决定性作用。包埋方法和切片方法通常以包埋剂命名，常见的用于织物制片的包埋方法（切片方法）有普通胶水包埋法、火棉胶包埋法、树脂材料包埋法、石蜡包埋法等。织物包埋前宜先着色（坯织物、漂白织物及色泽很浅的成品织物均需着色），以提高织物切片中的经纬纱截面以及纱线与包埋剂的色差，使显微镜观察方便。纺织纤维遇水一般会发生物理变化，故不宜采用水溶性的着色剂。

　　粘片是把完好的切片用适当的粘片剂粘贴在贴有标识的载玻片上，确保切片在后续处理中不会从载玻片上脱落，粘片的成功与否决定切片制作的完成质量。粘片剂一般选用普通胶水或火棉胶，一般先用刷子蘸取少量粘片剂涂覆在载玻片上，形成一层黏膜，然后用镊子夹取切片平铺放置。切片落刀时宜沿着同一根纱线的直径进行，以保证切片能正确地呈现纱线的纵向和横向截面以及纱线的屈曲状态。

2. 切片方案的设计

　　织物切片的厚度会因织物工艺参数要求不同、经纬纱配置不同和纱线的粗细差异而变化，纱支越高切片厚度越小，反之厚度越大。

　　一般而言，切片越薄，观察的效果越清晰，但越薄的切片制片方法越精密，操作要求越苛刻，相对应的着色剂、包埋剂和粘片剂的选择也更加严格。对织物进行切片时必须沿着经向或纬向纱线的轴心线进行截切，保证得到的截面是沿纱线直径方向的剖面，体现原位性。

　　机织物切片分为经向切片和纬向切片两种，用于观测织物中经纬纱线的变形形态和截面形状。纱线在机织物中的几何形态主要取决于三个因素：经纬纱细度、经纬纱密度、织物组织。主要对三类织物进行切片实验：平纹（包括府绸）、斜纹（3/1、2/1）、缎纹，并在不同的经纬纱密度和纱支之间比较，力求准确全面地涵盖纱线在机织物中的几何形态。

3. 显微观测

可以利用视频显微镜对制得的切片进行显微观测并获取照片，得到较真实的纱线截面形态。从切片的显微照片观察，经纱和纬纱的截面形态有较大差别，尤其是单向紧密织物（如卡其类织物），经纱相互靠近且截面的挤压变形较大，而纬纱截面则表现出关系较松散。

纱线在织物中的截面形态随着织物的品种、纱线的原料、工艺参数等因素的变化而变化，并受组织循环的影响。影响切片观察清晰度的主要原因是包埋效果和切片的厚度，包埋过度或不彻底会使切面板结或太松散；切片的厚度则影响了切片的阴影分布，从而影响观察的准确性。

4. 结构相计算

在视频显微镜下可以直接读出织物的几何结构参数，如经（纬）纱屈曲波高 h_j（h_w）、经（纬）纱直径 $d_{j大}$（$d_{j小}$）、$d_{w大}$（$d_{w小}$），经纬纱中心距 g_j（g_w），一个组织循环经（纬）向宽度 w_j（w_w），一个组织循环经（纬）上的屈曲长度 l_j（l_w）等。每种织物的经、纬向参数各取 20 个数值，然后求其平均值。根据结构相的定义确定结构相。

这些几何结构参数观察数据的多少，即子样的大小，视测试的精度要求而定。在科学研究中一般要求控制误差值 δ 为 2% 左右。

$$\delta = 2C_x \frac{1}{\sqrt{n}}（\%），n = 4\left(\frac{C_x}{\delta}\right)^2 \tag{2-6}$$

式中：$C_x = (\delta_x \sqrt{x}) \times 100\%$，$\delta_x$ 为观测值的标准差 x 为观测值；n 为观测值的子样容量；C_x 表示这些结构参数观测值的变异系数。

织物的几何结构参数及其变异系数等的工艺意义如下：

纱线直径变异系数反映纱线条干的均匀程度；经纱屈曲波高的变异系数反映预加张力的均匀度。平纹织物的经纱中心距变异系数反映钢箍质量的好坏。比较坯布织物和成品织物的几何结构参数的变化情况，可以得知染整工艺对提高产品质量的功效。例如，假设成品织物的 C_{hj}、C_{lj} 都小于坯布织物的相应指标，可以证明染整工艺提高了织物的布面质量。

织物中经纬纱的屈曲波高受很多因素影响。当经纬纱的细度相同时，其中一个系统的密度增大，会使该系统的纱线屈曲波高增大。例如，府绸织物的经纱密度大，经纱屈曲波高也大；当经纬纱密度接近但细度不等时，较细纱线所在系统的纱较易弯曲，屈曲波高较大。初始模量小、捻度低的纱线刚度较低，纱线易屈曲，因而屈曲波高较大。织物在织造、染整加工过程中，经纬向所受张力变化时，纱线的屈曲波高也将变化。

三、织物中纱线弯曲轨迹学

（一）织物中纱线的屈曲形态

为了便于织物的设计和生产，人们希望根据织物结构参数能够概算织物的经纬纱织缩，但由于织物内纱线截面形状、纱线的屈曲形态的多样性，难以建立准确的数学模型，因此了解纱线在织物内的屈曲形态很重要。

纱线在织物中的屈曲形态均是由经纬交叉区域与非交叉区域两个部分的屈曲形态所组成。在经纬非交叉区域即浮长段，纱线的屈曲形态可假设为呈直线状态，而在经纬交叉区域，纱线的屈曲形态受纤维原料、织物组织、经纬密度、经纬纱的线密度以及织造、后处理工艺等影响，在织物中表现出不同的屈曲形态。研究者们为了描述织物中纱线真实的屈曲形态，对织物中交叉处纱线的屈曲形态做出了种种假设，如正弦曲线、抛物线等，以此为起点对织物中纱线屈曲形态进行描述，其研究结果可以用于计算纱线的真实长度及缩率。

假设交叉纱线屈曲形态为抛物线，经推导，皮尔斯（Peirce）近似式修正为：

平纹织物：$h_j = 1.256 g_w \sqrt{C_j}$ 和 $h_w = 1.256 g_j \sqrt{C_w}$

斜纹织物：$h_j = 1.732 g_w \sqrt{C_j}$ 和 $h_w = 1.732 g_j \sqrt{C_w}$

假设交叉纱线屈曲形态为正弦线，经推导 Peirce 近似式修正为：

平纹织物：$h_j = 1.273 g_w \sqrt{C_j}$ 和 $h_w = 1.273 g_j \sqrt{C_w}$

非平纹织物：$h_j = 1.273 g_w \sqrt{\dfrac{R_w}{t_j} C_j}$ 和 $h_w = 1.273 g_j \sqrt{\dfrac{R_j}{t_w} C_w}$

上述近似式表明，不管用什么模型去模拟织物中交叉处纱线的屈曲形态，其屈曲波高、几何密度和缩率之间的函数关系都是相同的，只是在幅度上有些差别。

到底选用什么样的数学模型，应根据织物中纱线的真实屈曲形态调整，取决于织物中经纬纱线本身的性质（如模量、刚性与变形恢复能力）、织物组织和经纬密度等参数。对于用柔软的熟桑蚕丝织成的塔夫绸织物，织物剖面中的纱线屈曲为正弦波，其波形十分规整，即使调整上机张力等工艺参数，对屈曲特征也没有什么影响。对于经纬密度稀疏的织物，如用粘胶纤维经与棉纱纬织成的线绨类织物中，由于棉纱的直径大，且又比较刚硬，织物剖面中的棉纱屈曲明显具有 Peirce 模型中圆弧与直线段组合的特征。

由于纱线在织物中的截面形态和屈曲形态受到诸多因素的影响，又随原料品种的变化而变化，假设的数学模型与实际状态总存在着一定的差异。原因有二，一是织物中纱线会发生压缩、伸长等变形而改变其原来形态；二是模型没有考虑织物的成型过程、工艺参数，以及原料种类和性能的影响。

经纬纱线在织造过程中受多种外力作用，纱线中存在弹性变形和塑性变形。例如，实验结果证明，纱线在织物中的长度比其从织物中抽出后的长度要长，这是因为当纱线从织物中抽出后恢复了一部分弹性变形。数学模型计算织物中经纬纱线缩率不能反映纱线中存在的弹性变形和塑性变形，这表明仅使用几何学模型来研究织物结构有着一定的局限性。

奥洛夫森（Olofsson）和格罗斯伯格（Grosberg）等致力于从织物成形时的力学条件和经纬纱线相互作用产生变形的观点去建立织物结构的数学力学模型，摆脱了在建立织物几何结构模型时纱线截面形态和交叉屈曲形态的影响，而着眼于探求织物结构机理和效果之间的内在联系，使织物结构的研究又深入了一步。

（二）纱线弯曲轨迹数学模型

根据前面的分析知道，建立织物的模型需要确定纱线的弯曲轨迹和屈曲形态，现在采用圆形截面建立平纹织物纱线的弯曲轨迹模型，并估算另一系统纱线所需的空间范围。在计算之前，首先说明图 2-5 中参数：h_j（h_w）——经（纬）纱屈曲波高；d_j（d_w）——经（纬）纱截面直径；g_j（g_w）——相邻两根经（纬）纱中心间的距离；x 轴——织物中心线（织物中心线既是经纱屈曲波高的中心，也是纬纱屈曲波高的中心）；y 轴——过经纱中心 A 垂直于 x 轴的线。

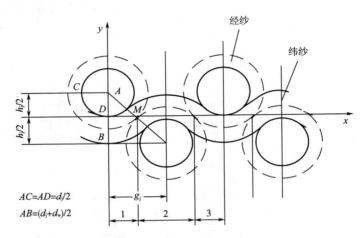

图 2-5　经纱相切时平纹织物中纬纱的弯曲轨迹示意图

从数学原理看，圆形截面和弯曲轨迹之间可能存在相离、相切和相交三种关系。假设纱线不可压缩，不考虑圆形截面和弯曲轨迹相交，只探究相离和相切两种情况。

1. 经（纬）纱相切时纬（经）纱的弯曲轨迹分析

图 2-5 为经纱相切时平纹织物中纬纱的弯曲轨迹，因为织物组织结构的规律性，图中纬纱的轴心线对应的函数是周期为 $2g_j$ 的分段函数，相邻两根经纱相切，其分段的界限即为切点，纬纱的弯曲轨迹可分为如图 2-5 所示的 1、2、3 三段。

经纱相切时平纹织物中经纬纱截面为圆形时对应的分段函数：

分段 1：$0 \leqslant x \leqslant \dfrac{1}{2}\sqrt{(d_j + d_w)^2 - h_j^2}$，$y = \dfrac{1}{2}\sqrt{(d_j + d_w)^2 - 4x^2} + \dfrac{h_j}{2}$

分段 2：$\dfrac{1}{2}\sqrt{(d_j + d_w)^2 - h_j^2} \leqslant x \leqslant g_j + \dfrac{1}{2}\sqrt{(d_j + d_w)^2 - h_j^2}$，

$y = \dfrac{1}{2}\sqrt{(d_j + d_w)^2 - 4(x - g_j)^2} - \dfrac{h_j}{2}$

分段 3：$g_j + \dfrac{1}{2}\sqrt{(d_j + d_w)^2 - h_j^2} \leqslant x \leqslant 2g_j$，$y = \dfrac{1}{2}\sqrt{(d_j + d_w)^2 - 4(x - 2g_j)^2} + \dfrac{h_j}{2}$

2. 相邻经（纬）纱相离时纬（经）纱的弯曲轨迹分析

图 2-6 为经纱相离时平纹织物中纬纱的弯曲轨迹，同理，纬纱的轴心线也是周期为 $2g_j$ 的分段函数，分段的界线是纬纱的轴心线直线与曲线的衔接点，也是相邻两根经纱大椭圆内

切线的切点，纬纱的弯曲轨迹可以分为如图2-6所示的1、2、3、4、5五段。

这种情况是经纬纱轴心线是直线与曲线共存的状态，所以首先要确定直线与曲线分界点的横坐标 x_0 和直线部分的斜率 k。

$$x_0 = \dfrac{\dfrac{1}{4}(d_j + d_w)^2 g_j - \sqrt{\left[\dfrac{h_j}{8}(d_j + d_w)\right]^2 \cdot \left[g_j^2 - \left(d_j^2 + 4d_j\dfrac{h_j}{2}\right)\right]}}{\dfrac{g_j^2}{2} + 2\left(\dfrac{h_j}{2}\right)^2} \tag{2-7}$$

$$k = \dfrac{\left(\dfrac{h_j}{2}\right) \cdot g_j - \dfrac{1}{2}\sqrt{(d_j + d_w)^2 \cdot \left[g_j^2 - \left(d_j^2 + 4d_j\dfrac{h_j}{2}\right)\right]}}{2\left[\dfrac{1}{4}(d_j + d_w)^2 - \left(\dfrac{g_j}{2}\right)^2\right]} \tag{2-8}$$

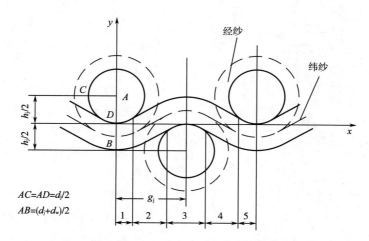

图 2-6　经纱相离时平纹织物中纬纱的弯曲轨迹示意图

经纬纱截面为圆形时对应的分段函数：

分段1：$0 < x \leqslant x_0$，$y = \dfrac{1}{2}\sqrt{(d_j + d_w)^2 - x^2} + \dfrac{h_j}{2}$

分段2：$x_0 < x \leqslant g_j - x_0$，$y = k\left(x - \dfrac{g_j}{2}\right)$

分段3：$g_j - x_0 < x \leqslant g_j + x_0$，$y = \dfrac{1}{2}\sqrt{(d_j + d_w)^2 - 4(x - g_j)^2} - \dfrac{h_j}{2}$

分段4：$g_j + x_0 < x \leqslant 2g_j - x_0$，$y = -k\left(x - \dfrac{3}{2}g_j\right)$

分段5：$2g_j - x_0 < x \leqslant 2g_j$，$y = \dfrac{1}{2}\sqrt{(d_j + d_w)^2 - 4(x - 2g_j)^2} + \dfrac{h_j}{2}$

通过上述计算可以得到平纹织物经纬纱截面为圆形时，纱线交织、弯曲变化的状况。至此，针对纱线不同的弯曲轨迹建立了纱线的弯曲数学模型，为包括计算机外观模拟在内的织物外观研究奠定了基础。

四、织物中纱线三维弯曲形态学

在常规情况下，机织物中经纬纱在织物平面中是相互垂直排列的，纱线表现出二维屈曲特征。但在很多产品中，经纬纱的屈曲并不呈现常规织物状态，而是一条三维的波动曲线，如双绉织物。

机织物中纱线空间结构产生第三维变形移位的原因有二：一是织物中与某根纱线相接触的其他纱线的作用力（包括同一系统的纱线和另一系统的纱线）影响；二是纱线本身扭应力。

（一）相邻纱线的作用力

1. 异系统纱线的作用力

非对称织物中，每一组织点上异系统纱线之间的作用力在织物平面上总有分力使纱线垂直屈曲波平面，从而产生第三维的变形和位移。在如图 2-7 所示的 2/2 右斜纹组织中取一段经纱浮长（画斜线的）作为分析对象。从 O_1O_1' 截面可以看出，纬纱对经纱的压力有水平分力 F_1；从 O_2O_2' 截面可以看出，纬纱对经纱的压力也有水平分力 F_2，F_1、F_2 形成一对力偶，将这段经纱形成 Z 向倾斜变形；织物背面下沉的纱段受到相反方向同类力的作用，从正面看可形成 S 向倾斜变形，因此，在这些力的作用下，这段经纱的平面投影已

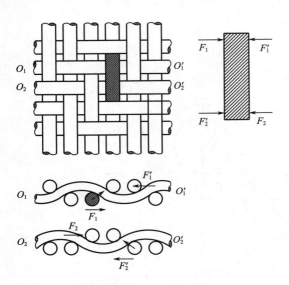

图 2-7　相邻纱线的相互作用示意图

不再是直线而变成"之"字形了。

经纱对纬纱也有同类作用，使纬纱也同经纱一样，不仅在垂直剖面上有上下起伏的屈曲波，而且在水平的投影上也不是直线，而是左右扭斜的"之"字形曲线。

2. 同系统相邻纱线的作用力

对于非对称织纹组织，同系统相邻纱线之间也有不平衡作用力，仍以最简单的 2/2 右斜纹为例。如图 2-7 所示，在画有斜线的经纱上沿纬纱 O_1O_1' 看，右边经纱对这段斜线经纱有水平作用力 F_1'，沿纬纱 O_2O_2' 看，左边经纱对有斜线经纱产生水平分力 F_2'。力 F_1' 和 F_2' 也组成一对力偶，使这段经纱产生扭曲的趋势。

3. 同系统和异系统相邻纱线的平衡

在上述 F_1、F_2、F_1' 和 F_2' 的作用下，纱线将发生扭曲变形移位。如图 2-7 所示，在画有斜线的经纱浮长上，屈曲发生在一个平面上时，力偶 F_1、F_2 使这段经纱向 Z 向倾斜，并使这段经纱的上端向右倾斜，与右边相邻经纱接触（右边相邻的一段经纱此处被纬纱向左推，使

这段经纱相互靠拢），从而产生 F_1'，随这段经纱向右移动位移的增加，F_1 减小，F_1' 增加，经纱移动到一定位置时，$F_1 = F_1'$，达到平衡。这样，使经纱和纬纱都稳定在一定的左右曲折的弯曲波位置上。

4. 举例

从上述力的作用分析可知，平纹组织织物将产生如图 2-8 所示的纱线位置偏移。

图 2-8 中垂直方向的纱线为经纱，水平方向的纱线为纬纱。由此可以看出，在同系统和异系统纱线作用力的相互作用下，除了可见到纱线上下起伏的屈曲波外，还有左右扭曲的弯曲波存在。

对于非对称织纹组织织物，仍以 2/2 右斜纹为例。如图 2-9 所示连续四根纬纱的中心剖面图（截断了同样的七根经纱，这七根经纱分别用 1、2、3、4、6、7 编号，纵剖面的四根纬纱分别用①、②、③、④编号）。从图上可以看出，同一根经纱在不同位置与纬纱的接触位置是不同的，存在明显的左右摆动偏移。由此可见，对于非对称织纹组织织物，经纱和纬纱不仅有上下起伏的屈曲波，而且每根经纬纱还有左右扭曲的弯曲波。

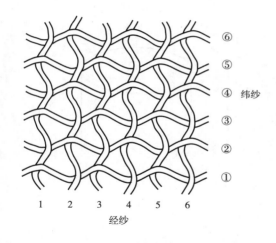

图 2-8　平纹组织中纱线的三维弯曲形态

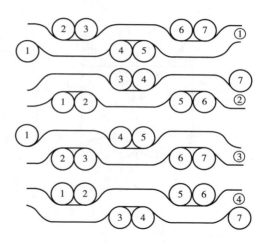

图 2-9　斜纹组织中纱线的三维弯曲形态

织物中经纬纱左右扭曲的弯曲波形态，将引起纱线在织物中的分布、织物中孔洞的形状尺寸结果与纱线二维屈曲理论的差异，织物的"布眼"孔洞表现为各种弯曲的沟道，使贯通孔洞的面积非常小，导致织物的遮光性、滤尘性、透气性发生很大变化，使结果更接近实际。例如，同样经纬纱细度和经纬密度的织物，麻纱较平纹、重平、方平组织织物的遮盖性好的主要原因即在此。

（二）纱线本身的扭应力

机织物用的纱线除了极个别品种（如织金属筛网、电子管屏极、纱窗等用的金属网）外都是有捻的（复合长丝产品捻系数较小），即使经过一定时间的蒸纱工序进行松弛处理，纱线中还会残留扭应力，这些残余应力对织物中纱线的空间形状有较大的影响，使纱线呈现出第三维的扭曲弯曲波。产生这种扭曲弯曲波的力学因素归纳起来主要有两个方面，即拉压长柱效应及复合扭矩效应。

1. 拉压长柱效应

细纱或复合捻丝是由平行纤维束经过加捻而形成，从短片段的基本形态看，它是由接近圆柱体两端面反向扭转形成的，故由外及里各层的扭转角是相同的，但半径不同，产生捻缩不同，当捻缩达到平衡后，纱线的外层纤维受拉伸，内层纤维受轴向压缩，纱线沿过轴心平面剖开后的轴向力分布如图 2-10（a）所示。实际上某段纱线（或股线）的内应力，纤维受轴向压缩时反抗的内应力是向外推的，外层纤维呈螺旋线，当外层纤维受轴向拉伸时，除了沿轴向拉伸分力外，还有围绕中心回转的扭应力，此扭应力指向自动解捻方向。

由于纱线截面不是正圆，内外纤维层又存在内外转移，因此，内层反弹的推合力的中心 O_1 和外层受拉伸而回缩力合力的中心 O_2 很难重合，会产生偏心，设其偏心距为 e，简化示意如图 2-10（c）所示。这一对力 F_p 和 F_s 大小相等，方向相反，形成一对力偶，其力偶矩 $M_0 = F_p \cdot e = F_s \cdot e$，另有一扭转力矩 M_1。

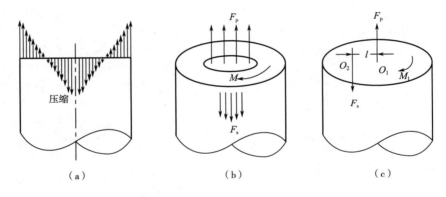

（a）　　　　　　　　（b）　　　　　　　　（c）

图 2-10　拉压长柱效应

力偶矩 M_0 将使纱线弯曲。纱线较细长时为不稳定长柱系统，较易产生弯曲，且纱线属于柔韧体，弯曲现象明显。从图 2-10 可以看出，在张力作用下，纱线产生伸长，外层纤维受拉伸力加大，而内层纤维受压缩力减小，弯曲力偶矩减小甚至消失，因此纱线受到拉伸张力时弯曲会减少。

同时力偶矩 M_1 的作用就是使弯曲的圆柱旋转，使纱线呈现三维的螺旋状弯曲曲线，而

图 2-11　强捻纱线放松时的状态

不是二维的、平面的弯曲曲线。强捻纱线放松时的状态如图 2-11 所示，存在明显的螺旋；弱捻纱的螺旋程度较小；对于无捻纱，$M_1 = 0$，不显示明显的螺旋，可能就是随机的弯曲屈曲（仅由于各小片段 F_p 和 F_s 的合力中心偏距 e 的方向不固定）。

2. 复合扭矩效应

纱线加捻后会存在残余扭应力，当纱线伸直时，两端扭应力大小相等，方向相反，不产生应变做功的现象，但当纱线弯曲时，两端扭矩所在平面不再平行，将产生扭矩作用，如图 2-12 所示。

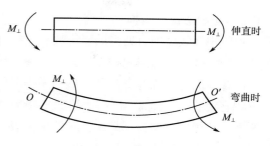

图 2-12 纱线弯曲时的分扭矩

扭矩分解问题可以简化为一对力不变而力臂分解的力偶来分析，如图 2-13 所示，有一对力偶矩 $F \cdot r$（即 $F \cdot \overline{OA}$）。

该力偶矩在垂直平面上的投影，力 F_1 仍等于 F，但力臂变成 $\overline{OB}$，即 $\overline{OB} = \overline{OA} \cdot \cos\theta$，在垂直面上的力偶矩 $M_{\perp} = F \cdot \overline{OB} = F \cdot \overline{OA} \cdot \cos\theta$；在水平面上的投影，力 F_2 仍等于 F，但力臂变成 $\overline{OC}$，即 $\overline{OC} = \overline{OA} \cdot \sin\theta$，在水平面上的力偶矩 $M_{/\!/} = F \cdot \overline{OC} = F \cdot \overline{OA} \cdot \sin\theta$。也就是说，力偶矩 $\overline{M}$ 是可以分解的，$\overline{M} = \overline{M_{\perp}} + \overline{M_{/\!/}}$ 即：

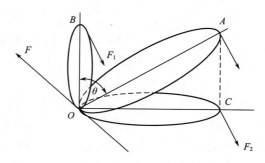

图 2-13 纱线弯曲时的扭矩分解

$$\overline{F \cdot OA} = \overline{F \cdot OA\cos\theta} + \overline{F \cdot OA\sin\theta}$$

由于图 2-13 中倾斜平面 OA 存在倾斜角 θ，即图 2-14 弯曲纱线的角 θ，故图 2-14 中弯曲纱线每端扭转均可分解为垂直于 OO' 轴和平行于 OO' 轴的两组分扭矩。垂直于 OO' 轴的两个扭转在两端面上互相平行，大小相等，方向相反，正如图 2-14 纱线伸直时一样互相抵消，不显示对外力做功的变形。而平行于 OO' 轴的分扭矩，每端为 $2M_{\perp}\cos\theta$，两端大小相等，方向相同，可视为一较大扭矩，该扭矩将对纱线做功，使纱线变形，变形的方向与图 2-14 中的弯曲方向不同，产生在与弯曲平面垂直且过 OO' 轴的平面上。

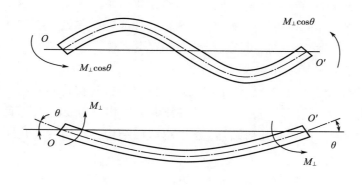

图 2-14 纱线弯曲的产生

（三）绉织物组织结构

绉织物中纱线屈曲呈典型的三维波动曲线，形成几何结构相对特殊的织物纹理，使织物产生特殊的绉效应，起绉织物手感富有弹性、抗绉性能好、表面光泽柔和。在绉织物中有轻薄透明似蝉翼的乔其绉，薄型绉织物有乔其绉、双绉（丝织物）、绉纱（棉织物）等；中厚型绉织物有女衣呢（毛织物）、绉纹呢（棉织物）、东方绉（合纤织物）、花绉缎（丝织物）等；厚重型绉织物有摩力呢织物、正面呈无规则凹凸条形的旦斯绉织物、采用双层组织的重绉组织等。

1. 绉效应的形成

绉效应可以通过绉组织、绉纱实现，也可以通过使用特殊的整理工艺来实现。

（1）通过绉组织产生绉效应。利用织物组织中经纬纱的浮长差异，使组织结构松紧不一，浮线较长的组织点在结构较紧的短浮组织点间微微凸起，形成细小的颗粒并均匀分布在织物表面，形成起绉效应，相应的织物组织称作绉组织。绉组织一般属于同面组织，经纬号数（即特数）及经纬向紧度基本相同，经纬纱线浮长一般控制在三个组织点内，避免同类组织点过分集中，使织物表面呈现规律性织纹。

（2）利用绉纱产生绉效应。在织物中具有三维起拱形状的纱线为绉纱，具有绉效应的织物经纬纱都可以用绉纱，也可以只是经纱或者纬纱使用绉纱。

蚕丝因含有具有记忆功能的丝胶，能够形成特殊的绉效应，使表面织纹形成微微凹凸的视觉效果，产生具有图像感的风格，双绉织物一般采用普通蚕丝为经纱，高捻的蚕丝绉纱为纬纱。形成绉效应的能量来自绉纱中扭转→伸长→弯曲变形的复合释放，因此，当能量水平及获得与释放这一能量的方式不同时，织纹也应有所差别，所以真丝绸中有绉效应的织物很多，但织纹特征都各不相同。通过加捻→定形→织造→解定形（精练）→拉幅来获得绉效应，是真丝绸传统的加工方法。通常认为，起绉机理是加捻的纬纱在失去张力的状态下，捻线内部的扭应力为恢复常态而表现出纬纱的回缩和扭曲，从而引起与之交织的经纱形成不同程度的屈曲，最终在绸面上形成颗粒状凹凸不平的屈曲。在绉效应织物中，纱线除了有垂直于织物平面方向的弯曲（即屈曲波高），还有在织物平面方向的弯曲，故在绉织物中，只用屈曲波高来表达纱线屈曲形态是不全面的。

国内外对绉类织物的绉效应形成原理和影响因素进行了不少研究，但基本依赖专家的感官判别。绉效应是织物几何结构的一种视觉反映，假如能建立起绉效应与几何结构参数间的函数关系，用几何结构参数来评估可以使绉效应评定更客观。

2. 表面几何、截面结构与绉效应

由于对织物三维几何结构的全息测定和表达十分复杂，直接将绉效应与三维几何结构加以关联的困难很大。为了使问题简化，可以将三维几何结构分为表面和截面几何结构两部分，若用 Y 表示绉效应，B 表示表面几何结构，J 表示截面结构，则绉效应几何结构的函数关系可表示为

$$Y = f(B, J) \tag{2-9}$$

通过表面显微观测法和织物截面切片法观察电力纺织物和双绉织物的表面、截面几何结构

可知：当纬纱的捻度从零（电力纺织物）变为强捻（双绉织物）时，织物的截面几何形态没有明显变化，但表面几何形态却出现了质变：电力纺织物的经纬纱在织物表面的几何形态均为整齐的平直状，而双绉织物的纬纱在织物表面的几何形态为扭曲的波纹状（经纱由于纬纱的扭曲也产生了不规则的小位移，但基本上仍属平直状），产生绉效应。因此，双绉织物的绉效应主要是绉纬在织物表面所呈现的波纹的随机集合效应所致，而截面几何形态对绉效应的影响很小。

在电镜、显微镜下观测一批具有不同绉效应的真丝双绉织物，结果表明，无论其截面几何结构参数差别多大，只要表面几何结构参数相近，它们的绉效应也就相似。

以上分析表明，Y 是 B 的强函数，J 的弱函数，因此，式（2-10）可简化为

$$Y = f(B) \tag{2-10}$$

也就是说，真丝双绉织物的绉效应可以近似地仅用表面几何结构参数来描述。

3. 绉效应与几何结构的数量关系

要表达绉效应与几何结构的数量关系，就要构造一个依赖于几何结构参数的能表征绉效应程度的函数，这个函数应具有以下性质：它是绉效应的单调递增函数，它仅依赖于表面几何结构。

将此函数定义为"绉效应系数"（用符号 Z 表示）。绉效应主要依赖于织物的表面几何形态，因此作为绉效应直接表征的 Z 应该是织物表面几何形态参数的某种函数。通过对双绉织物表面几何结构的观测，发现以下规律：①经纱基本呈平直状，而纬纱呈波纹状。②纱线线密度相同的织物，当纬纱的屈曲波高（h_w）相同时，绉效应随单位面积中的半波数（B_w）递增；当 B_w 相同时，绉效应随 h_w 递增。③不同纱线线密度的织物，绉效应的风格不同，但规律①和②均成立。

通过双绉织物与电力纺织物的比较分析，可得以下规律：

（1）绉效应是纬纱在织物表面所呈现的波纹的随机集合效应；

（2）双绉织物的经纱与电力纺织物类似，呈平直状，经纱的形态参数对绉效应的影响可忽略效应系数中；

（3）不同纱线线密度的双绉织物的绉效应风格不同，难以作出量的比较。因此应以纱线线密度为分类指标将双绉织物分类，再进行同类之间的比较，因此就不宜包含在绉效应系数中；

（4）根据规律（3），对不同纱线线密度的织物，绉效应系数的函数式应当是相同的；

（5）在（1）～（4）条件下，绉效应系数应由纬纱密度和其形态参数描述。

描述波的形态参数是波高（或波幅）和单位长度中的波数（或频率）。由于绉效应不是一根纬纱的波所形成的波效应，而是具有一定宏观面积的表面上一簇波的随机集合效应，因此对绉效应有直接影响的是单位面积上的波数。若以 b_w 表示纬纱单位长度中的半波数（个/mm），B_w 表示单位面积中纬纱的半波数（个/mm²），h_w 表示纬纱的屈曲波高（mm），P_w 表示织物纬密（根/mm），则 B_w 与 b_w、P_w 的关系为：

$$B_w = b_w \times P_w \tag{2-11}$$

根据上述规律（2）可知，在一定范围内，可以将绉效应系数 Z 定义为：

$$Z = h_w \times B_w = h_w \times b_w \times P_w \tag{2-12}$$

4. 工艺参数及环境条件对绉效应系数的影响

工艺及环境条件的不同会导致 P_w、b_w、h_w 的改变，从而引起 Z 的变化。改善绉效应的措施是合理选择这些条件使绉效应系数值增大。

值得指出的是，P_w、b_w、h_w 不是相互独立的变量，彼此之间往往相互制约。当 P_w 较小时，纬纱的覆盖率较小，纬纱的扭曲波有充分伸展的空间，P_w 增大时，h_w 基本不变，绉效应系数值增大；当 P_w 大到一定程度时，由于纬纱的覆盖率大，纬纱屈曲波伸展空间小，相邻纬纱发生干扰，h_w 被压低，使绉效应系数值降低，绉效应变差。

随着纬纱捻度的增加，加捻产生的扭应力和脱胶退捻产生的扭力矩也增大，丝线在织物中的扭曲程度也随之增强，h_w、b_w 值相应提高，绉效应系数值增大，绉效应变好。

后整理工艺中的练减率也会影响织物的绉效应。若练减率过小，丝线中由于有一定数量的丝胶存在，丝身较硬，抗扭刚度较大，相对位移被阻碍，不利于其扭转和收缩变形，此时 h_w、b_w 均较小，Z 值变小，织物绉效应变差；若练减率过大，织物抗弯刚度减小，也会影响 h_w 和 b_w 值，使绉效应变差。

后整理张力特别是拉幅整理时的张力，对织物的绉效应有直接影响。过大的纬向张力使 h_w、b_w 减小，而过大的经向张力使 P_w 减小，两种情况都使绉效应系数值减小，绉效应变差。

由此可见，无论是织物受潮产生的收缩现象还是织物随搁置时间延长产生的自然收缩现象，均使 h_w、b_w 和 P_w 增大，Z 值增大，绉效应变好（绉效应系数随织物的收缩率递增，而收缩率随织物的覆盖率递减）。

第二节　机织物结构几何学

2-2

一、织物结构参数的关系模型

（一）皮尔斯（Peirce）模型

如图 2-15 所示，该模型从几何学角度来研究织物结构，在假设纱线截面为圆形且不可压缩、每个系统纱线只在一个平面上均匀弯曲波动的前提下，观察相邻纱线的中心距

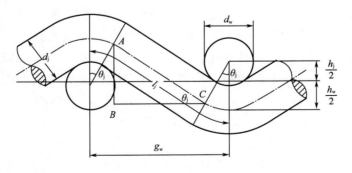

图 2-15　平纹织物中圆形纱线截面形态结构示意图

$(g_j$、g_w，$g = 100/P$）、纱线弯曲半个周期的屈曲长度（l_j、l_w）、屈曲波高（h_j、h_w）、纱线斜率最大处对织物中间水平面的夹角（θ_j、θ_w）、纱线屈曲率（c_j、c_w）或线直径和 H（$H = d_j + d_w$）等决定织物结构的 11 个独立变量之间的关系。

根据几何关系可以列出以下方程组：

$$c_j = l_j/g_w - 1 \tag{2-13}$$

$$c_w = l_w/g_j - 1 \tag{2-14}$$

$$g_j = (l_w - H\theta_w)\cos\theta_w + H\sin\theta_w \tag{2-15}$$

$$g_w = (l_j - H\theta_j)\cos\theta_j + H\sin\theta_j \tag{2-16}$$

$$h_j = (l_j - H\theta_j)\sin\theta_j + H(1 - \cos\theta_j) \tag{2-17}$$

$$h_w = (l_w - H\theta_w)\sin\theta_w + H(1 - \cos\theta_w) \tag{2-18}$$

$$h_j + h_w = H \tag{2-19}$$

（二）Peirce 模型的求解

Peirce 模型在这 11 个独立变量之间建立了一个由 7 个方程组成的方程组，只要知道该 11 个变量中的任意 4 个，就可以解出其余的所有变量。在织物设计时，一般要选定纱线线密度和纱线的排列密度，这就意味着已知了纱线的直径和 H 及相邻经（纬）纱线的中心距 g_j、g_w，如果再把经纱的织缩率 μ_j 确定，就能确定经纱的屈曲率 c_j，按照以下步骤求解方程组，可以相应地确定其他结构参数。

第一步，通过式（2-13）可以求出 l_j：$l_j = g_w(1+ c_j)$。

第二步，由式（2-16）变化后可以得到 $f(\theta_j) = (l_j - H\theta_j)\cos\theta_j + H\sin\theta_j - g_w$，通过求解该方程能够求出 θ_j，不过该方程为超越方程，无解析解，只有数字解。

第三步，已知 θ_j，由式（2-17）可以得出 h_j，通过式（2-19）可以得出 h_w。按照第二步的方法变化式（2-18）可以对 θ_w 进行计算。

第四步，由于 θ_w 已知，利用式（2-15）可以求解 l_w；再由式（2-14）求解 c_w。

通过以上四个步骤就可求出织物的其他结构参数，但从第二步、第四步中求解 θ_j 和 θ_w 时需要解超越方程。针对三角函数的特点，θ_j 和 θ_w 没有唯一解，因此这组方程组没有唯一解，反映了参数的不确定性，也反映了机织物结构的不稳定性。

（三）Peirce 模型的近似式

虽然 Peirce 模型可以求解机织物的结构参数，但解方程的过程烦琐，且所求解没有唯一性。为了简洁地给出这些参数间的关系，皮尔斯（Peirce）和拉夫（Love）等对织物的结构参数进行了实测研究，得到了屈曲波高（h_j、h_w）、纱线斜率最大处与织物中间水平面的夹角（θ_j、θ_w）与纱线屈曲率（c_j、c_w）之间的经验方程：

$$h_j = \frac{4}{3}g_w\sqrt{c_j} \quad \text{和} \quad h_w = \frac{4}{3}g_j\sqrt{c_w} \tag{2-20}$$

$$\theta_j = 106\sqrt{c_j} \quad \text{和} \quad \theta_w = 106\sqrt{c_w} \tag{2-21}$$

上述两组关系式被称为 Peirce 模型的近似式，因 g_j、g_w 和 c_j、c_w 比较容易获得，所以在实际应用中可以使用 Peirce 近似式对织物结构参数进行估算。

二、纱线屈曲长度、屈曲波高与组织循环宽度估算

由 Peirce 模型可知，织物结构参数间的关系可以列出 7 个方程，但方程组中有 11 个变量，要使结构参数能够确定，还需要寻求其他关系方程，或寻求其他方法确定方程组中变量之值，如纱线的屈曲长度（l_j、l_w）、屈曲波高（h_j、h_w）等。这里基于织物的显微切片数据，对纱线在织物内的屈曲状态分别以正弦曲线或折线进行近似描述，分别以正弦弧与圆弧衔接而成的形态或透镜形描述织物经纬纱截面状态，建立经纬纱屈曲波高和经纬纱织缩的概算公式，公式中的待定系数可以根据试验观察数据确定。

（一）纱线屈曲长度估算

无论在单向紧密或非紧密结构织物中，l_j 均按正弦曲线进行概算。而 l_w 在经向单向紧密结构织物中，按折线进行概算；在非紧密结构中，则按正弦曲线进行概算，如图 2-16 所示。

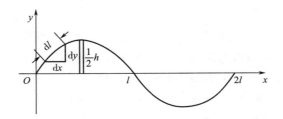

图 2-16　纱线的正弦屈曲形态

设屈曲波的振幅 $y = h_j/2$，屈曲半波长 $x = g_w = 1/P_w$，因而 $y = \dfrac{h_j}{2} \cdot \sin \dfrac{\pi}{g_w}x$

而
$$dl = \sqrt{(dy)^2 + (dx)^2} = \sqrt{1 + \left(\dfrac{dy}{dx}\right)^2}\,dx = \sqrt{1 + \left(\dfrac{\pi h_j}{2g_w}\cos\dfrac{\pi}{g_w}x\right)^2}\,dx \tag{2-22}$$

所以
$$l_j = \int_0^{g_w} dl = \int_0^{g_w}\sqrt{1 + \left(\dfrac{\pi h_j}{2g_w}\cos\dfrac{\pi}{g_w}x\right)^2}\,dx \tag{2-23}$$

按辛普生近似法合并化简，取前三项值得
$$l_j = (1/P_w)[1 + 0.62(h_j P_w)^2 - 0.25(h_j P_w)^4] \tag{2-24}$$

同理可得
$$l_w = (1/P_j)[1 + 0.62(h_w P_j)^2 - 0.25(h_w P_j)^4] \tag{2-25}$$

（二）屈曲波高估算

从前面的分析可以获得概算平纹织物内纱线的屈曲长度 l_j 和 l_w 的求解公式，但是这些公式能否适用于生产实际，关键在于能否获得经（纬）纱的屈曲波高。

基于对织物切片的观测，在求解 l_j 和 l_w 时，可以将纱线在平纹织物内的截面形状按单向紧密结构和非紧密结构两种类型分别讨论。

1. 府绸类织物：经向单向紧密结构织物

图 2-17 所示为府绸类织物的纬向截面图，以正弦弧与圆弧衔接而成的曲线近似描述经纱截面。从图 2-17 可导出 $h_j = DC = \sqrt{AD^2 - AC^2}$，即

$$h_j = \sqrt{(d_{j小} + d_{w小})^2 - [(1/P_j) - (d_{j大} - d_{j小})]^2} \qquad (2-26)$$

因为 $h_j + h_w \approx d_{j小} + d_{w小}$，所以 $h_w = d_{j小} + d_{w小} - h_j$

由于 $d_{j小} = \eta_j \cdot d_j$，$d_{w小} = \eta_w \cdot d_w$，$d_{j大} = \eta'_j \cdot d_j$，$d_{w大} = \eta'_w \cdot d_w$

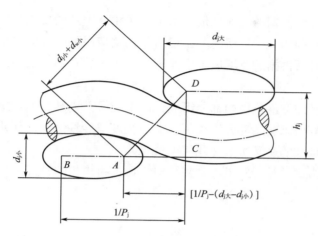

图 2-17 府绸类织物的纬向截面图

那么
$$h_j = \sqrt{(\eta_j d_j + \eta_w d_w)^2 - [(1/P_j) - (\eta'_j d_j - \eta_j d_j)]^2} \qquad (2-27)$$

$$h_w = \eta_j d_j + \eta'_w d_w - h_j \qquad (2-28)$$

2. 粗平纹、中平纹与细平纹织物：非紧密结构

在这类织物中，纱线在织物内的截面形状以透镜形进行描述。根据织物切片大量的观测数据，取 $\eta_j = 0.74$，$\eta_w = 0.82$，$\eta'_j = 1.21$，$\eta'_w = 1.19$。对于粗平纹与细平纹织物：$h_j/h_w = 1.30$；对于中平纹织物：$h_j/h_w = 1.10$；对于粗平纹与细平纹织物：$h_j + h_w = d_{j小} + d_{w小} = \eta_j d_j + \eta_w d_w$。因此：

$$h_j = \frac{1.30}{2.30}(d_{j小} + d_{w小}) = \frac{1.30}{2.30}(\eta_j d_j + \eta_w d_w) \qquad (2-29)$$

$$h_w = \eta_j d_j + \eta_w d_w - h_j \qquad (2-30)$$

在棉平纹织物中，除了以上论及的府绸、粗平纹、中平纹和细平纹织物以外，还有经纬向紧度均在 40% 以下的稀平纹类织物，这类织物过于疏松，结构很不稳定，经纬纱屈曲波高的比值难以定量，因此关于这类织物的屈曲波高，未能提出相应的概算方法。

（三）单个组织循环的宽度估算

单个织物组织循环所占据的宽度主要由织物组织和经纬纱线的排列密度有关，与织物组织的交织规律有关，由此可以估计单个织物组织循环所占据的宽度值。

$$w_j = R_j \frac{100}{P_j} \qquad (2-31)$$

$$w_w = R_w \frac{100}{P_w} \qquad (2-32)$$

式中：w_j（w_w）为单个织物组织循环所占据的宽度值；P_j（P_w）为经（纬）纱排列密度；R_j（R_w）为组织循环经（纬）纱数。

显然织物中经纬纱线的排列密度越大，织物组织循环纱线数越少，单个织物组织循环所占据的宽度值越小。

单个织物组织循环所占据的宽度也是同系统纱线相互关系的反映。同系统纱线之间的相互关系存在相离、相切和相交三种情况。在相离和相交情况下，几何约束关系已显得不太重要，单个织物组织循环所占据的宽度值主要受密度的约束；在相切的情况下，表现的主要是几何约束关系。

织物单个组织循环的宽度值由两部分组成，即未交叉部分纱线所占据的宽度和交叉部分纱线所占据的宽度，其中未交叉部分纱线所占据的宽度与纱线之间的距离有关，而交叉部分纱线所占据的宽度与纱线的交叉次数和几何关系有关。

以3/1斜纹织物为例推导规则组织紧密结构织物各结构相的经（纬）向单个织物组织循环所占据的宽度值 w_j（w_w），如图2-18所示。

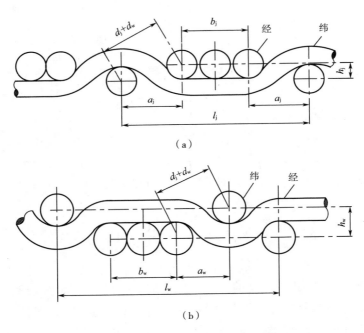

（a）

（b）

图2-18 3/1斜纹织物单个组织循环的宽度

3/1斜纹织物未交叉部分纱线所占据的宽度为两根纱线的直径，存在两个交叉部分，每个交叉部分纱线所占据的宽度为 $\sqrt{(d_j + d_w)^2 - h_j^2}$ 或 $\sqrt{(d_j + d_w)^2 - h_w^2}$，因此3/1斜纹织物单个组织循环所占据的宽度值 w_j（w_w）分别为：

$$w_w = 2\sqrt{(d_j + d_w)^2 - h_j^2} + 2d_j$$
$$w_j = 2\sqrt{(d_j + d_w)^2 - h_w^2} + 2d_w$$

单个组织循环所占据的宽度可以表示为：

$$w_w = t_w a_j + b_j = t_w \sqrt{(d_j + d_w)^2 - h_j^2} + (R_j - t_w) d_j \tag{2-33}$$

$$w_j = t_j a_w + b_w = t_j \sqrt{(d_j + d_w)^2 - h_w{}^2} + (R_w - t_j) d_w \tag{2-34}$$

三、织物中的经纬纱织缩估算

（一）基本概念

机织物由经纬纱经过交织形成，纱线以弯曲的状态存在于织物中，存在一定量的缩率，纱线缩率与屈曲波高有关。

缩率包括三部分：织缩、下机缩和落水缩，三者是有所区别的。织缩是指纱线织成织物后要发生一些弯曲而造成的一些形态上的缩短；下机缩是指纱线在织造张力的作用下产生的变形随张力撤出而回缩所产生的缩率；落水缩是指纱线因弹性变形的恢复从而产生的缩短。织缩包括经纱缩率和纬纱缩率（可简称经缩和纬缩），织物的经缩和纬缩是工艺设计的主要项目之一。织缩的大小对织物的强力、厚度、外观，成布后回缩、原料消耗及印染伸长率等均有很大的影响。

影响缩率的因素很多，它们之间的关系如下：

在织物组织结构参数中，当织物经纱比纬纱粗时，经纱缩率小，纬纱缩率大，反之，则经纱缩率大，纬纱缩率小。当织物中经密增加时，纬纱缩率增加，但当经纱密度增加到一定数值后，纬纱缩率反而减少，经纱缩率增加；当经纬密度都增大时，则经纬纱缩率都增大。织物中经纬纱的交织点越多，则织缩越大，反之织缩越小。经缩增大则纬缩减小，纬缩增大则经缩减小，其总织缩接近一个常数。

在织物织造的工艺参数中，织造时经纱张力大，经纱缩率小，反之缩率大。开口时间早经纱缩率小，反之缩率大。纱线捻度增加，经纱缩率减少，反之则缩率增大。经纱上浆率大，经纱缩率增大，反之则减少。浆纱伸长率大，经纱缩率增大，反之则减少。织造温湿度较高时，经纱伸长增加，缩率减小，同时布幅变窄，纬纱缩率增加；温湿度较低时，则经纱缩率增加，纬纱缩率减少。边撑形式对纬缩有一定的影响，如边撑伸幅效果好，则纬缩较小，反之则较大。

制订织物工艺参数时，应考虑影响织缩的因素，调整它们之间的相互关系。织缩是织物中纱线的原长与织物长度（宽度）之差对织物纱线原长之比，以 μ 表示。织物中经纬纱缩率计算方法如下：

$$经纱缩率\ \mu_j = \frac{L_1 - L_2}{L_1} \times 100\% \tag{2-35}$$

$$纬纱缩率\ \mu_w = \frac{L_1' - L_2'}{L_1'} \times 100\% \tag{2-36}$$

式中：μ_j（μ_w）代表经（纬）纱的织缩率；L_1（L_1'）代表织物中经纬纱的原长；L_2（L_2'）代表织物的原长或幅宽。

（二）织物缩率估算

织物缩率的计算与测定有实际试测法、几何结构原理测算法、经验公式计算法等。

1. 实际试测法

在总经纱根数不变的情况下，经纱与纬纱的缩率是有关联的，并且有一定的规律性。实际生产中的织缩通常用以下公式计算：

$$经纱缩率 = \frac{实际墨印长度(cm) - 实际墨印间成布的长度(cm)}{实际墨印长度(cm)} \times 100\% \quad (2-37)$$

$$纬纱缩率 = \frac{筘幅(cm) - 实际测定布幅(cm)}{筘幅(cm)} \times 100\% \quad (2-38)$$

上式中实际墨印间成布的长度是指测量的折幅长度乘以折幅数再加上织物头尾两端试测长度。在新品种设计或试制中，工艺织缩是一个重要因素，通常是参照类似织物的织缩或者分析试样求出一个近似的数值，经过试织后才作出决定。

2. 经验公式计算法

由于不同织物的原料和织造时的外力因素不同，使用计算方法求得的缩率与实际测得的缩率间会有一定的差异，因而可以在一定的条件下织造织物，找出经纬纱缩率的规律，求出经验公式，供计算类似织物的经纬纱缩率之用。这里介绍一种利用织物总织缩恒定约束对织缩进行估算的方法。

设经纬纱的缩率之和为 μ，则 $\mu = \mu_j + \mu_w$

$$当 \frac{P_j}{P_w} \geq 1 时，\mu = \frac{18.7\sqrt[3]{C^2}}{\sqrt[3.5\sim4]{CN}}\sqrt{\frac{P_w}{P_j}}$$

$$当 \frac{P_j}{P_w} < 1 时，\mu = \frac{18.7\sqrt[3]{C^2}}{\sqrt[3.5\sim4]{CN}}\sqrt[3]{\frac{P_w}{P_j}}$$

式中：μ_j、μ_w 为经纬纱缩率；N 为经纬纱平均公制支数，即 $N = 2N_j N_w (N_j + N_w)$；P_j、P_w 为经纬纱密度；C 为织物交织系数，$C = P_j P_w / (F \cdot N)$，$F$ 为织物的组织系数。

织物的组织系数按下式计算：

$$F = R_j R_w \cdot 2/(t_j + t_w) \quad (2-39)$$

例如 1/1 平纹，$R_j = R_w = 2$，$t_j = t_w = 2$，$F = 2$；2/2 斜纹，$R_j = R_w = 4$，$t_j = t_w = 4$，$F = 4$；2/1 斜纹，$R_j = R_w = 3$，$t_j = t_w = 3$，$F = 3$。t_j（t_w）分别为在组织循环中每根经（纬）纱与纬（经）纱的交叉次数。

关于 $\sqrt[3.5\sim4]{CN}$ 采用哪个根式进行计算，可参考以下规则：

（1）当经纱支数约为纬纱支数的 2 倍时，如 32×14 支，24×13 支等，采用 $\sqrt[4]{CN}$；

（2）当纬密大于经密 1.5 倍以上时，如灯芯绒织物类，采用 $\sqrt[3.5]{CN}$；

（3）粗布类织物采用 $\sqrt[3.5]{CN}$；

（4）细布类织物 $C<10$，可以采用 $\sqrt[3.5]{CN}$，$C>10$ 可采用 $\sqrt[3.75]{CN}$；

（5）其他织物 $C<7$ 采用 $\sqrt[3.5]{CN}$，$7<C<10$ 采用 $\sqrt[3.75]{CN}$，$C>10$ 可采用 $\sqrt[4]{CN}$。

此外经缩与纬缩之比可按下式求出：

$$当\ P_j/P_w <2\ 时，\mu_j/\mu_w = 0.14C\sqrt{P_j/P_w}；$$

$$当\ P_j/P_w >2\ 时，\mu_j/\mu_w = 0.14C \times P_j/P_w$$

因此，根据经缩和纬缩之和的大小及其比率，就可求得经纱缩率和纬纱缩率。

$$\begin{cases} \mu_w = \dfrac{\mu}{\mu/\mu_w} = \dfrac{\mu \times \mu_w}{(\mu_j + \mu_w)} = \dfrac{\mu}{1 + \mu_j/\mu_w} \\ \mu_j = \mu - \mu_w \end{cases} \tag{2-40}$$

这个经验公式有一定的实用性，可用箱幅和布幅求出纬缩，从而求出经缩。

（三）平纹织物织缩概算

平纹织物按结构可分成三类，即非紧密结构、单向紧密结构和双向紧密结构。非紧密结构平纹织物是指经纬向紧度（ε_j，ε_w）均小于 57.7% 的不稳定结构，如粗平布、中平布和细平布等；单向紧密结构平纹织物一般是指经向紧度大于 57.7%，纬向紧度小于 57.7% 的织物，这类织物主要为各种规格的府绸织物；双向紧密结构织物是指经纬向紧度（ε_j，ε_w）均大于 57.7% 的紧密结构织物，如羽绒布等。这些类型的最大区别是纱线在织物中的屈曲模型有差别，增加了平纹织物织缩概算的复杂性。经纱或纬纱在织物内的屈曲长度 l_j 和 l_w 的概算决定了织物的经纬缩率，经纬缩率可以定义如下：

$$\mu_j = \frac{l_j - g_w}{l_j} \times 100\% \tag{2-41}$$

$$\mu_w = \frac{l_w - g_j}{l_w} \times 100\% \tag{2-42}$$

式中：$g_j = 1/P_j$，$g_w = 1/P_w$；l_j 和 l_w 为平纹内两根相邻纬纱（或经纱）之间的经（纬）纱屈曲长度（mm）。

根据前面的分析，经纬纱在织物中的屈曲长度可以概算如下：

1. 经纬纱屈曲长度按正弦曲线进行概算

根据式（2-24）、式（2-25），进行估算。

2. 经纬纱屈曲长度按折线状态概算

府绸织物为经向单向紧密结构织物，其经纱屈曲波高较大，而纬纱屈曲波高较小，如图 2-19 所示。图 2-19 中 AB 为半波段的屈曲长度，其值十分接近三角形 ABC 的斜边 AB 的长度。在三角形 ABC 中，$BC = h_w$，$AC = 1/P_j$，则屈曲长度 l_w 为：

$$l_w = AB = \sqrt{(1/P_j)^2 + h_w^2} \tag{2-43}$$

3. 经（纬）纱屈曲波高 h_j（h_w）的概算

要想估算出经纬纱屈曲长度，不管用哪种模型都需要确定经纬纱的屈曲波高，对于平纹织物

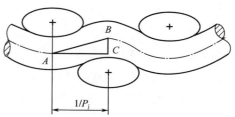

图 2-19　折线状态的纱线走向

可以参照前面介绍的方法进行估算。

4. 实例：14.5tex×14.5tex 523.5 根/10cm×283 根/10cm 精梳棉纱府绸织物

已知织物经密 = 523.5 根/10cm，纬密 = 283 根/10cm，$N_j = N_w = 14.5\text{tex}$，则 $d_j = d_w = 0.037\sqrt{N_j} = 0.141(\text{mm})$

在经向单向紧密的府绸类织物中，$\eta_j = 0.71$，$\eta_w = 0.81$，$\eta_j' = 1.19$，$\eta_w' = 1.18$

$$d_{j小} = 0.71×0.141 = 0.100（\text{mm}），d_{j大} = 1.19×0.141 = 0.168（\text{mm}）$$
$$d_{w小} = 0.81×0.141 = 0.114（\text{mm}），d_{w大} = 1.18×0.141 = 0.166（\text{mm}）$$

$$h_j = \sqrt{(d_{j小} + d_{w小})^2 - [(1/P_j) - (d_{j大} - d_{j小})]^2} = 0.176（\text{mm}），h_w = 0.038(\text{mm})$$

那么

$$l_j = (1/P_w)[1 + 0.62(P_w h_j)^2 - 0.25(P_w h_j)^4] = 0.402(\text{mm})$$

$$l_w = \sqrt{(1/P_j)^2 + h_w^2} = \sqrt{0.191^2 + 0.038^2} = 0.195(\text{mm})$$

这样

$$\mu_j = \frac{l_j - g_w}{l_j} × 100\% = \frac{0.402 - 0.353}{0.402} = 12.19\%$$

$$\mu_w = \frac{l_w - g_j}{l_w} × 100\% = 2.05\%$$

根据多年织缩的统计数据，其中该规格府绸织物的织缩率 $\mu_j \approx 12\%$，$\mu_w = 2\% \sim 3\%$。

（四）织缩的影响因素及原料耗用

织缩的影响因素很多，与织物质量、原料耗用密切相关。在考虑及制定织缩时，必须掌握好每个品种的特点及其规律性，全面考虑它们之间的关系。

1. 影响织缩的因素

在织物的工艺设计中应考虑生产过程中一系列变化因素，如浆纱伸长、织造上机张力、温湿度与浆纱回潮率等因素对织缩的影响。

浆纱的伸长率取决于浆纱时所受到的张力，与纱线的变形能力等有关，与织造时织物的缩率存在线性关系。浆纱伸长率增加，成布的缩率增加，反之成布的缩率减少。

上机张力是重要的织造参数之一，直接影响织物缩率，上机张力大，成布长，织缩小；上机张力小，成布短，织缩大。这是因为上机张力大，引起经纱伸长率大，并且交织时经纱对纬纱的垂直压力大，使纬纱屈曲波高增大而经纱屈曲波峰降低，在这种情况下，纬纱屈曲波增高，缩率增加，布幅也会变窄。织机是多机台生产，因此应该设法调整各机台间的经纱张力，减少产品差异。

2. 织缩与成布自然回缩

织物下机及折叠成件后，有些出现长度回缩，有些出现长度延伸。因此为了适应长期储备织物的需要，保证织物长度，应掌握织缩和织物回缩的规律，合理制定织物的加放长度。但加放长度也不应过多，有些品种也可以不加放，以防影响用纱量。成布自然回缩的主要原因是：

（1）织物在织机上承受经纱到织物上机弹性系统的张力而产生急弹性变形。当织物从布辊上退解时，负荷突然卸除，即弹性变形立即消失，产生较大的长度收缩与相应的幅宽延伸。这个变化属于织造织缩。

（2）织物在刷布与折布时，由于受纵向拉伸作用，也会产生轻微的经伸纬缩，织物经分等、修补洗、堆放，到减包前，因织造时残留的缓弹性形变逐渐恢复而回缩。这阶段的布长与布幅的变化纱线性能、织物组织、堆放时间、外界温湿度的影响。密度愈小，交织点愈少，回缩就愈大；堆放时间愈长，回缩愈大。后整理的流程改变也会引起伸长率的变化。

（3）织物整理完毕成包后，也会产生较大的伸缩变化，成紧包的平细布因受压产生压缩，长度缩短 0.1%～0.3%，但布幅会增加 0.1% 左右，有的品种如纱卡织物却产生经伸纬缩，并且织物在包内位置的不同其纵横的伸缩也不同，上下层的变化较小，中层最大。

（4）织物成包入库后，1～2 个月内回缩变形明显，随着时间的增长，织物中经纬纱应力逐渐平衡，纱线中纤维的缓弹性可复变形减少，回缩变形相应减少，织物尺寸渐趋稳定。

参考文献

［1］ PEIRCE F T. The geometry of cloth structure ［J］. Journal of the Textile Institute Transactions，1937，28（3）：T45–T96.

［2］ PAINTER E V. Mechanics of elastic performance of textile materials：Ⅷ：Graphical analysis of fabric geometry ［J］. Textile Research Journal. 1952，22：153.

［3］ OLOFSSON B. A general model of a fabric as a geometric–mechanical structure ［J］. Journal of the Textile Institute Transactions，1964，55（11）：T541–T557.

［4］ PEIRCE F T. Geometrical principles applicable to the design of functional fabrics ［J］. Textile Research Journal，1947，17（3）：123–147.

［5］ KEMP A. An extension of peirce's cloth geometry to the treatment of non–circular threads ［J］. Journal of the Textile Institute Transactions，1958，49（1）：T44–T48.

［6］ HAMILTON J B. A general system of woven–fabric geometry ［J］. Journal of the Textile Institute Transactions，1964，55（1）：T66–T82.

［7］ HEARLE J W S，SHANAHAN W J. An energy method for calculations in fabric mechanics part i：Principles of the method ［J］. The Journal of the Textile Institute，1978，69（4）：81–91.

［8］ SHANAHAN W J，HEARLE J W S. An energy method for calculations in fabric mechanics part ii：Examples of application of the method to woven fabrics ［J］. The Journal of the Textile Institute，1978，69（4）：92–100.

［9］ HU JINLIAN. Theories of woven Fabric Geometry ［J］. Textile Aisa，1995（1）：56–60.

［10］ 王彦欣，刘让同. 利用切片技术测试织物结构参数 ［J］. 棉纺织技术，2006，34（11）：12–15.

［11］ 蔡陛霞. 织物结构与设计 ［M］. 北京：纺织工业出版社，1979.

［12］ 姚穆. 纺织材料学 ［M］. 2 版. 北京：中国纺织出版社，1990.

［13］ 姚穆. 织物结构与性能 ［M］. 西安：西北纺织工学院，1982.

［14］ 吴汉，金郑，佩芳. 机织物结构设计原理 ［M］. 上海：同济大学出版社，1990.

［15］ 顾平. 织物结构与设计学 ［M］. 上海：东华大学出版社，2004.

［16］ 上海市纺织工业局产品试验研究室. 棉型织物设计与生产 ［M］. 北京：纺织工业出版社，1980.

［17］ 吴薇薇. 真丝双绉绉效应与几何结构的相关研究 ［J］. 苏州丝绸工学院学报，1991（3）：41.

第三章 织物松紧结构与紧度学

第一节 织物松紧的内涵与表征

3-1

机织物的松紧结构向来为织物研究者所关注，不少学者发表了描述织物松紧程度的公式，对这个问题的认识也在逐步深化。

一、织物松紧的内涵

织物松紧结构是织物组成结构单元（纱线）之间的相互接触关系，直接决定织物的柔软性，是织物结构的重要内容。织物松紧结构有三种状态：

（1）织物的组成结构单元（纱线）不接触。

（2）织物的组成结构单元（纱线）接触但不引起纱线截面变形。

（3）织物的组成结构单元（纱线）接触且出现压溃情况。

挤紧织物（jammed fabrics）是指经、纬纱处于某种特定挤紧状况下的织物，包含第（2）（3）两种情况。挤紧织物的特征是：在浮长线下的纱线相互贴紧排列；在经、纬纱的交叉处，某一系统纱线被另一系统纱线交叉分开的距离等于另一系统纱线的直径，即交叉处同系统相邻纱线的中心距为两系统纱线的直径之和。根据这种交织状态对织物结构进行的分析，称之为直径交叉理论。换言之，紧密织物是指交织状态符合直径交叉理论的织物。若某织物仅经纱之间挤紧排列，具有挤紧织物的特征，称为经向挤紧织物；同理，仅纬纱之间挤紧排列，称为纬向挤紧织物；若经、纬纱线均同时呈现挤紧排列，则称双向挤紧织物。

二、织物松紧的表征

单一指标不能全面反映织物结构，必须要用一组指标进行表达。表达织物松紧的指标主要有密度、覆盖紧度、紧度、平均浮长、紧密系数、交织系数、紧度指数，其中有些指标具有相关性。这些指标还在不断完善和发展。

（一）纱线排列密度与覆盖紧度

纱线排列密度是指10cm宽度中纱线的排列根数。当织物组织、纤维原料、纱线粗细一致时，纱线排列密度可以反映纱线间、织物内的挤紧程度。但当纱线粗细不一样时，密度就不能准确反映织物的挤紧程度，这时需要用到覆盖紧度 E，它定义为纱线占据的面积占织物总面积的百分数。

$$E_j = P_j d_j \tag{3-1}$$

$$E_w = P_w d_w \tag{3-2}$$

42

$$E_z = E_j + E_w - E_j E_w / 100 \qquad\qquad (3-3)$$

式中：$d_j(d_w)$ 为经（纬）纱直径，E_z 为织物覆盖紧度，$P_j(P_w)$ 为经（纬）纱排列密度。

覆盖紧度一定程度上反映了织物中纱线排列的挤紧情况，可用于比较相同组织织物的挤紧程度。覆盖紧度反映织物挤紧程度存在以下不足：

（1）忽略了织物组织对挤紧程度的影响。覆盖紧度仅是对织物中一组平行均匀排列的纱线进行讨论，并未涉及织物的组织，所得的结果仅简单地表达为纱线在织物中投影覆盖的面积与织物总面积之比。相同纱线线密度和排列密度的平纹组织、斜纹组织覆盖紧度相同，但挤紧程度不一样。因此覆盖紧度在不同织物组织之间无可比性，覆盖紧度表示的仅是一种假紧度。

（2）当 E_j 或 E_w 大于100%时，将丧失描述织物挤紧程度的功能，此指标已失去意义，说明覆盖系数只能描述稀松织物的相对紧密度。而且当一个系统纱线排列紧密，紧度达到100%时，另一个系统纱线的排列密度无论怎样变化，织物覆盖紧度值均恒等于100%，无法反映变化。因此它们在度量织物挤紧程度时存在局限性，主要用于比较相同组织且经、纬密度不大的织物之间挤紧程度的差别。

设定覆盖系数（cover factor）K，令 $K = P\sqrt{\text{Tt}}/10$，同样也有经向覆盖系数 K_j 和纬向覆盖系数 K_w 之分。即

$$K_j = P_j \sqrt{\text{Tt}_j}/10 \qquad\qquad (3-4)$$

$$K_w = P_w \sqrt{\text{Tt}_w}/10 \qquad\qquad (3-5)$$

纱线直径 $d = a\sqrt{\text{Tt}}$，则覆盖紧度变为

$$E_j = P_j a \sqrt{\text{Tt}_j} = 10aK_j$$

$$E_w = P_w a \sqrt{\text{Tt}_w} = 10aK_w$$

（二）织物紧度

织物松紧结构与织物组织有密切的联系，因为经、纬纱线相互交织时的屈曲形态会影响经纬纱之间的紧密排列。不同组织织物在其他条件均相同的情况下，可能达到的最大挤紧程度不同，同理，不同组织的织物，即使覆盖系数相同，也不能说明挤紧程度一样。在描述挤紧程度时，既要考虑纱线的影响，也要考虑织物组织的影响，因此要使用紧度这个指标，其含义也是纱线实际所占面积占整个织物面积的比。

以 3/1 斜纹织物为例推导出规则组织松紧结构织物各结构相的经（纬）向紧度值 $\varepsilon_j(\varepsilon_w)$。根据紧度的定义，具体到一个组织循环中，经纱紧度就是经纱所占据的宽度 $R_j d_j$ 与一个组织循环纬向宽度 w_w 之比乘100%；纬纱紧度就是纬纱所占据的宽度 $R_w d_w$ 与一个组织循环经向宽度 w_j 之比乘100%。即

$$\varepsilon_j = \frac{R_j d_j}{w_w} \times 100\% \qquad\qquad \varepsilon_w = \frac{R_w d_w}{w_j} \times 100\%$$

根据式（2-21）、式（2-22），把 x_j、x_w 代入紧度的定义式中，可得：

$$\varepsilon_j(\%) = \frac{R_j d_j}{t_w \sqrt{(d_j + d_w)^2 - h_j^2} + (R_j - t_w)d_j} \times 100 \qquad (3-6)$$

$$\varepsilon_w(\%) = \frac{R_w d_w}{t_j \sqrt{(d_j + d_w)^2 - h_w^2} + (R_w - t_j)d_w} \times 100 \qquad (3-7)$$

式中：$R_j(R_w)$ 为组织循环经（纬）纱根数，$t_j(t_w)$ 为在组织循环中每根经（纬）纱与纬（经）纱的交叉次数，$h_j(h_w)$ 为经纬纱屈曲波高。

从紧度的计算公式中可以看出，参数 $R_j(R_w)$、$t_j(t_w)$ 是直接与织物组织有关，织物组织不同，紧度值也不同。实际上，在相同纱线粗细、相同排列密度时，其覆盖系数是相同的，但平纹织物要比斜纹或缎纹织物紧密得多，所以紧度能真正反映织物的挤紧情况。当然紧度也是相对的，考虑到纤维是黏弹体，紧度也不能真正反映织物的挤紧程度。

（三）织物的相对紧密度

利用紧度的定义可以求出任何组织任意结构相下的紧度值，实际织物一般达不到挤紧织物的紧密程度。现将织物的实际紧度与理论紧度之比值，称为该织物的相对紧密度，即：

$$\alpha(\%) = \frac{\varepsilon}{\varepsilon'} \times 100 \qquad (3-8)$$

式中：α 为织物的相对紧密度（%）；ε 为织物的实际紧度（%）；ε' 为与该织物同组织、同结构相的理想织物的理论紧度（%）。

织物相对紧密度也有 α_j、α_w 之别，即：

$$\alpha_j(\%) = \frac{\varepsilon_j}{\varepsilon_j'} \times 100 \qquad\qquad \alpha_w(\%) = \frac{\varepsilon_w}{\varepsilon_w'} \times 100$$

（四）织物的紧密指数

织物的紧密指数用 ψ_z 表示，定义如下：

$$\psi_z = \sqrt{\alpha_j \alpha_w} \qquad 0.4 < \psi_z < 1.4 \qquad (3-9)$$

式中：α_j、α_w 分别为织物经、纬向的相对紧密度。

紧密指数综合了织物组织、经纬向紧度的信息，也即综合了织物组织、原料、经纬纱线密度、排列密度、织物结构相等结构参数的信息。

对于非紧密结构织物，存在 $\varepsilon_j < \varepsilon_{j6}$，$\varepsilon_w < \varepsilon_{w6}$，因此 $\alpha_j = \varepsilon_j / \varepsilon_{j6}$，$\alpha_w = \varepsilon_w / \varepsilon_{w6}$；

对于经支持面织物，存在 $\varepsilon_j < \varepsilon_{j6}$，因此 $\alpha_j = \varepsilon_j / \varepsilon_{j6}$，$\alpha_w = \varepsilon_w / \varepsilon_{w\varepsilon_j}$，$\psi_{zj} = \sqrt{\alpha_j \alpha_w}$；

对于纬支持面织物，存在 $\varepsilon_w > \varepsilon_{w6}$，因此 $\alpha_w = \varepsilon_w / \varepsilon_{w6}$，$\alpha_j = \varepsilon_j / \varepsilon_{j\varepsilon_w}$，$\psi_{zw} = \sqrt{\alpha_j \alpha_w}$。

式中：$\varepsilon_j(\varepsilon_w)$ 为织物的经（纬）向紧度（%）；$\varepsilon_{j6}(\varepsilon_{w6})$ 为各种组织第 6 结构相挤紧结构织物的经（纬）向紧度（%），$\varepsilon_{j\varepsilon_w}(\varepsilon_{w\varepsilon_j})$ 为由纬（经）向紧度决定的结构相的挤紧结构织物经（纬）向紧度（%）。

第二节 织物挤紧状态方程与可织性

3-2

从前面的分析知道，织物的挤紧状态有临界挤紧和压溃挤紧两种，具体情况与织物组织、经纬纱粗细、纱线特性、织机的打纬能力等因素有关。不同织机的打纬能力存在差异，织厚重织物的织机打纬力大，织轻薄织物的打纬力小。平纹组织是机织物中最基本且应用最多的一类，其他组织可由其演化而成，为了分析方便，这里重点以平纹织物为例展开讨论。

一、挤紧状态方程

Peirce 模型中存在式（3-10）和式（3-11）的关系：

$$g_w = (l_j - H\theta_j)\cos\theta_j + H\sin\theta_j \tag{3-10}$$

$$h_j = (l_j - H\theta_j)\sin\theta_j + H(1 - \cos\theta_j) \tag{3-11}$$

对式（3-10）进行变形后可得：

$$l_j - H\theta_j = \frac{g_w - H\sin\theta_j}{\cos\theta_j}$$

代入式（3-11）中并整理得：

$$g_w = \frac{H}{\sin\theta_j} - h_w \text{ctg}\theta_j \tag{3-12}$$

式中：g_w 为纬纱中心距，l_j 为 i 个组织循环经上的屈曲长度，从式（3-12）可以看出，当纬纱屈曲波高增加时，纬纱间距减小，即纬纱密度增大。织物挤紧时，纬纱间中心距达到极小，如果把 g_w 看成是 θ_j 和 h_w 的二元函数，$g_w(\theta_j, h_w)$ 具有极小值。对方程（3-12）求 θ_j 的偏导数：

$$\partial g_w / \partial \theta_j = h_w / \sin^2\theta_j - (d_j + d_w) \cdot \cos\theta_j / \sin^2\theta_j$$

令 $\partial g_w / \partial \theta_j = 0$，则

$$\cos\theta_j = h_w / (d_j + d_w) \quad \text{或} \quad h_w = (d_j + d_w) \cdot \cos\theta_j \tag{3-13}$$

这时

$$h_j = (d_j + d_w) \cdot (1 - \cos\theta_j) \tag{3-14}$$

可以判定，在满足式（3-14）条件下 g_w 有极小值 g_{wmin}，即纬纱密度达到极大。存在：

$$g_{wmin} = (d_j + d_w) \cdot \sin\theta_j \tag{3-15}$$

$$l_j = (d_j + d_w) \cdot \theta_j \tag{3-16}$$

式（3-16）说明，在纬纱间距极小时，纬纱间的经纱不存在直线部分，均处于弯曲状态。当机织物的经密和纬密逐渐增加时，相邻纱线中心距不断减小，纱线不断靠近，最后达到挤紧状态，这时的结构叫作挤紧（jamming）结构。达到挤紧结构时，织物中纱线的直线段将消失，经纱的屈曲长度将成为包围在纬纱圆周上的两段反向相接圆弧的长度。那么

$$\theta_{jmax} = l_j / H \tag{3-17}$$

由式（3-15）可知，当 $\theta_j = 0$ 时，$g_w = 0$，经纬纱之间的关系如图 3-1 所示，此时纬密最

大，但这种情况实际上是不可能实现的，它没有考虑这两根纬纱与其他经纱的交织情况，若考虑到与多根经纱的交织，在 $\theta_j = 0$ 时，最小纬纱间距 $g_w = d_w$，最大纬密为：

$$P_{wmax} = 100/d_w \tag{3-18}$$

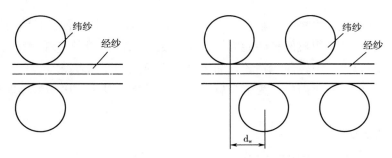

（a）理论的最小纬纱间距　　　　　（b）实际的最小纬纱间距

图 3-1　最小纬纱间距

同理，从 Peirce 模型中的其他方程可得：

$$g_j = \frac{H}{\sin\theta_w} - h_j \mathrm{ctg}\theta_w \tag{3-19}$$

从式（3-19）可以看出，当经纱屈曲波高增加时，经纱间距减小，即经纱密度增大。织物挤紧时，经纱中心距达到极小，如果把 g_j 看成是 θ_w 和 h_j 的二元函数，那么 g_w（θ_w，h_j）具有极小值。对式（3-19）求偏导数，可得经纱间距 g_j 极小，经纱密度极大时的关系式：

$$g_{jmin} = (d_j + d_w) \cdot \sin\theta_w \tag{3-20}$$

$$h_w = (d_j + d_w) \cdot (1 - \cos\theta_w) \tag{3-21}$$

$$h_j = (d_j + d_w) \cdot \cos\theta_w \tag{3-22}$$

$$l_w = (d_j + d_w) \cdot \theta_w \tag{3-23}$$

$$\theta_{wmax} = l_w/H \tag{3-24}$$

在 $\theta_w = 0$ 时，最小纬纱间距 $g_j = d_j$，此时最大经密为：

$$P_{jmax} = 100/d_j \tag{3-25}$$

当经纬纱同时挤紧时，g_j 和 g_w 同时达到极小值，即经纬纱密度同时都达到极大值，式（3-13）~式（3-25）都应成立。由式（3-13）、式（3-22）得织物的挤紧状态方程：

$$\cos\theta_j + \cos\theta_w = 1 \tag{3-26}$$

从式（3-15）和式（3-20）可以分别得到 $\sin\theta_j = g_w/(d_j + d_w)$，$\sin\theta_w = g_j/(d_j + d_w)$，令 $H = d_j + d_w$，则 $\cos\theta_j = \sqrt{1 - (g_w/H)^2}$，$\cos\theta_w = \sqrt{1 - (g_j/H)^2}$，则有：

$$\sqrt{1 - (g_w/H)^2} + \sqrt{1 - (g_j/H)^2} = 1 \tag{3-27}$$

当经纬密加大，纱线间的中心距减少，使式（3-27）渐趋于 1，即机织物逐步挤紧，如果再挤紧（开方和大于 1），纱线内部会产生过分的伸长变形，将在织机上产生过多断头。

上列挤紧条件方程也可将参数代换成下列各式，因 $g_j = 100/P_j$，$g_w = 100/P_w$，故：

$$\sqrt{1 - \left(\frac{100}{HP_w}\right)^2} + \sqrt{1 - \left(\frac{100}{HP_j}\right)^2} = 1 \tag{3-28}$$

而 $H = d_j + d_w$，如果以 m 表示经纬纱直径比，即 $m = d_j/d_w$，代入得：

$$H = d_j(1 + m) = d_w(1 + m)/m$$

代入挤紧条件方程得：

$$\sqrt{1 - \left[\frac{100}{d_j(1 + m)P_j}\right]^2} + \sqrt{1 - \left[\frac{100m}{d_w(1 + m)P_w}\right]^2} = 1 \tag{3-29}$$

由前可知，$E_j = P_j d_j$，$E_w = P_w d_w$，所以：

$$\sqrt{1 - \left[\frac{100}{E_j(1 + m)}\right]^2} + \sqrt{1 - \left[\frac{100m}{E_w(1 + m)}\right]^2} = 1 \tag{3-30}$$

这些挤紧状态方程中只有一对经纬参数 g_j、g_w 或 P_j，P_w 或 E_j，E_w，按理只要知道经纬中二者之一，就可以解出另一系统的最大值，如由 P_j 解出 P_{wmax}，但是实际上由于此方程过分复杂（四次方程解），所以有人采用参数方程曲线图进行求解，最常用的一种是以 E_j 为横坐标，以 E_w 为纵坐标，绘制以 m 为参数的曲线，在已知 E_j 和 m 时在图中直接查出 E_{wmax}，并由此确定真紧度。

需要说明的是，上列挤紧状态方程实际上是对平纹组织结构进行分析的，其他织物组织的方程式可能更为复杂。也有人将紧度和浮长都引入挤紧状态方程中，方程建立和求解的难度也会增加。这里不再赘述。

二、织物的可织性

（一）平纹织物的可织性

根据由 Peirce 模型推导出挤紧条件方程：

$$\sqrt{1 - \left[\frac{100}{E_j(1 + m)}\right]^2} + \sqrt{1 - \left[\frac{100m}{E_w(1 + m)}\right]^2} = 1 \tag{3-31}$$

可以取不同的 m 值，绘制平纹织物的 E_j 与 E_w 关系曲线，如图 3-2 所示。

图 3-2 中曲线上各点的 E_j 与 E_w 为平纹织物的理论最大可织，曲线左下方为理论可织造区，而曲线右上方为理论不可织造区。在曲线两端趋于渐近线的平缓部分，$E_j \gg E_w$ 或 $E_w \gg E_j$，均为织物结构不合理区域。为此这种关系曲线图又称为织物的可织性图解。

任何一个平纹织物都可以在图中找到它对应的坐标点，由坐标所在的区域，从理论上判断该织物是否可织造及其结构是否合理。同理，若已知某织物的经密和经纬纱的线密度，即可由图中曲线找出该织物的理论最大可织纬密。

（二）织物的织紧度

评价织物的织紧度（fabric tightness）有多种方法，在 Peirce 和 Love 建立的织物紧密结构方程的基础上，哈密尔顿（Hamilton）和纽顿（Newton）提出了以下的图解算法。

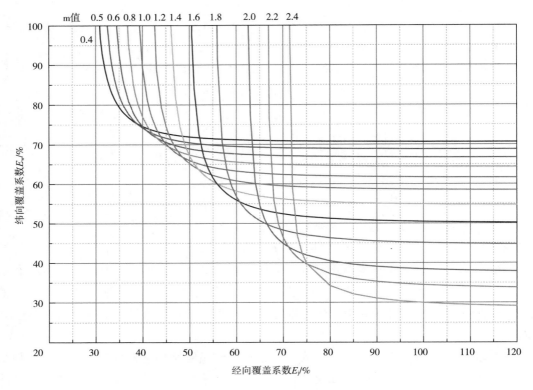

图 3-2 平纹织物的最大可织图解

1. 织物织紧度的 Hamilton 算法

织物覆盖紧度 $E_z = E_j + E_w - E_j \cdot E_w / 100$，由于 $E_j \cdot E_w / 100$ 使 E_z 的计算很不方便，且 $E_j + E_w$ 的值与 E_z 值呈高度相关，则 E_z 值可以直接用 $E_j + E_w$ 来表示。Hamilton 定义织物织紧度 $T(\%)$ 是织物实际的经纬向紧度之和（$E_{ja} + E_{wa}$）对其相似织物的最大经纬向紧度之和（$E_{jmax} + E_{wmax}$）的百分比。这里的相似织物是指具有相同织物平衡系数和纱线直径比的织物。因此，织紧度可以表达为：

$$T(\%) = \frac{E_{ja} + E_{wa}}{E_{jmax} + E_{wmax}} \times 100 \tag{3-32}$$

$$\alpha = \frac{E_{ja}}{E_{wa}} = \frac{E_{jmax}}{E_{wmax}} \tag{3-33}$$

Hamilton 给出了以 $E_j + E_w$ 为纵坐标，α 和 $1/\alpha$ 为横坐标的织物织紧度的图解法（图 3-3）。图中曲线为平纹织物不同 β（$\beta = m-1$）和 α（或 $1/\alpha$）值与最大经纬向紧度之和（$E_{jmax} + E_{wmax}$）的关系曲线。若已知某一实际织物的（$E_j + E_w$）和 α，便可在曲线中找到其坐标，例如 x 点，从图中可方便地找出与 x 具有相同 α 和 m 的位于曲线上的对应点 y，y 点的纵坐标即为与织物 x 相似对应的（$E_{jmax} + E_{wmax}$）值，由式（3-29）可求出该织物的织紧度 $T(\%)$。同时，x 与 y 的距离也直观地表明了织物 x 的织紧度的差异，距离越小，表明织物越趋向紧密。Hamilton 的这种求算方法适用于各种组织的织物。

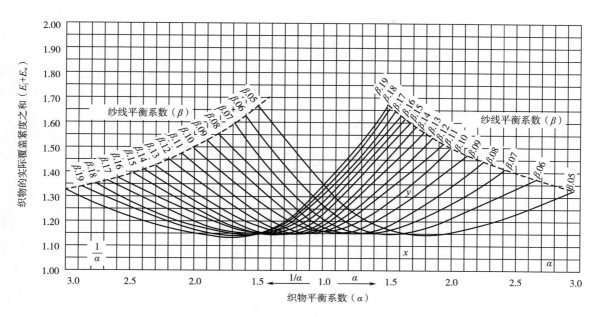

图 3-3　织物相对织紧度的 Hamilton 图解法

为此，有人曾提出一种表达紧度的指标，叫作致密比 χ，见式（3-31），并以此来分析机织物性能获得一定成果。

$$\chi = \frac{1}{2}\left[\frac{E_j}{E_{jmax}} + \frac{E_w}{E_{wmax}}\right] \times 100 \qquad (3-34)$$

2. 织物织紧度的 Newton 图解法

由图 3-3 可知，Hamilton 的织紧度图解法仅适用于 α（或 $1/\alpha$）值和 $E_j + E_w$ 值的交点位于屈曲下方的织物，而那些 E_j 和 E_w 值比较悬殊的织物不在对应曲线的下方，很难得出结果。例如，某一棉平纹织物经纬纱均为 25tex，$P_j = 38.6$ 根/cm，$P_w = 16.5$ 根/cm，因此其 $m = 1$，$E_j = 0.724$，$E_w = 0.309$，$E_j + E_w = 1.03$，$\alpha = E_j / E_w = 2.34$，但在 Hamilton 图解法中找不到对应于该织物的 $E_{jmax} + E_{wmax}$，织物的织紧度无法从图中求出。鉴于此，Newton 提出了直接利用紧密织物最大可织曲线图比较织物紧度的方法。

图 3-4 所示是以 E_j 和 E_w 为坐标的不同 m 值下平纹紧密织物最大可织曲线。图中 x 点代表一个具有确定 E_j 和 E_w 值的织物，y 点是织物 x 到与之对应的最大可织曲线上距离为最短的点。Newton 提出用直线段 xy 的长度来表征织物的织紧度。xy 的长度越小，织物织紧度越大。位于最大可织曲线左下方的任意一个实际存在的织物 x 点都有一个与之对应的最大可织曲线上距离最近的 y 点，量取线段 xy 的长度便可进行比较。该方法比 Hamilton 图解法的适用面更宽。同理，若已知某织物距最大可织曲线的 xy 线段的长度和 E_j 或 E_w（或 E_j / E_w），便可在图 3-4 上找到该织物点 x 的具体位置。

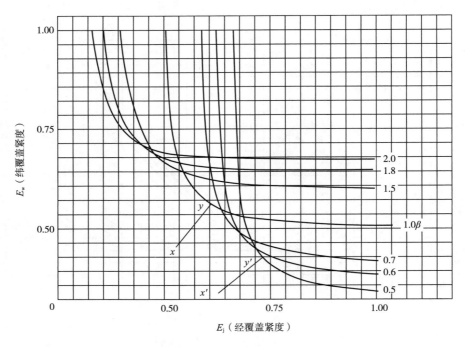

图 3-4 不同 m 值下的平纹紧密织物最大可织曲线

3-3

第三节 Bnierley 方程及其应用

　　纱线在织物中几何形态的形成受三个因素的影响,即经纬纱密度、经纬纱细度和织物组织。经纬纱密度决定了松紧结构和受挤压的变形形态,经纬纱细度决定了纱线形状的尺寸规格,织物组织决定了切片中各根纱线位置的几何分布,其中经纬纱密度对纱线几何形态起决定性作用。假设织物密度存在一个临界值,这个值可以界定经纬纱在浮长线下是否变形。若织物密度小于这个临界值,则浮长线下经纱或纬纱呈松散状态;若织物密度等于或接近这个临界值,则浮长线下的经纱或纬纱之间彼此相邻,不发生拥挤变形,属于互不干涉状态;若织物密度大于这个临界值,则浮长线下的经纱或纬纱出现拥挤、压缩,纱线截面在原有形状的基础上发生改变。织物组织中纱线的平均浮长大,且密度大于临界密度,则织物内并列的经纱或纬纱相互产生重叠的可能性增大,多组织点织物中集合形态就是在这种条件下出现的。

　　Peirce 理论模型的假设条件与实际情况不完全吻合,况且没有考虑织造过程对于织物最大密度的影响,因此存在一定的误差。为找到结果与实际织物密度更为接近的计算方法,不少研究者借助实验方法提出了经验公式。这里介绍 S. 布尼尔利 (S. Bnierley) 求织物最大上机密度的经验法。

一、Bnierley 的织造实验与经验方程

Bnierley 采用 20 种不同平均浮长的方平、缎纹和斜纹组织织物，经、纬纱选用 37tex×2 精梳毛纱，在经密确定的条件下织入尽可能大的纬密进行试验，共织造了方平织物 9 块，缎纹织物 11 块，斜纹织物 12 块。这 32 块织物是经、纬纱同特同密的方形织物（square fabrics），方形织物的密度称方形密度。Bnierley 分析试验数据发现，各类组织的平均浮长 f 和可能得到的最大密度 P 之间有明显的趋向性特征。考虑到坯布的最大密度受到纱线线密度、组织结构、纤维的体积质量、纤维和纱线在织物中的变形及织造工艺机械条件等因素的影响，Bnierley 建立了计算方形织物最大上机密度的方程，即著名的 Bnierley 经验方程。

$$P_{方\max} = K \cdot \sqrt{\frac{1000}{Tt}} \cdot F^m \tag{3-35}$$

式中：$P_{方\max}$ 为方形织物的最大上机方形密度（根/cm）；K 为纱线类别常数（与纤维类别、纺纱方法和纱线线密度单位有关）；Tt 为方形织物经、纬纱的线密度（特数）；F 为织物组织的平均浮长；m 为经验法组织常数；F^m 为经验法织造系数（weaving coefficient）。

二、Bnierley 方程讨论

（一）经纬纱线密度对 Bnierley 方程的影响

如果织物的经、纬纱线密度不等，可计算它们的平均值：

$$Tt_{平均} = (Tt_j + Tt_w)/2$$

此时式（3-35）改写成：

$$P_{方\max} = K \cdot \sqrt{\frac{1000}{Tt_{平均}}} \cdot F^m \tag{3-36}$$

（二）原料对 Bnierley 方程影响

如果纱线原料相同，但纺纱方法变化致使纱线的比容变化，Bnierley 经验方程改写为：

$$P_{方\max} = K \cdot \sqrt{\frac{1000}{Tt}} \cdot F^m \cdot \lambda \tag{3-37}$$

式中：修正系数 $\lambda = \sqrt{\rho'/\rho}$；$\rho$ 为原试验所采用精纺毛纱线的比容，$\rho = 1.32 cm^3/g$；ρ' 为现用纱线的比容。

（三）织物组织对 Bnierley 方程影响

Bnierley 经验方程中的 K 值见表 3-1，组织常数 m 见表 3-2，织造系数 F^m 见表 3-3。

表 3-1　Bnierley 方程中的 K 值

织物类别	K	织物类别	K	织物类别	K
棉织物	41.8	桑蚕丝生织物	41.0	粗纺毛织物	41.0
		桑蚕丝熟织物	39.4	精纺毛织物	42.7

表 3-2 各类组织 *m* 值的取值表

组织类别	F	m	组织类别	F	m
平纹	$F = F_j = F_w = 1$	1	急斜纹	$F_j > F_w$ 取 $F = F_j$	0.42
斜纹	$F = F_j = F_w > 1$	0.39	急斜纹	$F_j = F_w = F$	0.51
缎纹	$F = F_j = F_w >= 2$	0.42	急斜纹	$F_j < F_w$ 取 $F = F_w$	0.45
方平	$F = F_j = F_w >= 2$	0.45	缓斜纹	$F_j < F_w$ 取 $F = F_w$	0.31
经重平	$F_j > F_w$ 取 $F = F_j$	0.42	缓斜纹	$F_j = F_w = F$	0.51
纬重平	$F_j < F_w$ 取 $F = F_w$	0.35	缓斜纹	$F_j > F_w$ 取 $F = F_j$	0.42
经斜重平	$F_j > F_w$ 取 $F = F_j$	0.35	变化斜纹	$F_j > F_w$ 取 $F = F_j$	0.39
纬斜重平	$F_j < F_w$ 取 $F = F_w$	0.31	变化斜纹	$F_j < F_w$ 取 $F = F_w$	0.39

表 3-3 Bnierley 经验方程中常用的织造系数 F^m 值

平均浮长 f		1	1.5	2	2.5	3	3.5	4	4.5	5	5.5	6
m	斜纹	0.39		1.17	1.31	1.43	1.54	1.63	1.72	1.80	1.87	1.94	2.01
	缎纹	0.42			1.34	1.47	1.59	1.69	1.79	1.88	1.97	2.04	2.12
	方平	0.45	1		1.37		1.64		1.87	1.97	2.06	2.25	2.24

（四）Bnierley 方程用于不同线密度不同经纬密度（异特异密）织物实有方形密度的计算

式（3-35）~式（3-37）分别给出了经纬纱同特同密、异特同密织物的最大方形密度的计算方法，但是有许多织物是同特异密乃至异特异密，Bnierley 根据试验数据，作出了同特异密、异特异密织物的假想方形密度与实际的 P_j 和 P_w 之间的关系曲线。

同特异密织物的函数表达式为：

$$P_w = K_{方} \cdot P_j^{-2/3} \tag{3-38}$$

式中：$K_{方}$ 为假想方形结构时的常数，也叫方形系数。

求 $K_{方}$ 时，需将此非方形织物转化为紧密状态下的方形织物来计算，即：

$$K_{方} = P_{wmax} \cdot P_{jmax}^{2/3} = P_{方max} \cdot P_{方max}^{2/3} = P_{方max}^{(1+2/3)} \tag{3-39}$$

再代入式（3-38），得到：

$$P_w = P_{方max}^{(1+2/3)} \cdot P_j^{-2/3} \tag{3-40}$$

异特异密织物的函数表达式为：

$$K_{方} = P_{方max}^{\left(1 + \frac{2}{3}\sqrt{Tt_j/Tt_w}\right)} \tag{3-41}$$

则

$$P_w = P_{方max}^{\left(1 + \frac{2}{3}\sqrt{Tt_j/Tt_w}\right)} \cdot P_j^{-\frac{2}{3}\sqrt{Tt_j/Tt_w}} \tag{3-42}$$

织物相对紧密度：

$$\alpha(\%) = \frac{P_{方}}{P_{方\max}} \times 100 \qquad (3-43)$$

相对紧密度 α 值也可看作织物的紧密程度系数，可用来比较不同织物的紧密程度。α 相同的织物力学性能也会相同或十分接近。织物的织造阻力（即织造时钢筘打纬受到的阻力）和织物的弹性两个指标与 α 值之间都能建立一定的函数关系，α 值越大，则织造阻力越大，织物的弹性越小。所以用 α 来表示织物的紧密程度有一定的实用价值。

三、Bnierley 方程应用与致密性讨论

Bnierley 经验方程说明，不同的织物组织其可容纳的纱线密度不同，可以通过实验确定不同组织织物的致密性。由于 Bnierley 试验是采用精纺毛纱为原料，因此 Bnierley 方程对精纺毛织物的密度设计是比较实用的，实用之处在于：

（1）由式（3-35）~式（3-37）可以求出经纬纱不同原料、不同纺纱方法、不同线密度和不同组织织物的最大上机方形密度。

（2）已知某织物经纬纱的线密度、经（或纬）密和织物的最大上机方形密度，代入式（3-40）或式（3-43），便可求出该织物的最大上机纬（或经）密。

（3）已知某织物经纬纱的线密度和经纬密度，代入式（3-40）或（3-43），便可求出该织物假想为方形结构时实有的上机方形密度，从而进行相对紧密度比较。

【例1】如：经、纬纱均采用线密度为 37×2tex 精纺毛纱的平纹织物，如果经密∶纬密 = 2∶1，求其上机经、纬密度。

① $P_{方\max} = 42.7 \cdot \sqrt{\dfrac{1000}{Tt}} \cdot F^m = 42.7 \cdot \sqrt{\dfrac{1000}{37 \times 2}} \times 1 = 156$（根/10cm）；

② 设 $P_{方} = P_{方\max}$，求得经纬密度为最大上机经纬密度。由于是同特异密，则

$$K_{方} = P_{方\max}^{(1+2/3)} = 156^{1.67} = 4527$$

已知 $P_w = P_j/2$，而 $P_w = K_{方} \cdot P_j^{-2/3}$，所以 $P_j/2 = 4527 \cdot P_j^{-2/3}$，解得：

最大上机经密 $P_j = 236$ 根/10cm；

最大上机纬密 $P_w = P_j/2 = 118$ 根/10cm。

【例2】某精纺毛织物为 2/2 斜纹，经纱采用 18.5×2tex 精纺毛纱，纬纱采用 37×2tex 精纺毛纱，设计其上机经密为 $P_j = 260$ 根/10cm，上机纬密为 $P_w = 220$ 根/10cm，问：该织物织造有何困难？织物是否太松？

①因是 2/2 斜纹织物，查表 3-3 可知 $F^m = 1.31$，

$$Tt_{平均} = (Tt_j + Tt_w)/2 = (18.5 \times 2 + 37 \times 2)/2 = 55.5$$

$$P_{方\max} = 42.7 \cdot \sqrt{\dfrac{1000}{Tt_{平均}}} \cdot F^m = 42.7 \cdot \sqrt{\dfrac{1000}{55.5}} \times 1.31 = 236$$（根/10cm）

$$最大方形系数\ K_{方\max} = P_{方\max}^{\left(1+\frac{2}{3}\sqrt{\frac{Tt_j}{Tt_w}}\right)} = 236^{\left(1+\frac{2}{3}\sqrt{\frac{18.5 \times 2}{37 \times 2}}\right)} = 3101$$

当上机经密为 260 根/10cm 时，最大上机纬密为：

$$P_w = P_{\text{方max}}^{\left(1+\frac{2}{3}\sqrt{Tt_j/Tt_w}\right)} \cdot P_j^{\left(-\frac{2}{3}\sqrt{Tt_j/Tt_w}\right)} = 3101 \times 260^{\left(1+\frac{2}{3}\sqrt{\frac{18.5 \times 2}{37 \times 2}}\right)} = 225.5 \text{（根/10cm）}$$

现在上机纬密选用 220 根/10cm，可以认为织造无困难。

②当上机经密 $P_j = 260$ 根/10cm，$P_w = 220$ 根/10cm，此时方形系数为：

$$K'_{\text{方}} = P_w \cdot P_j^{\frac{2}{3}\sqrt{Tt_j/Tt_w}} = 3101 \times 260^{\frac{2}{3}\sqrt{\frac{18.5 \times 2}{37 \times 2}}} = 3026$$

则：该织物假想为方形织物时，对应的实有方形密度为：

$$P_{\text{方}} = K'^{1/\left(1+\frac{2}{3}\sqrt{\frac{Tt_j}{Tt_w}}\right)}_{\text{方}} = 3026^{1/(1+0.4714)} = 232 \text{（根/10cm）}$$

$$\alpha(\%) = \frac{P_{\text{方}}}{P_{\text{方max}}} \times 100 = \frac{232}{236} \times 100 = 98$$

该织物相对紧密度为 98%，可见织物结构紧密。

第四节　挤紧参数化讨论与形成条件

一、挤紧参数化讨论

（一）经纬纱线密度配合

为了能简单地讨论织物经纬纱号的配合概念，以等支持面织物为例，假设 $d_j = h_w$，$d_w = h_j$，$d_w/d_j = m$，将这些条件代入紧度计算公式，化简得：

$$
\begin{cases}
\varepsilon_j(\%) = \dfrac{R_j}{t_w\sqrt{1+2m} + (R_j - t_w)} \times 100 \\[4mm]
\varepsilon_w(\%) = \dfrac{R_w}{t_j\sqrt{1+2/m} + (R_w - t_j)} \times 100
\end{cases}
\tag{3-44}
$$

对于平纹组织织物，设 $m=1$，则 $\varepsilon_w = \varepsilon_j = 57.7\%$，假设 $m<1$，则 ε_j 将小于 57.7%，而 ε_w 大于 57.7%，由此可知，织造府绸类单向紧度的经支持面织物时，如果采用 $m<1$ 的经纬纱配合关系，将有利于在较小的经向紧度条件下达到织物紧度的要求，得到较好的经支持面效果，而且由于纬纱的特数较大，ε_w 增加，因此在相等的纬向紧度条件下，可以通过减少织物纬纱密度或减小纳入纬纱时的阻力来提高织机的产量和改善纬向强力。

对于织物经纬纱号的配合关系，建议：

（1）经支持面织物取 $m \leqslant 1$；

（2）纬支持面织物取 $m \geqslant 1$；

（3）经纬等支持面织物取 $m \approx 1$。

其中细平布类棉织物，为了减少织造时的经纱断头，可采用 $m>1$ 的配合关系。

（二）紧度的结构相模型

任意结构相紧密织物的屈曲波高 h 与结构相序 Φ 的关系式

$$h_j = \frac{\Phi - 1}{10}(d_j + d_w) \tag{3-45}$$

$$h_w = \frac{9 - \Phi}{10}(d_j + d_w) \tag{3-46}$$

代入式（3-6）和式（3-7）可得到：

$$\varepsilon_j = \frac{R_j d_j}{w_w} \times 100\% = \frac{R_j}{(R_j - t_w) + (1/8) \times (1 + d_w/d_j) \times t_w \sqrt{(9 - \Phi)(7 + \Phi)}} \times 100\%$$

$$\tag{3-47}$$

$$\varepsilon_w = \frac{R_w d_w}{w_j} \times 100\% = \frac{R_w}{(R_w - t_j) + (1/8) \times (1 + d_j/d_w) \times t_j \sqrt{(17 - \Phi)(\Phi - 1)}} \times 100\%$$

$$\tag{3-48}$$

【例】某平纹织物经纬纱的线密度相等，求其第5结构相的覆盖紧度。

将平纹织物组织参数和相序代入式（3-47）和（3-48），得：

$$\varepsilon_j(\%) = \frac{2}{(2 - 2) + (1/8) \times (1 + 1) \times 2\sqrt{(9 - 5)(7 + 5)}} \times 100 = 57.7$$

$$\varepsilon_j(\%) = \frac{2}{(2 - 2) + (1/8) \times (1 + 1) \times 2\sqrt{(17 - 5)(5 - 1)}} \times 100 = 57.7$$

计算结果与表3-4中相同。可见该公式建立了结构相与覆盖紧度的关系。在织物组织和经、纬纱的线密度之比确定后，便可进行结构相与覆盖紧度之间的换算。

假设 $d_w = d_j = d$，根据织物紧度定义或以织物组织情况分别计算织物各结构相的紧度，结果表见表3-4。

表3-4　织物各结构相的紧度

织物组织	平纹		$\frac{2}{1}$斜纹		$\frac{2\quad3}{2\quad1}$斜纹		五枚缎纹	
结构相序	ε_j	ε_w	ε_j	ε_w	ε_j	ε_w	ε_j	ε_w
1	50.0	199.2	60.0	149.7	66.7	133.2	71.4	124.9
2	50.3	114.7	60.2	109.3	66.9	106.8	71.6	105.4
3	51.0	83.3	61.0	88.2	67.6	90.9	72.3	92.6
4	52.4	70.0	62.3	77.8	68.8	82.4	73.4	85.4
5	54.6	62.5	64.3	71.4	70.0	76.9	75.0	80.6
6	57.7	57.7	67.2	67.2	73.2	73.2	77.4	77.4
7	62.5	54.6	71.4	64.3	76.9	70.0	80.6	75.0
8	70.0	52.4	77.8	62.3	82.4	68.8	85.4	73.4
9	83.3	51.0	88.2	61.0	90.9	67.6	92.6	72.3

织物组织	平纹		$\frac{2}{1}$斜纹		$\frac{2}{2}\frac{3}{1}$斜纹		五枚缎纹	
结构相序	ε_j	ε_w	ε_j	ε_w	ε_j	ε_w	ε_j	ε_w
10	114.7	50.3	109.3	60.2	106.8	66.9	105.4	71.6
11	199.2	50.0	149.7	60.0	133.2	66.7	124.9	71.4

由表 3-4 中数据可以得出下列有关组织特性的概念：

（1）处于等支持面附近的结构相（第 6 相左右），以平纹组织所需的紧度最小，在这种情况下，平纹组织最易于使织物达到紧密效应。

（2）不同的织物组织在同一高（低）结构相时，缎纹组织织物的经（纬）向紧度较小，在此情况下，缎纹组织易于使织物获得经（纬）支持面效应。

（3）对于经支持面结构的织物（纬支持面结构的织物也可作类似的分析），将结构相由第 6 升到第 7 与第 9 升到第 10 相比较，虽然都是变更一个结构相，但是经向紧度的变化值却相差很大。在高结构相附近每变动一个结构相需要改变较大的经向紧度，这种现象称为致相效应迟钝。

以 2/2 斜纹组织为例，结构相由第 6 变到第 7，仅需增加经向紧度 3.7%；如果结构相由第 9 变至第 10，则需增加经向紧度 16%。由此可见，对于经支持面的各类织物，增加经向紧度并不等比例地促使结构相的增加，而且经向紧度过大，必然增大原料消耗，使生产困难，织物的手感过于硬挺。据此提出以下的经向紧度值参考值：

府绸类织物的经向紧度≤83.3%（第 9 结构相）

棉华达呢织物的经向紧度≤91%（第 9 结构相）

卡其类织物的经向紧度≤107%（第 10 结构相）

直贡类织物的经向紧度≤105%（第 10 结构相）

上列经向紧度值可作为参考，但各类织物经纬向紧度的具体规格数值，尚需根据织物的风格特征和物理机械指标等因素决定。

（三）单向挤紧结构织物结构相

织物的经（纬）向紧度大于紧密等支持面结构的经（纬）向紧度时，称为单向紧密结构织物。府绸、棉华达呢、棉卡其和部分贡缎类织物，都属于经向单向紧密结构织物。

关于经向单向紧度结构织物的结构，其屈曲波高可以按下列方法概算：

$$h_j = \sqrt{(d_j + d_w)^2 - a_j^2} \tag{3-49}$$

由于　　　$\dfrac{t_w a_j + (R_j - t_w) d_j}{R_j} = g_j = \dfrac{100}{P_j}$，有 $a_j = \dfrac{100 R_j / p_j - (R_j - t_w) d_j}{t_w}$，则

$$h_j = \sqrt{(d_j + d_w)^2 - \left[\frac{100 R_j - (R_j - t_w) E_j}{t_w P_j}\right]^2} \tag{3-50}$$

由上式可知，经向单向紧度结构织物的经纱屈曲波高 h_j 大小与纬纱密度无关。各种组织

织物的经支持面织物的几何结构相序仅由经纬纱粗细和经纱密度决定。

（四）织物紧度的工艺意义

利用织物的经（纬）向紧度可以得到以下几方面的信息：

（1）判断机织物的几何结构特征：平衡概念、织物紧度、织物单向紧密度；

（2）预测织造生产的难易程度；

（3）帮助理解织物的力学性能；

（4）判断形成紧边和松边织疵的原因。

1. 判断机织物的几何结构特征

对于 32.4×32.4×251×248 棉粗平布，织物内经纬纱的直径系数取 0.037，经计算，织物的经向紧度 ε_j = 52.85%，纬向紧度 ε_w = 52.22%，而第 6 结构相平纹织物的经向紧度 ε_{j6} = 57.7%，ε_{w6} = 57.7%，因此 ε_j = 52.85% < 57.7% = ε_{j6}，ε_w = 52.85% < 57.7% = ε_{w6}。由于 ε_j，ε_w 分别小于 ε_{j6}，ε_{w6}，可作出如下判断，该粗平布品种为非紧密结构织物，自趋平衡的结构相将位于第 6 结构相左右，并将由经纬纱共同构成织物的支持面，织物结构比较紧密。

对于 14.5×14.5×547×283 棉府绸，经过计算其 ε_j = 77.27%，ε_w = 39.98%，存在 ε_j > ε_{j6}，ε_w < ε_{w6}，查询可知平纹组织织物第 8 结构相的经向紧度值 ε_{j8} = 70.0%，第 9 结构相的经向紧度值 ε_{j9} = 83.3%，因此 ε_{j8} < ε_j < ε_{j9}，ε_w < ε_{w9} < ε_{w8}。根据以上信息可以作出判断，该棉府绸为经向单向紧密结构织物，结构相处于 8~9，具有经支持面的外观效应。

2. 由织物规格预测织造生产的难易程度

织物织造过程中，开口与打纬工艺的难易程度在很大程度上影响织机的生产效率，织物的经向和纬向紧度过大，都将使织机的生产效率和产品质量下降。织造的难易程度由经（纬）向紧度指数 α_j（α_w）值来预测。

对于非紧密结构织物，α_j = $\varepsilon_j/\varepsilon_{j6}$，$\alpha_w$ = $\varepsilon_w/\varepsilon_{w6}$，这类织物一般处于 6 结构相附近。

对于经支持面织物，α_j = $\varepsilon_j/\varepsilon_{j6}$，$\alpha_w$ = $\varepsilon_w/\varepsilon_{w\varepsilon_j}$，这类织物的结构相由 ε_j 决定。

对于纬支持面织物，α_w = $\varepsilon_w/\varepsilon_{w6}$，$\alpha_j$ = $\varepsilon_j/\varepsilon_{j\varepsilon_w}$，这类织物的结构相由 ε_w 决定。

当 α_j（α_w）>1 时，织物过度紧密，织造工艺发生困难。随着 α_j 的增加，如不采取应有措施，则希望织造时具有良好的开口工艺是很困难的；同理随着 α_w 的增加，当 α_w >1 时，表示 α_w 已超过 α_j 所决定的结构相应具有的紧度结构的纬向紧度，不言而喻，在这样的结构条件下纳入纬纱，打纬将会很困难。

对于 14.5×14.5×547×394 棉平纹羽绒布，经计算，ε_j = 77.27%，ε_w = 55.61%，由于 ε_j > ε_{j6} = 57.7%，ε_{j8} = 70.0% < ε_j = 77.27% < ε_{j9} = 83.3%，所以该织物的结构相介于 8~9，呈现经支持面的结构效应。已知 ε_j = 77.27%，则纬向紧度 $\varepsilon_{w\varepsilon_j}$ 可以由内插法求出：

$$\frac{\varepsilon_j - \varepsilon_{j8}}{\varepsilon_{j9} - \varepsilon_{j8}} = \frac{\varepsilon_{w\varepsilon_j} - \varepsilon_{w8}}{\varepsilon_{w9} - \varepsilon_{w8}} \tag{3-51}$$

由上式可算出 $\varepsilon_{w\varepsilon_j}$ = 51.63%。由于 ε_w >51.63%，ε_j >57.7% = ε_{j6}，因此该织物为经纬双向紧密织物。计算 α_w 和 α_j：

$$\alpha_j = \varepsilon_j/\varepsilon_{j6} = 77.27/57.7 = 1.34$$

$$\alpha_w = \varepsilon_w / \varepsilon_{w\varepsilon_j} = 55.61/51.63 = 1.08$$

该织物的 α_w 和 α_j 比较大,如欲在 1511 织机上进行生产,除采用双踏盘开口结构外,织机的卷取和打纬机构也应加固。

关于 α_j 和 α_w 的大小与织造生产难易程度的关系,尚待于积累数据后,方能进一步作出阐述。

二、织物挤紧形成条件

织物结构相主要由经纬纱密度、经纬纱线密度、纱线纤维刚度、织造参变数及印染加工过程中织物所受的作用力决定,其中织造参变数对织物结构相的影响很大,它由多种因素决定。下面的讨论是以其他条件相同,就某一织造参变数发生变化为前提的。

(一) 上机张力

上机张力是织造过程中对织物结构相影响最大的一个因素,上机张力大,经纱受到的轴向拉力就大,经纱弯曲后的回复力也较大。

如图 3-5 所示的平纹织物中,设织物形成区的某一根经纱所受的轴向力是 T_{j1},作用于纬纱的分力是 $2T_{j1}\cos\theta_1$,纬纱在这个力的作用下发生变形。纬纱变形后的轴向力作用于经纱的分力,也就是纬纱的回复力 T_{w1},随着纬纱变形的增加也逐渐增大,而 T_{j1} 却因为经纱弯曲的部分回复而减小,最后 $2T_{j1}\cos\theta_1$ 和 T_{w1} 两者达到平衡,即经纬纱弯曲回复力相等,经纬纱处于相对的静止状态。这时经纱的屈曲波为 h_{j1},纬纱的屈曲波为 h_{w1}。增大上机张力后在织口的同一位置上,经纱的轴向力增加,变为 T_{j2}($T_{j2} > T_{j1}$),于是发生了与上述类似的过程,由于 T 的变化比图中 θ 的变化影响大,经纱作用于纬纱的力 $2T_{j2}\cos\theta_2$ 大于原先的作用力 $2T_{j1}\cos\theta_1$,旧的平衡被打破,经纱对纬纱新的作用力迫使纬纱有较大的弯曲,同时经纱原先的弯曲有部分的回复,到达第二次平衡时,新的纬纱屈曲波比原先的高,即 $h_{w2} > h_{w1}$,而新的经纱屈曲波 h_{j2} 与原先的经纱屈曲波 h_{j1} 相比,$h_{j2} < h_{j1}$,因此随着上机张力的增加,织物结构相由高向低转化。

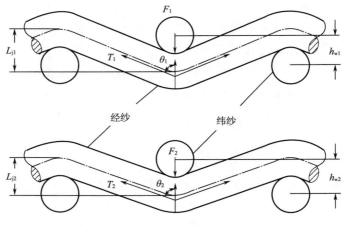

图 3-5 平纹织物经纬纱受力情况

改变上机张力，在影响织物结构相的同时也影响了梭口的清晰度、经纱断头率、织物机上布幅、织物强力等指标，所以只能在一个较小的范围内调整，在织低结构相的织物时，只要经纱强力允许，可适当加大上机张力，使纬纱屈曲波增高，开口时梭口清晰度更好；在织高结构相织物时，应适当减小上机张力，使经纱织造时充分屈曲，织物的外观效果变好。要减小上机张力只能从改善准备工序中纱线的张力均匀着手，络筒工序中使各个筒子张力均匀，整经工序中使片纱张力均匀，浆纱工序中使各经轴退绕张力均匀，这样才能使织造时上机张力小，开口清晰。

（二）纬纱张力

纬纱张力对织物结构相的影响，正好与上机张力相反，当经纱上机张力不变，纬纱张力较大时，即在同一个 $2T_{j1}\cos\theta_1$ 的作用下，纬纱只发生较小的弯曲，T_{w1} 的值就与 $2T_{j1}\cos\theta_1$ 相等，此时纬纱抗弯曲的能力提高，纬纱屈曲波减小。相反，当纬纱张力小时，如果经纱对纬纱作用力 $2T_{j1}\cos\theta_1$ 不变，纬纱的屈曲波就高。纬纱的张力与以下三个因素有关：

（1）引纬速度，引纬速度越快，纬纱张力越大。

（2）纬纱被经纱夹住时两边经纱之间纬纱长度越短，钢筘打纬时纬纱的张力就越大。

（3）在有梭织机上，梭子里导纱钢丝、导纱槽、导纱瓷眼对纬纱的摩擦包围角越大，摩擦力越大，纬纱张力也大。

（三）后梁位置

后梁位置决定梭口满开时上下层经纱的张力差，后梁位置越高，张力差越大。对于非平纹织物来说，高后梁位置有利于纬纱在紧层经纱的压迫下，排开松层经纱而得到充分的屈曲（同一纬上连续的经组织点被挤靠在一起），织物结构相降低。

在织高经密的府绸织物时，当织物的经纱密度高到一定的程度，相邻的经纱紧密相靠，中间没有孔隙，打纬时纬纱无法屈曲，经纱密度越大纬纱越不容易弯曲，纬纱屈曲波就越小，那么在交织的过程中只能是经纱屈曲。一般织物经密小时纬纱比较容易弯曲，纬纱的屈曲波大，经密大时则情况正相反。因此后梁高的情况下，在织经密度高的府绸织物时，紧层经纱对纬纱的作用力大部分通过纬纱传递给松层经纱，使松层经纱产生较大的屈曲，下一次开口时松紧层经纱相互变换位置，打纬结束时纬纱依然无法得到较充分的屈曲，所以后梁高时高经密的府绸织物纬纱屈曲波并不能增大，反而使经纱屈曲波增高，织物的结构相向高的相位转化。

（四）开口时间

织造过程中开口时间对织物的结构相也有一定的影响。开口时间早一方面打纬时梭口高度大，织口处经纱张力大，同时上下层经纱张力差异大，如同增加上机张力和抬高后梁所产生的作用一样，使织物的结构相降低，另一方面开口早梭口闭合也早，因织机上经纱由后向前宽度渐窄，梭口闭合时夹持的纬纱长度较长，使纬纱较容易屈曲，织物结构相相对较低。

除上机张力、纬纱张力、后梁位置、开口时间对织物结构相有影响外，织造时的打纬角、打纬力等对织物结构相也有一定影响，有待进一步探讨。

参考文献

［1］ PEIRCE F T. The geometry of cloth structure ［J］. Journal of the Textile Institute Transactions, 1937, 28 （3）: T45-T96.

［2］ HAMILTON J B. A general system of woven-fabric geometry ［J］. Journal of the Textile Institute Transactions, 1964, 55 （1）: T66-T82.

［3］ PEIRCE F T. Geometrical principles applicable to the design of functional fabrics ［J］. Textile Research Journal, 1947, 17 （3）: 123-147.

［4］ HEARLE J W S, SHANAHAN W J. An energy method for calculations in fabric mechanics part i: Principles of the method ［J］. The Journal of the Textile Institute, 1978, 69 （4）: 81-91.

［5］ SHANAHAN W J, HEARLE J W S. An energy method for calculations in fabric mechanics part ii: Examples of application of the method to woven fabrics ［J］. The Journal of the Textile Institute, 1978, 69 （4）: 92-100.

［6］ HU JINLIAN. Theories of woven fabric geometry ［J］. Textile Asia, 1995, （1）: 56-60.

［7］ 蔡陛霞. 织物结构与设计 ［M］. 北京: 纺织工业出版社, 1979.

［8］ 姚穆.《织物结构与性能》讲义 ［M］. 西安: 西北纺织工学院教材科, 1982.

［9］ 姚穆. 纺织材料学 ［M］. 2 版. 北京: 中国纺织出版社, 1990.

［10］ 吴汉金, 郑佩芳. 机织物结构设计原理 ［M］. 上海: 同济大学出版社, 1990.

［11］ 谢光银. 结构相紧度在织物设计中的应用 ［J］. 四川纺织科技, 2001 （5）: 25-28.

［12］ 顾平. 织物结构与设计学 ［M］. 上海: 东华大学出版社, 2004.

第四章　织物孔隙结构

织物是由纤维实体和孔隙所组成的复合体，是一种典型的多孔材料，多孔材料的性能在很大程度上依赖于孔隙形貌、孔隙尺寸及其分布。机织物中纱线和纤维不是均匀分布的，而是有着变截面的、弯曲的空间通道，与织物的遮光性、透光性、透水性、过滤性、透气性、滤光性、透湿性等有着密切的关系。

第一节　织物孔隙描述

4-1

一、织物孔隙的分类

织物中孔隙形态各异，尺寸不同，种类繁多，可从两个方面进行分类。

1. 按孔隙是否贯通分类

按孔隙是否贯通可分为贯通孔隙和非贯通孔隙。一般来说织物中的孔隙都是贯通的，织物布眼连着纱线孔隙和纤维孔隙。当织物经过某些特种整理加工（如树脂整理等）后，各层次孔隙可能变成非贯通性状态，使非贯通状态表现出多种形式，有的整理主要封闭小孔而不封闭大孔，也有的加工封闭大中孔隙而保留很小尺寸的孔隙（例如 Core-tex 膜）。

2. 按孔隙横向尺寸分类

按孔隙横向尺寸可分为纤维中孔隙、纱线内孔隙和织物交织孔隙。

纤维中孔隙，直接影响纤维的吸湿性和可染性，包括纤维中腔（如棉麻的中腔、粗羊毛纤维兔毛的髓腔、中空纤维的中腔等）和各种原纤（基原纤、微原纤、原纤、巨原纤）之间的孔隙等。前者尺寸较大（横向尺寸 $0.05\sim0.6\mu m$），大部分是非贯通性的；后者横向尺寸较小（$1\sim100nm$），基本上属于贯通性的。

纱线内纤维间孔隙具有明显的毛细作用，孔隙的横向尺寸一般在 $0.2\sim200\mu m$，大部分在 $1\sim60\mu m$，基本上都是贯通性的。在有些织物结构中，如经起毛缩绒的粗疏毛织物、毛毡和化纤毡、一些非织造布等，其孔隙形态与纱线内纤维间的缝隙孔隙相似，没有明显的织物布眼存在。

织物交织孔隙。这类孔隙直接影响织物对液态水的渗漏，影响织物的透通性，一般毛织物的交织孔隙横向尺寸在 $20\sim1000\mu m$，稀疏织物孔隙会更大。一般织物的交织孔隙是贯通性的，某些挤紧织物的交织孔隙是非贯通的。

二、织物孔隙的基本特征

织物孔隙随其结构不同而有区别，但也存在一些共同点。

（1）各种结构和层次的孔隙基本上是有序的和各向异性的，不是真正随机的。织物中纱线间的孔隙，基本沿厚度方向分布，垂直织物平面取向；纱线中纤维间的孔隙，基本沿纱线轴心的空间曲线取向；纤维中的孔隙大部分沿纤维轴线取向。

（2）织物中各层次孔隙基本是贯通的。挤紧结构的机织物，纱线间的孔隙虽有被封闭的可能，但纱线中纤维间的孔隙并未封闭，仍是贯通的。因此，各层次孔隙的数量比例可能有很大不同。

（3）各层次孔隙的横向尺寸具有很宽的分布，如前所述，从1nm到1mm，达六个数量级。各层次横向尺寸孔隙数量有一定的分布，从而使各类横向尺寸孔隙数量呈多峰的特征分布。

（4）各层次孔隙的比表面积均较大，因而各自对应的润周也较大，影响润湿性。

三、描述织物孔隙的指标

多孔材料最基本的参量应是直接表征其孔隙性状的指标，如孔隙率、孔径、孔形、比表面积等。其中孔隙率指标又是这些基本参量中的主要指标，因为它对多孔材料的力学、物理和化学等性能的影响最为显著。

（一）孔隙率

织物的孔隙率是指织物中孔隙所占体积与织物总体积之比，一般以百分数来表示。该指标是织物孔隙结构中最易测量、最易获得的基本参量。孔隙率影响着织物的很多物理力学性能，如织物透通性、导热性、导电性、光学性能、声学性能、拉压强度、蠕变率等，其权重超出所有的其他影响因素，所以孔隙率是织物最重要的特性之一。按照孔隙率的定义，可将其表示为：

$$\varepsilon = \frac{V_p}{V_0} = \frac{V_p}{V_s + V_p} \tag{4-1}$$

式中：ε 为孔隙率；V_0 为织物的总体积；V_p 为织物中孔隙所占体积；V_s 为织物中致密固体所占体积。

与孔隙率相对应的概念是填充率（也就是"相对密度"），它是织物表观密度与对应致密材质密度的比值。两者之间具有如下关系：

$$\varepsilon = 1 - \rho^* / \rho_s \tag{4-2}$$

式中：ρ^* 为织物表观密度，ρ_s 为织物材料对应致密团体材质的密度。

织物中的孔隙包括贯通孔、半通孔和闭合孔三种，这三种孔隙率的总和就是总孔隙率，平时所言"孔隙率"即指总孔隙率。孔隙率又分为开孔孔隙率和闭孔孔隙率，其中开孔孔隙率（多孔体中开口贯通孔隙所占体积与多孔体总体积之比）又强烈地影响着织物的流体（含气体和液体）透过性（渗透性）、漂浮性以及内表面活性等性能，当织物要求透湿透气性时应考虑较高的开孔孔隙率，当织物作为漂浮、隔热、包装及其他结构件等时应该考虑较高的闭孔孔隙率。

织物中孔隙有多个层次，各类孔隙体积也有区别，因而孔隙率也应分层次计算。设 γ_f 为纤维材料的比重（不计纤维内中腔孔隙体积中单位体积的重量），δ_f 为纤维的容重，δ_y 为纱线的密度（纱线外轮廓体积中单位体积的质量，包括纱线中纤维间的缝隙的孔隙体积）。δ_F 为织物的密度（织物外轮廓体积中单位体积的质量）。那么按孔隙率基本定义，可以计算各层次的孔隙率。

纤维内孔隙率 ε_f 为：

$$\varepsilon_f = (\gamma_f - \delta_f)/\gamma_f \qquad (4-3)$$

纱线中纤维间孔隙的孔隙率 ε_{yf} 为：

$$\varepsilon_{yf} = (\delta_f - \delta_y)/\delta_f \qquad (4-4)$$

织物中纱线间孔隙的孔隙率 ε_{Fy} 为：

$$\varepsilon_{Fy} = (\delta_y - \delta_F)/\delta_y \qquad (4-5)$$

织物中纤维间孔隙的孔隙率 ε_{Ff} 为：

$$\varepsilon_{Ff} = (\delta_f - \delta_F)/\delta_f（如非织造布）\qquad (4-6)$$

织物中孔隙的描述除了孔隙率可以建立宏观概念外，还可以用当量直径、当量长度、屈曲长度常数及单位面积中的孔隙数来表达，都可以按各层次孔隙在流体力学中的表现进行区分。

（二）孔隙的当量直径

按照流体力学在管道中流动时阻力损失的基本概念，孔隙的当量直径应为截面面积与润周之比。当孔隙的截面积和润周分别用 a、s 表示时，则孔隙的当量直径 d_e 为：

$$d_e = a/s \qquad (4-7)$$

（三）孔隙的当量长度和屈曲系数

孔隙的当量长度（l_e）就相当于某一颗粒通过织物各层次孔隙时经过的路径长度的总和。这个孔隙路径是曲折的，但近似垂直于织物平面。孔隙的屈曲系数（k）就是孔隙当量长度与织物厚度（τ）的比值，即

$$k = l_e/\tau \qquad (4-8)$$

从物理角度看，孔隙的屈曲系数 k 一般大于或等于 1。

（四）孔隙数量

孔隙数量 N 一般指在织物平面单位面积内，各层次孔隙个数的总和。

第二节　织物交织孔隙结构

4-2

一、织物交织孔隙结构描述

织物的交织孔隙大都是贯通性的，其截面形状有一定的规律性，并受纱线表面毛羽的影响，且垂直于织物平面取向。为了了解织物交织孔隙的形貌结构，通过剖切法来实现，就是在织物厚度不同位置做与织物表面相平行的剖切，获取织物不同位置的剖视图，探究交织孔隙的基本形态。

　　为了简单起见，以平纹织物为例进行分析，假设纱线为光滑的正圆截面，织物处于等支持面的第 5 结构相。沿平行织物表面的厚度方向对织物进行等距离剖切，剖面位置如图 4-1 中的序号所示，截面外观如图 4-2 所示，各图编号与剖面层次编号一一对应。

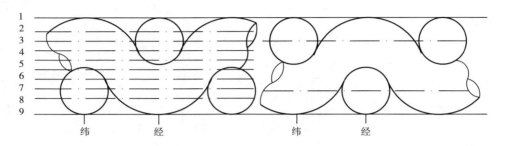

图 4-1　平纹织物沿厚度方向的等距剖面设计

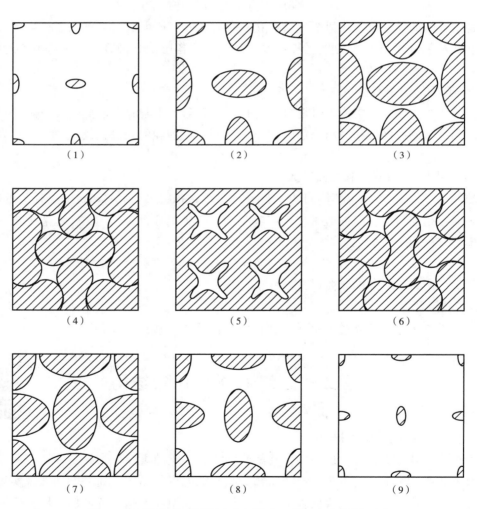

图 4-2　平纹织物不同厚度位置沿布面平行方向的剖面图

从图 4-2 可以看出，平纹织物交织孔隙的形状近似为一对外口大内口小、小口相连接的喇叭，该喇叭的截面为变角方形，沿厚度方向和截面方口方向存在顺时针及逆时针偏转。其垂直方向形状如图 4-3 所示。从任一剖面看，孔隙基本上类似于方形，均有瘦尖角，且这种方喇叭是旋转的，依照图序号 1，2，3，…，9，此方形喇叭先左旋 40°，再右旋 40°到达中间缩口颈处，又回到进口的方位再右旋 40°，左旋约 40°，到达织物另一表面。流体流过这种交织孔隙时（无论是空气、水汽还是液态水）不能平稳流动，会产生各种漩涡，形成管道阻力。实际上这些孔隙内表面并不光滑，孔隙表面不仅有纤维排列形成的粗糙面，而且有各种毛羽、环圈和杂物，使流体流动状态更复杂。

类似地，当纱线表面无毛羽时，2/2 斜纹织物交织孔隙的水平剖面的叠合图（等高线图）如图 4-4 所示，它可以描述为两端口大、中央口小的背对背的一对喇叭，但截面形状是不太规则的哑铃形。

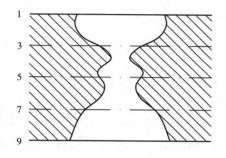 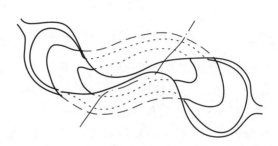

图 4-3　平纹织物交织孔隙垂直剖面　　　图 4-4　斜纹织物交织孔隙水平剖面

二、织物交织孔隙的表征

1. 织物交织孔隙率和当量直径

织物交织孔隙率是纱线间孔隙的孔隙率，横向尺寸较大，且截面尺寸和形状连续变化，其当量直径 $d_{\text{eFy}}=\varepsilon_{\text{Fy}}/A_{\text{Fy}}$。现以平纹组织为例，一个孔隙的单元区域的织物体积 $V_{\text{F}}=(100/P_{\text{j}})(100/P_{\text{w}})\tau$，其中包含纱线体积 $V_{\text{y}}[V_{\text{y}}=l_{\text{j}}(\pi d_{\text{j}}^2/4)+l_{\text{w}}(\pi d_{\text{w}}^2/4)]$，孔隙率表示为：

$$\varepsilon_{\text{Fy}}=\frac{V_{\text{F}}-V_{\text{y}}}{V_{\text{F}}}=1-\frac{\pi P_{\text{j}}P_{\text{w}}}{4\tau\times10^4}(l_{\text{j}}d_{\text{j}}^2+l_{\text{w}}d_{\text{w}}^2) \qquad (4-9)$$

在此区域中纱线外的比表面积为 $A_{\text{Fy}}=(\pi l_{\text{j}}d_{\text{j}}+\pi l_{\text{w}}d_{\text{w}})/V_{\text{F}}$，因此

$$d_{\text{eFy}}=\frac{\dfrac{\tau\times10^4}{p_{\text{j}}p_{\text{w}}}-\dfrac{\pi}{4}(l_{\text{j}}d_{\text{j}}^2+l_{\text{w}}d_{\text{w}}^2)}{\pi(l_{\text{j}}d_{\text{j}}+l_{\text{w}}d_{\text{w}})} \qquad (4-10)$$

2. 织物交织孔隙的当量长度和屈曲系数

无论水气还是液态水，流过织物中交织孔隙时，基本上都是垂直贯通的，因此其当量长度应为：$l_{\text{eFy}}=\tau$，屈曲系数一般均为：

$$k_{Fy} = \frac{l_{eFy}}{\tau} = 1 \qquad (4-11)$$

3. 织物交织孔隙数 N_{Fy}

从概念及实物模型可知：

$$N_{Fy} = \frac{P_j P_w}{10^4} \qquad (4-12)$$

三、织物交织孔隙率讨论

从式（4-9）可知，织物的孔隙率与织物的结构参数密切相关。

从式（4-13）和式（4-14）可知，织物中纱线的交织长度是经纬纱线的排列密度和屈曲波高的函数，即

$$l_j = (1/P_w)[1 + 0.62(h_j P_w)^2 - 0.25(h_j P_w)^4] \qquad (4-13)$$

$$l_w = (1/P_j)[1 + 0.62(h_w P_j)^2 - 0.25(h_w P_j)^4] \qquad (4-14)$$

经过取代，纱线间孔隙的孔隙率可抽象表达为 $\varepsilon_{Fy} = 1 - \dfrac{\pi}{4\tau \times 10^4} f(P_j, P_w, d_j, d_w, h_j,$

$h_w)$，显然织物的孔隙率与经纬纱的直径、密度和弯曲屈曲波高密切相关，$f(P_j, P_w, d_j,$ $d_w, h_j, h_w)$ 函数与孔隙率之间呈负相关，其变化受控于三个方面的要素，即纱线的直径配合、密度配合和弯曲配合。织物经纬向具有对称关系，所以主要以讨论经向关系变化为主。

织物挤紧包括纱线由稀疏到相切排列的几何变化和由相切排列到挤扁的物理变化两个过程，经纬纱细度变化会引起纱线由稀疏排列到相切排列过渡，这时 $P_j \leqslant 100/d_j$，$P_w \leqslant 100/d_w$；纱线也有可能由相切排列到挤扁排列，这时 $P_j > 100/d_j$，$P_w > 100/d_w$，为经纬双向挤紧状态；纱线也有可能单向挤紧，经纱单向挤紧为 $P_j > 100/d_j$ 但 $P_w \leqslant 100/d_w$，纬纱单向挤紧为 $P_w > 100/d_w$ 但 $P_j \leqslant 100/d_j$。

为了分析方便，对式（4-13）和式（4-14）进行完全平方配方，即为

$$l_j = \frac{1}{4P_w}[4 + 2.48(h_j P_w)^2 - (h_j P_w)^4] = \frac{1}{4P_w}\{5.5376 - [1.24 - (h_j P_w)^2]^2\} \qquad (4-15)$$

$$l_w = \frac{1}{4P_j}[4 + 2.48(h_w P_j)^2 - (h_w P_j)^4] = \frac{1}{4P_j}\{5.5376 - [1.24 - (h_w P_j)^2]^2\} \qquad (4-16)$$

（一）经纬纱粗细配合对孔隙率的影响

根据上述分析，织物密度 P_j、P_w 分别用 $100/d_j$ 和 $100/d_w$ 来代替，式（4-9）变为 $\varepsilon_{Fy} = 1 - \dfrac{\pi}{4\tau}\left(l_j \dfrac{d_j}{d_w} + l_w \dfrac{d_w}{d_j}\right)$。假设 $d_w/d_j = m$，则有 $\varepsilon_{Fy} = 1 - \dfrac{\pi}{4\tau}\left(l_j \dfrac{1}{m} + l_w m\right)$。保持经纱直径 d_j 和经纬密度 P_j、P_w 不变，讨论纬纱系统对其配合所引起的孔隙率变化。求偏导：

$$\partial \varepsilon_{Fy} = -\frac{\pi}{4\tau}\left(\frac{1}{m}\partial l_j - l_j \frac{\partial m}{m^2} + m\partial l_w + l_w \partial m\right) = -\frac{\pi}{4\tau}\left[\frac{1}{m}\partial l_j + m\partial l_w + \partial m\left(l_w - \frac{l_j}{m^2}\right)\right]$$

当 $m > 1$ 时，纬纱变粗即 d_w 增加，$\partial m > 0$，h_j 增加，h_w 不变，这时 l_w 保持不变，l_j 增加，

即 $\partial l_w = 0$，$\partial l_j > 0$，这时 $\partial \varepsilon_{Fy} < 0$，孔隙率减小。

当 $m < 1$ 时，纬纱变细即 d_w 减小，$\partial m < 0$，h_j 减小，h_w 不变，l_w 基本不变，l_j 减小，即 $\partial l_w = 0$，$\partial l_j < 0$，这时 $\partial \varepsilon_{Fy} > 0$，孔隙率增加。

当 $m = 1$ 时，经纬纱粗细相同 $d_j = d_w$，$\partial m = 0$，h_j、h_w 不变，这时 l_w、l_j 保持不变增加，即 $\partial l_w = 0$，$\partial l_j = 0$，这时 $\partial \varepsilon_{Fy} = 0$，孔隙率不变。

（二）织物结构相对孔隙率的影响

由式（2-4）可以推出：$h_j = (d_j + d_w)(\Phi - 1)/8$，$h_w = (d_j + d_w)(9 - \Phi)/8$。

$$h_j P_w = \frac{(d_j + d_w)(\Phi - 1)}{8} \times \frac{100}{d_w} = \frac{100}{8}\left(1 + \frac{d_j}{d_w}\right)(\Phi - 1) = \frac{100}{8}\left(1 + \frac{1}{m}\right)(\Phi - 1)$$

$$h_w P_j = \frac{(d_j + d_w)(9 - \Phi)}{8} \times \frac{100}{d_j} = \frac{100}{8}\left(1 + \frac{d_w}{d_j}\right)(9 - \Phi) = \frac{100}{8}(1 + m)(9 - \Phi)$$

$$l_j = \frac{d_w}{400}\left\{5.5376 - \left[1.24 - \left(\frac{100}{8}\right)^2\left(1 + \frac{1}{m}\right)^2(\Phi - 1)^2\right]^2\right\}$$

$$l_w = \frac{d_j}{400}\left\{5.5376 - \left[1.24 - \left(\frac{100}{8}\right)^2(1 + m)^2(9 - \Phi)^2\right]^2\right\}$$

保持经纱直径 d_j、d_w，经纬密度 P_j、P_w 不变，讨论纱线弯曲配合所引起的孔隙率变化。把 l_w、l_j 代入 $\varepsilon_{Fy} = 1 - \frac{\pi}{4\tau}\left(l_j\frac{1}{m} + l_w m\right)$ 可得

$$\varepsilon_{Fy} = 1 - \frac{\pi}{4\tau}\frac{d_j}{400}\left\{5.5376(1 + m) - \left[1.24 - \left(\frac{100}{8}\right)^2\left(1 + \frac{1}{m}\right)^2(\Phi - 1)^2\right]^2 - \right.$$

$$\left. m\left[1.24 - \left(\frac{100}{8}\right)^2(1 + m)^2(9 - \Phi)^2\right]^2\right\} \tag{4-17}$$

可通过分析式（4-17）的单调性分析结构相对孔隙率的影响，但式（4-17）的单调性也较为复杂。这里给出一个特例：经纬纱粗细相同，即 $d_j = d_w$，即 $m = 1$。

$$\varepsilon_{Fy} = 1 - \frac{\pi d_w}{80^2\tau}\left[2 \times 4^2 + 0.62 \times 100^2(\Phi - 1)^2 + 0.62 \times 100^2(9 - \Phi)^2\right]$$

$$= 1 - \frac{\pi d_w}{80^2\tau}\left[2 \times 4^2 + 1.24 \times 100^2(\Phi - 5)^2 + 1.24 \times 100^2 \times 16)\right]$$

该特例表明，孔隙率与结构相的关系呈现出开口向下，在 $\Phi = 5$ 时呈现顶点的抛物线关系；在结构相 $\Phi \leqslant 5$ 时，随着 Φ 的增加，孔隙率增加，反之在结构相 $\Phi > 5$ 时，随着 Φ 的增加，孔隙率逐渐减小。

第三节　织物中纱线内孔隙结构

4-3

纱线内孔隙是织物孔隙的重要组成部分和类别。由于纱线结构具有复杂性和多重性，研

究者在分析纱线结构时，通常从纤维排列的理想状态入手，借助实验方法对纱线结构进行研究。目前对纱线结构研究的试验方法主要是切片法、示踪纤维法及图像处理法等，随着计算机图像采集和处理技术的不断发展，人们对纱线的孔隙结构将会有越来越清晰的理解和认识。

一、纱线内孔隙模型

孔隙的存在需要满足几个条件：①存在一个相对独立的封闭的空间区域；②该区域有边界，边界可能是实体存在也可能是虚拟存在；③由于孔隙边界的存在，所以可以测度或计算纤维间孔隙的截面面积、集合体中纤维间的润周、纤维间孔洞的当量直径、孔隙率等指标。根据孔隙形成的条件，一个孔隙至少需要三根纤维才有可能围成，如图 4-5 所示，其中深色部分为孔隙，其边界有的是由纤维的圆周组成，有的则是虚拟线条。

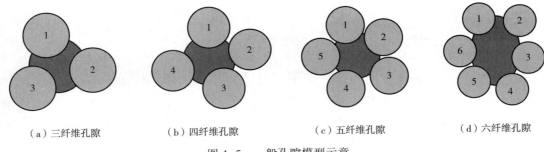

（a）三纤维孔隙　　　（b）四纤维孔隙　　　（c）五纤维孔隙　　　（d）六纤维孔隙

图 4-5　一般孔隙模型示意

从图 4-5 中深色部分的形状看，纤维间孔隙形状为带有凹弧的内凹多边形，多边形边数与围成孔隙的纤维数有关。围成孔隙的纤维可以架空堆砌形成架空孔隙，也可以密实堆砌（如六方堆砌和四方堆砌）。架空孔隙的形状可能是不稳定的，也可能是规则的，在横截面上都是贯通的，规则堆砌形成贯通多边形，如贯通三角形、贯通四边形、贯通五边形等。相邻纤维彼此相切接触时就会形成密实堆砌，在密实堆砌时，孔隙形状是封闭的锐角多边形，如锐角三角形、锐角四边形、锐角五边形等。

在实际纤维集合体中，纤维之间的排布具有随机性，如图 4-6 所示，架空孔隙概念的提出能够充分描述纤维由疏到密的随机排布情形。一般孔隙模型中所描述的结构都能在图 4-6 中找到示例，各种结构可能单一存在，也可能同时存在，纱线中心位置纤维密实堆砌，边缘纤维架空堆砌，从而表现出孔隙结构的多样性及其并存性。

从几何堆砌入手对纤维集合体展开的研究中，最具代表的是施瓦兹（Schwarz）模型，该模型认为，纤维排列分为密堆式排列和开启式排列。密堆式模型将纱线中纤维排列看作理想的紧密排列，当纤维粗细均匀、水平伸直、无转曲或卷曲收缩且

图 4-6　实际纤维集合体中的孔隙

密实堆砌时，纱线的截面形态如图4-7所示，密实堆砌一般以六方或四方堆砌为主。开启式排列模型假设纱线是由一层层纤维均匀包缠纱轴而成的有芯结构，纱线中纤维排列不太密实，有可能出现的基本截面形态如图4-8和4-9所示，可描述为带尖角的多边形。由于纤维的卷曲、弹性和伸直不充分使纤维沿横截面的堆砌不是太紧密而形成架空孔隙所造成的情形研究更少，事实上在纤维集合体中这种架空孔隙普遍存在。

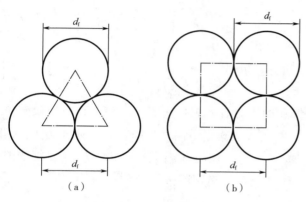

图4-7　纤维密实堆砌

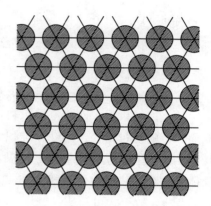

图4-8　纱线中的孔隙形状

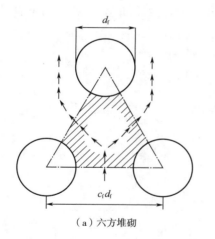

（a）六方堆砌

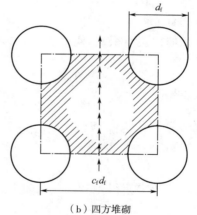

（b）四方堆砌

图4-9　纤维松堆砌

二、纱线内孔隙的表达指标

1. 纱线内孔隙的当量直径

纱线中的纤维可以紧密堆积，也可以架空松堆积，针对架空松堆积其放松的程度可以用放松系数 $c_f (c_f \geqslant 1)$ 来描述，该放松系数是相邻纤维间平均中心距与纤维平均直径之比。假设纱线中的纤维呈平行均匀松堆积，可以针对典型的四方堆积和六方堆积进行推导。

当纤维作平行四方松堆积时，纤维间孔隙的截面面积 $a_{yf}(4)$、纱线中纤维间的润周

$s_{yf}(4)$ 分别表示为：$a_{yf}(4) = c_f^2 \cdot d_f^2 - \dfrac{\pi}{4} \cdot d_f^2$，$s_{yf}(4) = \pi \cdot d_f$，$d_f$ 为纤维直径，故纱线内纤维间孔隙的当量直径 d_{eyf} 为：

$$d_{eyf}(4) = \frac{a_{yf}(4)}{s_{yf}(4)} = \frac{1}{\pi} \cdot c_f^2 \cdot \left(1 - \frac{\pi}{4c_f^2}\right) \cdot d_f \tag{4-18}$$

当纤维作平行六方松堆积时，$a_{yf}(6)$、$s_{yf}(6)$ 分别表示为：$a_{yf}(6) = \dfrac{\sqrt{3}}{2}c_f^2 \cdot d_f^2 - \dfrac{\pi}{8}d_f^2$，$s_{yf}(6) = \pi \cdot d_f/2$，故纱线内纤维间孔隙的当量直径 d_{eyf} 为：

$$d_{eyf}(6) = \frac{a_{yf}(6)}{s_{yf}(6)} = \frac{\sqrt{3}}{\pi} \cdot c_f^2 \cdot \left(1 - \frac{\pi}{4\sqrt{3} \cdot c_f^2}\right) \cdot d_f \tag{4-19}$$

从上述结果看，四方松堆积和六方松堆积的当量直径表达式不同，即用孔隙的截面积与润周计算的当量直径，当纤维堆积形式不同时其表达式也不同。当织物的总体积为 V、孔隙长为 l 时，孔隙的当量直径 d_e 可做如下变换：$d_e = (a \cdot l/V)/(s \cdot l/V)$。$(a \cdot l/V)$ 是织物中孔隙体积占总体积的比例，即孔隙率 ε，而 $(s \cdot l/V)$ 是织物内部表面积与总体积之比，即比表面积 A，故上式可写成：

$$d_e = \varepsilon/A \tag{4-20}$$

这就意味着，不管纤维在纱线中以何种方式堆积，所形成的孔隙的当量直径只与孔隙率和孔隙比表面积有关。

四方松堆积的比表面积 $A_{yf}(4)$、孔隙率 $\varepsilon_{yf}(4)$ 分别为：

$$A_{yf}(4) = \frac{\pi \cdot d_f \cdot l}{c_f^2 \cdot d_f^2 \cdot l} = \frac{\pi}{c_f^2 \cdot d_f}，\varepsilon_{yf}(4) = \frac{(c_f d_f)^2 - \dfrac{\pi}{4}d_f^2}{(c_f d_f)^2} = 1 - \frac{\pi}{4c_f^2}$$

这时孔隙的当量直径 d_e 为：

$$\frac{\varepsilon_{yf}(4)}{A_{yf}(4)} = d_{eyf}(4) \tag{4-21}$$

六方松堆积的比表面积 $A_{yf}(6)$、孔隙率 $\varepsilon_{yf}(6)$ 分别为：

$$A_{yf}(6) = \frac{\dfrac{\pi}{2} \cdot d_f^2 \cdot l}{\dfrac{\sqrt{3}}{2} \cdot c_f^2 \cdot d_f^2 \cdot l} = \frac{\pi}{\sqrt{3} \cdot c_f^2 \cdot d_f}，\varepsilon_{yf}(6) = \frac{\left(\dfrac{\sqrt{3}}{2} \cdot c_f^2 \cdot d_f^2 - \dfrac{\pi}{8} \cdot d_f^2\right) \cdot l}{\left(\dfrac{\sqrt{3}}{2} \cdot c_f^2 \cdot d_f^2\right) \cdot l} = 1 - \frac{\pi}{4\sqrt{3} \cdot c_f^2}$$

这时同样也存在：

$$\frac{\varepsilon_{yf}(6)}{A_{yf}(6)} = d_{eyf}(6) \tag{4-22}$$

因此，如果采用孔隙率与比表面积参数计算当量直径，无论纤维以何种形式堆积，都能用统一的公式进行计算；如果用截面积计算当量直径，只适用于沿纤维长度方向截面形态均一的情况；用比表面积计算时，可同时计算孔隙沿长度方向截面大小和形状有变化条件下的当量直径。纱线中纤维间孔隙的比表面积实际上等于纱线中纤维的外表面积，即纱线单位体积内纤维外表面积之和，可获得下式：

$$d_{\text{eyf}} = \frac{d_f}{4} \times \frac{\varepsilon_{\text{yf}}}{1 - \varepsilon_{\text{yf}}}$$ （4-23）

2. 纱线内孔隙的当量长度和屈曲系数

纱线内孔隙当量长度（ l_{eyf} ）等于纱线的屈曲长度加上纱线的直径，即：

$$l_{\text{eyf}} = \left[(l_j + d_j) + (l_w + d_w) \right]/2$$ （4-24）

式中：d_j，d_w 为经纬纱的直径，l_j、l_w 为经纬纱交织中的屈曲长度。

当机织物为平衡组织且经纬纱直径相差不大时，可简化为：

$$l_{\text{eyf}} = l + d_y$$ （4-25）

式中：d_y 为纱线直径，l 为纱线的屈曲长度。

纱线内孔隙的屈曲长度系数用 k_{yf} 表示，则：

$$k_{\text{yf}} = l_{\text{eyf}}/\tau = (l + d_y)/\tau$$ （4-26）

式中：τ 为织物名义厚度。

3. 纱线内孔隙的数量

在织物平面的单位面积内，可以考虑以单元组织为基础计算沿纱线中纤维间孔隙的个数 N_{yf}。一个单元组织的基本面积是一个组织点，其面积为（ $100/P_j$ ）×（ $100/P_w$ ），纱线内纤维间孔隙数包括一根经纱和一根纬纱中的孔隙数。若纱线平均线密度为 Tt_y，纤维平均线密度为 Tt_f，则每根纱线截面内孔隙数为 Tt_y/Tt_f，故总孔隙数为：

$$N_{\text{yf}} = \frac{2 \cdot Tt_y/Tt_f}{(100/p_j) \cdot (100/p_w)} = \frac{2P_j \cdot P_w}{10^4} \times \frac{Tt_y}{Tt_f}$$

同理可写成：

$$N_{\text{yf}} = \frac{2P_j \cdot P_w}{10^4} \times \frac{d_y^2}{d_f^2} \times (1 - \varepsilon_{\text{Fy}})$$ （4-27）

三、织物中纤维间孔隙的表征

对于某些织物，如毡、起毛缩绒的粗梳毛织物、纤维直接成网的非织造布等，由纤维直接成布，不存在纱线这一层次。在这种情况下织物中纤维间的孔隙参数可以按下法计算。

1. 织物中纤维间孔隙的当量直径 d_{eFf}

按式（4-1）中原则计算孔隙率 $\varepsilon_{\text{Ff}} = (\delta_f - \delta_F)/\delta_f$，$A_{\text{Ff}}$ 为织物中纤维间孔隙的比表面积，也就是织物中纤维的比表面积。当织物体积为 V_F 时，其中纤维体积为 $V_f = V_F(1 - \varepsilon_{\text{Ff}})$，此体积中截面积为 $\pi \cdot d_f^2/4$，纤维的总长度将为 $V_F(1 - \varepsilon_{\text{Ff}})/(\pi \cdot d_f^2/4)$，故总表面积为 $(\pi \cdot d_f) \cdot V_F(1 - \varepsilon_{\text{Ff}})/(\pi \cdot d_f^2/4)$，因此比表面积为：

$$A_{\text{Ff}} = \frac{4}{d_f}(1 - \varepsilon_{\text{Ff}})$$ （4-28）

故当量直径为：

$$d_{eFf} = \frac{d_f}{4} \times \frac{\varepsilon_{Ff}}{1 - \varepsilon_{Ff}} \quad (4-29)$$

2. 织物中纤维间孔隙的当量长度和屈曲长度系数

液态水在织物孔隙中传输时，可以采用织物透水量仪测得织物两面相应压差条件下的水流量 Q。其间关系符合下式：

$$\frac{Q}{S_a} = \frac{\alpha_0}{\eta} \times \frac{d_{eFf}}{k_{Ff}\tau}\varepsilon_{Ff}\Delta p \quad (4-30)$$

式中：S_a 为织物试样的名义面积；Δp 为织物试样两面的压差；η 为流体黏度系数；τ 为织物厚度；ε_{Ff} 为织物中纤维间孔隙率；d_{eFf} 为织物中纤维间孔隙当量直径；k_{Ff} 为织物中纤维间孔隙屈曲长度系数；α_0 为流量系数，由直圆孔滤板测得。

由此可以求得织物中纤维间孔隙的屈曲长度系数：

$$k_{Ff} = \frac{\alpha_0}{\eta} \times \frac{d_{eFf}}{\tau Q}\varepsilon_{Ff}\Delta p \quad (4-31)$$

3. 织物中纤维间孔隙的数量 N_{Fy}

这类织物中纤维呈网状分布，计算其孔隙分布密度比较复杂，较简单的可按折合体积计算后修正。单位织物面积的总体积 $V_F = l \times \tau$，其中孔隙所占体积 $V_{hole} = V_F \times \varepsilon_{Ff}$，同时孔隙的体积也可为 $V_{hole} = (\pi/4)d_{eFf}^2\beta k_{Ff}\tau N_{Ff}$，其中 β 是孔隙当量直径与孔隙平均直径的面积修正系数。由此可知：

$$N_{Ff} = 4\varepsilon_{Ff}/(\pi d_{eFf}^2\beta k_{Ff}) \quad (4-32)$$

$$\beta = c/(1 - \varepsilon_{Ff}) \quad (4-33)$$

式中：c 为系数，取值视实际情况（纤维取向程度、排列特征等）而定，一般为 3.5~10。

四、纱线内纤维间孔隙率讨论

（一）纤维密实堆砌

当纤维呈六方密实堆砌时，其横截面方向的孔隙将呈锐尖角三角形，如图 4-10（a）所示，三根纤维相互接触而围成锐尖角三角形的孔隙形貌，该孔隙是热湿、液体在集合体中进行传递的通道。纤维之间所形成的几何关系为 $a_{yf}(6) = \left(\frac{\sqrt{3}}{4} - \frac{\pi}{8}\right)d_f^2$ 和 $s_{yf}(6) = \frac{\pi}{2}d_f$，根据当量直径的定义，纱线内纤维间孔洞的当量直径 d_{eyf} 为：

$$d_{eyf}(6) = \frac{a_{yf}(6)}{s_{yf}(6)} = \left(\frac{\sqrt{3}}{2\pi} - \frac{1}{4}\right) \cdot d_f \quad (4-34)$$

根据图 4-7 中堆砌单元的形貌可以得到孔隙的截面积为 $\left(\frac{\sqrt{3}}{4} - \frac{\pi}{8}\right)d_f^2$，三角形的总面积为 $\frac{\sqrt{3}}{4}d_f^2$，根据孔隙率的定义可推出 $\varepsilon_{yf}(6) = 1 - \pi/2\sqrt{3} = 0.09353$。

纤维的四方堆砌如图 4-10（b）所示，由四根纤维相互接触而形成一个基本组成单元，

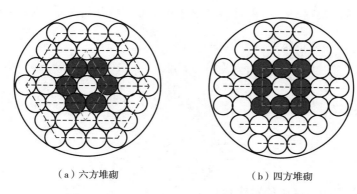

（a）六方堆砌　　　　　　　　　　（b）四方堆砌

图 4-10　纤维的四方、六方堆砌与孔隙形貌

四根纤维围成的锐尖角四边形形成孔隙形貌，以此完成热湿、液体在集合体中的传输。

当纤维为平行四方堆积时，纤维之间所形成的几何关系存在：$a_{yf}(4) = d_f^2 - \dfrac{\pi}{4}d_f^2$ 和 $s_{yf}(4) = \pi \cdot d_f$，故纱线内纤维间孔洞的当量直径 d_{eyf} 为：

$$d_{eyf}(4) = \frac{a_{yf}(4)}{s_{yf}(4)} = \left(\frac{1}{\pi} - \frac{1}{4} \right) d_f \tag{4-35}$$

由图 4-10（b）中堆砌单元可以得到孔隙的截面积为 $d_f^2 - \dfrac{\pi}{4}d_f^2$，正方形的总面积为 d_f^2，同样根据孔隙率的定义可推出 $\varepsilon_{yf}(4) = 1 - \pi/4 = 0.2146$。

（二）纤维规则架空堆砌

纤维在集合体内的堆砌一般为六方或四方堆砌，但由于纤维卷曲、弹性和伸直不充分使纱线堆砌不紧密，形成架空孔隙。出现概率最大的截面形态为带凹弧的内凹多边形，这种架空孔隙在实际集合体中（如变形纱）普遍存在。架空堆积可以用相邻纤维间平均中心距与纤维平均直径之比即放松系数 $c_f(c_f \geqslant 1)$ 来描述。这里仅从典型的规则的四方架空堆砌和六方架空堆砌展开讨论。

当纤维作平行六方规则架空堆积，纤维之间所形成的几何关系有：$a'_{yf}(6) = \dfrac{\sqrt{3}}{4}c_f^2 \cdot d_f^2 - \dfrac{\pi}{8}d_f^2$ 和 $s'_{yf}(6) = \pi \cdot d_f/2$，故纱线内纤维间孔洞的当量直径 d'_{eyf} 为：

$$d'_{eyf}(6) = \frac{a_{yf}(6)}{s_{yf}(6)} = \left(\frac{\sqrt{3}}{2\pi} \cdot c_f^2 - \frac{1}{4} \right) \cdot d_f \tag{4-36}$$

根据孔隙率的定义可推出：

$$\varepsilon'_{yf}(6) = \frac{\left(\dfrac{\sqrt{3}}{4} \cdot c_f^2 \cdot d_f^2 - \dfrac{\pi}{8} \cdot d_f^2 \right) \cdot l}{\left(\dfrac{\sqrt{3}}{4} \cdot c_f^2 \cdot d_f^2 \right) \cdot l} = 1 - \frac{\pi}{2\sqrt{3} \cdot c_f^2} \tag{4-37}$$

当纤维作平行四方规则架空堆积时，纤维之间所形成的几何关系有：$a'_{yf}(4) = c_f^2 \cdot d_f^2 - \dfrac{\pi}{4} \cdot d_f^2$ 和 $s'_{yf}(4) = \pi \cdot d_f$，纱线内纤维间孔洞的当量直径 d'_{eyf} 为：

$$d'_{eyf}(4) = \frac{a_{yf}(4)}{s_{yf}(4)} = \left(\frac{1}{\pi} \cdot c_f^2 - \frac{1}{4} \right) \cdot d_f \qquad (4-38)$$

根据孔隙率的定义，也可推出：

$$\varepsilon'_{yf}(4) = \frac{(c_f d_f)^2 - \dfrac{\pi}{4} d_f^2}{(c_f d_f)^2} = 1 - \frac{\pi}{4 c_f^2} \qquad (4-39)$$

（三）六方堆砌与四方堆砌的对比

针对密实堆砌，用式（4-34）除以式（4-35），用六方堆砌孔隙率除以四方堆砌孔隙率，可得

$$\frac{d_{eyf}(6)}{d_{eyf}(4)} = \frac{2\sqrt{3} - \pi}{4 - \pi} < 1$$

$$\frac{\varepsilon_{yf}(6)}{\varepsilon_{yf}(4)} = \frac{0.09353}{0.2146} < 1$$

针对架空堆砌，用式（4-36）除以式（4-38），用式（4-37）除以式（4-39），可得

$$\frac{d'_{eyf}(6)}{d'_{eyf}(4)} = \frac{2\sqrt{3} c_f^2 - \pi}{4 c_f^2 - \pi} < 1$$

$$\frac{\varepsilon'_{yf}(6)}{\varepsilon'_{yf}(4)} = \frac{2\sqrt{3} \cdot c_f^2 - \pi}{2\sqrt{3} \cdot c_f^2 - \sqrt{3}\pi} < 1$$

很显然，$d_{eyf}(6) < d_{eyf}(4)$，$\varepsilon_{yf}(6) < \varepsilon_{yf}(4)$，$d'_{eyf}(6) < d'_{eyf}(4)$，$\varepsilon'_{yf}(6) < \varepsilon'_{yf}(4)$，这就说明，不管是密实堆砌还是架空孔隙，四方堆砌的孔隙率和孔隙直径均大于六方堆砌，说明同等条件下六方堆砌结构更紧密。

（四）架空堆砌与密实堆砌的对比

针对六方堆砌，用式（4-36）除以式（4-34），用式（4-37）除以六方堆砌孔隙率，可得纤维六方堆砌模式时架空堆砌与密实堆砌中当量直径和孔隙率的对比情况：

$$\frac{d'_{eyf}(6)}{d_{eyf}(6)} = \frac{2\sqrt{3} c_f^2 - \pi}{2\sqrt{3} - \pi} > 1$$

$$\frac{\varepsilon'_{yf}(6)}{\varepsilon_{yf}(6)} = \frac{2\sqrt{3} - \pi/c_f^2}{2\sqrt{3} - \pi} > 1$$

针对四方堆砌，用式（4-38）除以式（4-35），用式（4-39）除以四方堆砌孔隙率，可得纤维四方堆砌模式时架空堆砌与密实堆砌中当量直径和孔隙率的对比情况：

$$\frac{d'_{eyf}(4)}{d_{eyf}(4)} = \frac{4 c_f^2 - \pi}{4 - \pi} > 1$$

$$\frac{\varepsilon'_{yf}(4)}{\varepsilon_{yf}(4)} = \frac{4 - \pi/c_f^2}{4 - \pi} > 1$$

很显然，不管是六方堆砌还是四方堆砌，架空堆砌的当量直径和孔隙率都大于密实堆砌。如果要增加纤维集合体中的孔隙率就要适当增加集合体中的架空孔隙，变形纱、膨体纱等纱线的孔隙率大就是因为力学原因产生了足够的架空孔隙。

（五）纤维堆砌和孔隙尺寸的控制

通过式（4-37）和式（4-39）可以绘制孔隙率与放松系数的关系曲线，如图 4-11 所示。从图 4-11 可以看出，当放松系数为 1 时，纤维呈紧密堆砌，曲线与纵轴相交，四方堆砌的交点坐标为 0.2146，六方堆砌则为 0.09353，很明显六方堆砌结构更紧凑，孔隙率可以达到最小值 9.353%。由此可见，纤维平行堆砌时孔隙率存在下限。

综合式（4-36）和式（4-37），可得 $d'_{eyf}(6) = \dfrac{d_f}{4}\dfrac{\varepsilon'_{yf}(6)}{1 - \varepsilon'_{yf}(6)}$，同理综合式（4-38）和式

（4-39），可得 $d'_{eyf}(4) = \dfrac{d_f}{4}\dfrac{\varepsilon'_{yf}(4)}{1 - \varepsilon'_{yf}(4)}$，而集合体中纤维间孔隙的比表面积实际上等于集合体单位体积内纤维外表面积之和，由此获得下式：

$$d_{eyf} = \frac{d_f}{4}\frac{\varepsilon_{yf}}{1 - \varepsilon_{yf}} \tag{4-40}$$

通过式（4-40）可以得出孔隙尺寸与孔隙率的关系曲线，如图 4-12 所示，很明显，随着孔隙率增加，纤维集合体中的当量直径增加。

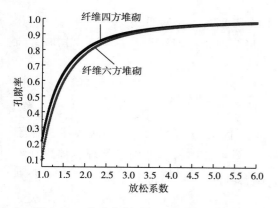

图 4-11　孔隙率与放松系数的关系曲线

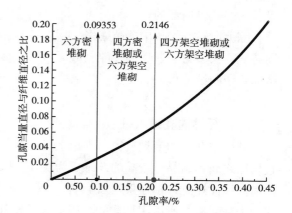

图 4-12　孔隙尺寸与孔隙率的关系

当集合体的孔隙率 $\varepsilon_{yf} \leqslant 0.09353\%$ 时，纤维在集合体中一定呈六方密实堆砌，孔隙的当量直径 $d_{eyf}/d_f \leqslant 0.02576$。0.09353% 是纤维平行堆砌时孔隙率的最小值（在实际纤维集合体中，由于纤维不是圆形，该值可以更小），可以估计这时孔隙直径不超过纤维直径的 1/40。当集合体的孔隙率 $0.09353\% < \varepsilon_{yf} \leqslant 0.2146\%$ 时，纤维在集合体中可能呈六方架空堆砌，其放松系数为 $1 \leqslant c_f < 1.0743$，孔隙的当量直径满足 $0.02576 < d_{eyf}/d_f \leqslant 0.0683$；也可能呈四

方密实堆砌，孔隙的当量直径为 0.06831，可以估计这时孔隙直径为纤维直径的 1/40~1/15。当集合体的孔隙率 $\varepsilon_{yf} > 0.2146\%$ 时，纤维在集合体中堆砌方式不易确定，但孔隙的当量直径满足 $d_{eyf}/d_f > 0.0683$，可以估计这时孔隙直径大于纤维直径的 1/15。通过上述的研究可知，纤维在集合体中的堆砌方式可以通过孔隙率的控制进行一定程度的控制。当纤维材料确定后，纤维平行堆砌集合体截面方向的孔隙直径就取决于孔隙率的大小，通过孔隙率可以估计孔隙尺寸大小。可见纤维集合体中孔隙直径取决于纤维直径，通过纤维堆砌和材料控制可能获得纳米尺度的孔隙。

4-4

第四节　织物中纤维内孔隙结构

一、纤维内孔隙形态

各级原纤之间的缝隙和孔隙的形态与上述纱线中纤维间的孔隙相似，只是横向尺寸不同，而且按孔隙截面可划分为许多层次。例如，基原纤之间孔隙横向尺寸一般在 1~2nm，微原纤之间的孔隙为 4~8nm，巨原纤间孔隙在 100nm 左右。可以将这些孔隙视为贯通性孔隙。

有的纤维没有纤维中的空腔（中腔），有的纤维虽有但差别很大。棉纤维、各种麻纤维的中腔，横向尺寸均近微米级，但一般部分贯通；毛纤维皮质细胞的中腔，横向尺寸为 0.2~0.5μm，为非贯通性的；毛纤维的毛髓一般是微米级空泡的堆积，未遭破坏前是非贯通性的，驼羊、骆马等毛纤维毛髓横向尺寸为 1μm，是贯通性的。中空化学纤维的中腔一般也属微米级，大多是贯通性的。

综上所述，织物中孔隙繁多，形态各异，横向尺寸差别达 6 个数量级。但仍有一定的共同特征：大多为贯通性的孔隙，截面形状大多为多角形。因此有可能找寻一些描述其形态的指标给予归纳分析。

二、纤维内孔隙表征

纤维中孔隙的当量直径，理论上可以按式（4-13）计算，但是纤维中孔隙基本上存在于整列区之间，结晶度较高的纤维更为明显，因而相当于图 4-2 中 c_f 较小时的情况，加之纤维中横向尺寸还有许多亚层次（巨原纤间、原纤间、微原纤间、基原纤间），而且差异可能高达三个数量级，所以用平均的方法不能反映其实用特性，因此，可以用下式表达各亚层次的当量直径 d_{ef}：

$$d_{ef} = \frac{1}{n}d_{fib} \tag{4-41}$$

式中：d_{fib} 为各层次原纤间孔隙的平均直径；n 为系数，约取 3。

纤维中孔隙的当量长度与纤维中孔隙相似，基本上仍可以采用式（4-15）~式（4-17）计算。（实际上 a_f 比 a_{yf} 大 1.4~1.7 倍）。

纤维中的孔隙数量巨大，但当量直径和有效截面积很小，故在湿热、液体传导过程中影响很小。

第五节　织物孔隙分布与测试

4-5

织物结构参数包括孔隙率、孔径及其分布、比表面积等。孔径与孔径分布是多孔材料的重要性质之一，它与织物的许多力学性能和热性能等关系较小，但对织物的透过性、渗透速率、过滤性能等性质均有显著的影响。例如，织物过滤器的主要功能是截留流体中分散的固体颗粒，而其孔径与孔径分布就决定了过滤精度和截留效率；织物过滤膜中的孔隙特性更是直接地影响到过滤膜的性能和使用寿命，因此测定其孔隙尺寸及分布是织物研制和使用过程中的一项重要内容。

织物孔隙的孔径指的是织物中孔隙的名义直径，一般都只有平均或等效的意义。其表征方式有最大孔径、平均孔径、孔径分布等，相应的测定方法也有很多，如断面直接观测法、气泡法、透过法、压求法、气体吸附法、离心力法、悬浮液过滤法、X 射线小角度散射法等。其中直接观测法只适于测量个别或少数孔隙的孔径，而其他的间接测量均是利用一些与孔径有关的物理现象，通过实验测出各有关物理参数，并在假设孔隙为均匀圆孔的条件下计算等效孔径。

一、孔径分布与分离率

固体的润湿性能在很大程度上取决于其化学性能和表面结构。尽管纱线在经纬向呈规整排布，但加捻及毛羽又使纱线产生一定程度的无序性。因为无论在传统的加湿还是服用过程中，水分及汗液的输运都主要是在毛细孔中进行，涉及的吸附扩散、渗透、蒸发等过程，除与液体性质和原料种类包括形状、粗糙度、结构等因素有关外，很大程度上取决于织物内毛细孔径尺寸和分布，因此织物的润湿性通常与其毛细孔分布密切相关。定量表示织物在毫米—微米层级的微细结构是很有必要的。

国内外传统的通过织物几何结构参数计算织物平均孔径和最大及最小孔径的方法难以满足定量孔径分布的情况，由于织物结构具有复杂性，必须做大量多角度的对比分析研究，以逐步了解纱线线密度、经纬密度、紧度、组分等诸多因素对织物毛细孔半径分布的对应关系和影响。

如果能对织物中孔隙结构进行正确描述，将对分析织物透通性能有重要意义，织物的孔隙分布是多样的，主要的分布形式包括同一分布、双峰分布、三角分布、直角分布、正态分布及对数正态分布，具有不同孔隙分布的织物透通性能不同。

目前，各种聚合物膜的微滤（MF）和超滤（UF）技术已在许多领域里得到广泛应用，如食品、医药、化工、电子、环保等。为了得到好的使用效果，对膜的性能提出许多要求，如热稳定性、化学稳定性、强度等，特别是膜的分离性能和通量更是人们所关心的。在研究中发现，孔径分布根据使用需要可用多种形式描述，不同孔径分布形式之间存在严格的数学关系，可以互相转换。

织物的孔径分布只有两个参数，一个是孔径 r_i，另一个是孔径 r_i 在整个分布中占的权重。权重不同，孔径分布函数和图形不同，平均孔径和可几孔径也不同。

（一）常用的三种孔径分布

根据使用的需要，存在三种孔径分布。

（1）$r_i - x_i$ 分布。x_i 是孔径 r_i 的空腔体积与整个分布空腔总体积之比，这是压汞法、毛细管凝聚法测量的孔径分布。

（2）$r_i - N_i$ 分布。N_i 是孔径 r_i 的孔的数量 n_i 与整个分布的孔的总数量 $\sum n_i$ 之比。此分布物理图像比较清楚，多孔介质的孔径分布最接近正态分布。通常应用于膜制造中。

（3）$r_i - y_i$ 分布。y_i 是孔径 r_i 的孔的通量 J_i 与整个分布总通量 $J = \sum J_i$ 之比，后将证明计算分离率 R 应使用这种分布。

（二）三种孔径分布间的相互转换

为简化问题，假定有一束平行毛细管，毛细管长度为 l，孔径 r_i 的毛细管数量为 n_i，此孔径的毛细管空腔体积为 $v_i = n_i \pi r_i^2 l$，整个分布的空腔总体积 $V = \sum n_i \pi r_i^2 l$，每个孔径 r_i 的空腔体积 v_i 与整个分布空腔总体积之比 x_i 为

$$x_i = \frac{n_i \pi r_i^2 l}{\sum n_i \pi r_i^2 l} = \frac{n_i r_i^2}{\sum n_i r_i^2} \tag{4-42}$$

测出一系列 r_i、n_i，就可得到 $r_i - x_i$ 分布。在压汞法、毛细管凝聚法的实际测量中，无法单独测出 n_i，而是测出 v_i 再计算 x_i。可在已知 $r_i - x_i$ 分布的情况下，推导 $r_i - N_i$ 和 $r_i - y_i$ 分布。

1. 由 $r_i - x_i$ 分布转化为 $r_i - N_i$ 分布

对一个确定的分布，毛细管总数 $N = \sum n_i$ 是确定的。式（4-42）分子分母同除以 N，得到 $x_i = \frac{n_i r_i^2 / N}{\sum n_i r_i^2 / N} = \frac{N_i r_i^2}{\sum N_i r_i^2}$，式中：$N_i = \frac{n_i}{N} = \frac{n_i}{\sum n_i}$，对一个确定的分布，$\sum N_i r_i^2$ 是一确定的数，令其为常数 C，这样 $N_i = C \frac{x_i}{r_i^2} = \frac{n_i}{\sum n_i}$，根据概率论原理 $\sum N_i = C \sum \frac{x_i}{r_i^2} = 1$，常数 $C = 1/\sum \frac{x_i}{r_i^2}$，故 $C = \frac{x_i}{r_i^2} / \sum \frac{x_i}{r_i^2}$，由于 $r_i - x_i$ 分布已知，r_i、n_i 皆已知，这样即可计算出一系列 N_i，从而得出 $r_i - N_i$ 分布。

2. 由 $r_i - x_i$ 分布转化为 $r_i - y_i$ 分布

根据泊稷叶定律

$$J_i = \frac{n_i \pi r_i^4}{8 \mu l} \Delta p$$

式中：Δp 为毛细管两端的压差；μ 为流体的黏度；J_i 为半径 r_i 的毛细管的通量。

令 y_i 为通量 J_i 与整个分布的总通量 J 之比。则

$$y_i = \frac{\dfrac{n_i \pi r_i^4}{8\mu l}\Delta p}{\sum \dfrac{n_i \pi r_i^4}{8\mu l}\Delta p} = \frac{n_i r_i^4}{\sum n_i r_i^4} = \frac{N_i r_i^4}{\sum N_i r_i^4} \tag{4-43}$$

$$y_i = \frac{x_i r_i^2 / \sum \dfrac{x_i}{r_i^2}}{\sum x_i r_i^2 / \sum \dfrac{x_i}{r_i^2}} = \frac{x_i r_i^2}{\sum x_i r_i^2} \tag{4-44}$$

对于每个 r_i 都可计算出一个 y_i 与之对应，从而得出 $r_i - y_i$ 分布。

表 4-1 为一个具体分布的转换数据，r_i、n_i、x_i 以及不同算法计算的 N_i、y_i 分列其中。

表 4-1 不同分布的转换

r（μm）	n_i	x_i	N_i		y_i	
			定义值	计算值	定义值	计算值
0.1	0	0	0	0	0	0
0.2	1	0.0003935	0.0051024	0.0051020	0.0000250	0.0000248
0.3	4	0.0035412	0.0204081	0.0204082	0.0005054	0.0005053
0.4	8	0.0125910	0.0408164	0.0408163	0.0031943	0.0031943
0.5	20	0.0491836	0.1020409	0.1020408	0.0194966	0.0194967
0.6	40	0.1416486	0.2040815	0.2040816	0.0808562	0.0808563
0.7	50	0.2409994	0.2551019	0.2551020	0.1872452	0.1872453
0.8	40	0.2518198	0.2040815	0.2040816	0.2555456	0.2555456
0.9	20	0.1593547	0.1020408	0.1020408	0.2046673	0.2046672
1.0	8	0.0786937	0.0408163	0.0408163	0.1247781	0.1247781
1.1	4	0.0476097	0.0204082	0.0204082	0.0913439	0.0913439
1.2	1	0.0141649	0.0051020	0.0051020	0.0323425	0.0323425
1.3	0	0	0	0	0	0
Σ	196	1.0000001	1.0000000	0.9999998	1.0000000	1.0000000

由表 4-1 中数据可知，N_i、y_i 两种计算方法得出的结果完全一致，证明上述推导做分布转换是正确的。三种分布曲线如图 4-13 所示。从表 4-1 和图 4-13 中看到，由于使用不同的权重，三种分布是不同的。用 N_i 作权重的分布，是一个正态分布，最可几孔径与平均孔径 $\bar{r} = \sum N_i r_i$ 相等，都是 $0.7\mu m$。使用 x_i 作权重，平均孔径 $\bar{r} = \sum x_i r_i$ 为 $0.777\mu m$；使用 y_i 作权重，

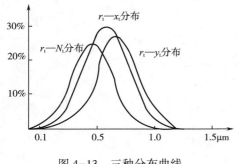

图 4-13　三种分布曲线

平均孔径 $\bar{r} = \sum y_i r_i$ 为 $0.843\mu m$。由图 4-8 可知，这两种分布最可几孔径与平均孔径不等。

（三）分离率计算

织物的分离作用大致有三种：吸附、阻塞和筛分，其中起主要作用的是筛分，筛分作用与被截留的粒子大小、形状和孔径有关。织物膜的孔会存在一个临界孔径，孔径大于临界孔径的孔，粒子有可能透过，反之粒子会被截留，因此不同孔径 r_i 的分离率 R 就不同。

由于织物的孔径有一定范围，不同孔径分离率又不同，整个织物的分离率 R 实际上是不同孔径的分离率 R 的加权平均值。由分离率 R 的定义：

$$R = \frac{C_1 - C_2}{C_1} = 1 - \frac{C_2}{C_1} \tag{4-45}$$

式中：C_1 为透过织物前主体溶液的浓度；C_2 为透过织物后溶液的浓度。

实际上 C_2 是不同孔径 r_i 透过液浓度 C_{2i} 的加权平均值，因此 $C_2 = \dfrac{\sum C_{2i} J_i}{J} = \sum C_{2i} y_i$，孔径 r_i 的分离率 $R_i = 1 - \dfrac{C_{2i}}{C_1}$，则 $C_{2i} = C_1(1 - R_i)$，这样 $C_2 = \sum C_1(1 - R_i) y_i$，可以得到 $R = 1 - \sum (1 - R_i) y_i = 1 - \sum y_i + \sum R_i y_i$，由概率论得知，$\sum y_i = 1$，故

$$R = \sum R_i y_i \tag{4-46}$$

即织物的分离率 R 为各孔径的分离率 R_i 的加权平均值，权重是通量权重。当已知 $r_i - y_i$ 孔径分布时，以及每个孔径 r_i 的分离率 R_i，根据式（4-46），可得织物的分离率 R。

假定被截留的粒子大小一定，粒子半径为 $1.05\mu m$，则临界孔径为 $1.05\mu m$。粒子通过小于临界孔径的孔时，粒子会被截留，分离率 R_i 为 1；粒子通过大于临界孔径的孔时，粒子会通过，分离率 R_i 为 0。根据式（4-46），织物的分离率 R 为 87.63%，如果按 x_i 权重算 R 为 93.82%，按数量权重 N_i 计算 R 为 97.45%，可见按不同分布计算 R 差别是比较大的。实际上，在这种情况下，孔径 $1.0\mu m$ 以下的孔的透过液浓度为 0，孔径大于 $1.1\mu m$ 的孔透过液浓度为 C_1，透过液平均浓度为 $0.1237 C_1$，由式（4-46）计算 R 为 87.63%，故织物的分离率 R 应使用 $r_i - y_i$ 孔径分布进行计算。实际情况更为复杂，如织物的孔径有分布，被截留的粒子大小也有分布；在错流过滤过程中，粒子运动方向与织物孔隙轴向不一致是否对分离有影响，凝胶层对分离是否有影响等问题，留待以后专文讨论。

二、织物孔隙分布测试

织物作为多孔材料中的一类，其结构参数包括孔隙率、孔径及其分布、比表面积等，都是织物本身所固有的特性指标。由织物中纤维排列造成的孔隙大小和形状依赖于纤维参数，

如纤维压缩性和纤维取向，在真实织物中的孔隙大小和形状一般是随机的。基于这种原因，一些研究者采用了随机过程、模糊理论和神经网络技术来描述和估计孔隙特性。从实验的角度研究孔隙的尺寸和形状不是一件容易的事，借助一些直接的实验方法来分析孔隙特性是可能的，如利用图像分析对纤维集合体进行显微评价；间接方法也经常使用，这些技术的原理就是对毛细效应、多孔材料中流体理论或过滤效应的应用，压汞法和液压法就是这些原理应用的最好例子。其他方法是基于卡曼—科泽尼（Carman-Kozeny）方程，根据流体通过多孔材料的情况来确定孔隙尺寸，基于固体颗粒的气溶胶过滤实验方法是一个 ISO 标准，孔隙尺寸能够由通过多孔材料的颗粒尺寸来评价。

最初发展压汞法是为了解决吸附法不能检测大孔径（如大于 30nm）孔隙的问题，后来由于装置压力的提高，也能测量到吸附法所针对的小孔径区间。对于织物，压汞法的孔径测试范围可达 5 个数量级，最小约为 2nm，最大可达几百微米。在织物的孔隙特性测定方面，本方法主要用来测量孔径分布，同时也可测量比表面积和孔隙率，及孔道的形状分布。因为在实验中使用了水银，此法的应用受到一定程度的限制。此外，本方法只能测量连通孔隙。

（一）压汞法的基本原理

根据毛细现象，若液体对织物不浸润（即浸润角 $\theta > 90°$），则表面张力将阻止液体浸入孔隙，但是对液体施加一定压力即可克服这种阻力，驱使液体浸入孔隙中。因此，通过测定使液体充满给定孔隙所需的压力值即可确定该孔径的大小。

在半径为 r 的圆柱形毛细管中压入不浸润液体，达到平衡时，作用在液体接触环截面法线方向的压力 $p\pi r^2$ 应与同一截面上张力在此面法线上的分量 $2\pi r\sigma\cos\theta$ 等值反向，即 $p\pi r^2 = -2\pi r\sigma\cos\theta$，亦即

$$p = -\frac{2\sigma\cos\theta}{r} \tag{4-47}$$

式中：p 为将汞挤入半径为 r 的孔隙中所需压力（也就是给予汞的附加压力，单位为 Pa）；r 为孔隙半径，单位为 m；σ 为汞的表面张力，单位为 N/m；θ 为汞对材料的浸润角。

由于汞与织物材料不浸润，故 θ 在 $90° \sim 180°$ 之间。上述公式表明，使汞浸入孔隙所需的压力取决于汞的表面张力、浸润角和孔径。

（二）孔径及其分布的测定

采用压汞法测定织物的孔径即是利用汞对固体表面不浸润的特性，用一定压力将汞压入织物的孔隙中以克服毛细管的阻力。由式（4-47）可得孔隙半径 $r = -2\sigma\cos\theta/p$，孔隙直径为：

$$D = 2r = -4\sigma\cos\theta/p \tag{4-48}$$

应用压汞法测量的织物连通孔隙直径分布范围一般在几十纳米到几百微米之间。将被分析的织物置于压汞仪中，在压汞仪中被孔隙吸进的汞体积是施加于汞上的压力的函数。根据式（4-48），可推导出表征半径为 r 的孔隙体积在织物试样内所有开孔孔隙总体积中所占百分比的孔半径分布函数 $\psi(r)$：

$$\psi(r) = \frac{\mathrm{d}V}{V_{TO}\mathrm{d}r} = \frac{p}{rV_{TO}}\frac{\mathrm{d}(V_{TO} - V)}{\mathrm{d}p} \tag{4-49}$$

或 $$\psi(r) = -\frac{p^2}{2\sigma\cos\theta \cdot V_{TO}} \cdot \frac{\mathrm{d}(V_{TO} - V)}{\mathrm{d}p} \tag{4-50}$$

式中：$\psi(r)$ 为孔径分布函数；V 为半径小于 r 的所有开孔体积；V_{TO} 为试样的总体开孔体积；p 为将汞挤入半径为 r 的孔隙所需压力，即给予汞的附加压力；σ 为汞的表面张力；θ 为汞对材料的浸润角。

$\psi(r)$ 表示半径为 r 的孔隙体积占织物中所有开孔隙总体积的百分比。上式右端各参数是已知或可测的。式（4-49）和式（4-50）中的导数可用图解微分法得到，将 $\psi(r)$ 值对相应的 r 点绘图，即可得出孔半径分布曲线。

采用压汞法测定织物孔径分布的操作步骤如下：将称量好的织物置于膨胀计的试样室中（膨胀计有一根带刻度的毛细玻璃管），然后将膨胀计放入充汞装置内，抽真空形成真空条件（真空度为 1.33~0.013Pa）后，向膨胀计充汞并完全浸没试样。压入织物内的汞量由与试样部分相连接的膨胀计毛细管中汞柱的高度变化来表示。

当对汞施加的附加压力低于大气压时，向充汞装置中导入大气，使作用于汞上的压力从真空状态逐渐升高到大气压，利用该过程中毛细管茎中汞的体积变化，来测定粗孔部分的体积（对于织物来说，可获得测定 1.22μm 以上孔径所需的压强）。为了使汞进入孔径更小的孔隙，需要对汞施加更高的压力。随着施加压力的增大，汞逐渐充填到较小的孔隙中，直至所有开孔被汞填满为止。当作用于试样中汞的压力从大气压升高到仪器的压力极限时，根据膨胀计毛细管中汞的体积变化，可测出细孔部分的体积。由上述过程可得到汞压入量与压力的关系曲线，并求得其开孔的孔径分布。

由于仪器承受压力的限制，压汞法可测的最小孔径一般为几十纳米到几微米。由于装置结构具有一定的汞头压力，故可测的最大孔径也是有限的，一般为几百微米。

压汞法可测范围宽，测量结果具有良好的重复性，仪器操作及数据处理等也比较简便和精确，故已成为研究织物孔隙特性的重要手段。本方法与气泡法测定最大孔径及孔径分布的原理相同，但过程相反。气泡法利用能浸润织物的液体介质（如水、乙醇、异丙醇、丁醇等）浸渍，待试样的开孔隙饱和后再以压缩气体将毛细管中的液体挤出而冒泡。气泡法测定孔径分布的重复性不如压汞法好，测量范围不如压汞法宽，且测试小孔困难，但对最大孔径的测量精度高。

（三）比表面积的测定

压汞法也可用来测定织物的开孔比表面积。

要使汞浸入不浸润的孔隙中，需要外力做功以克服过程阻力。将毛细管孔道视为圆柱形，用 $(p + \mathrm{d}p)$ 的压力使汞充满半径为 $(r-\mathrm{d}r, r)$ 的毛细管孔隙中，若此时多孔体中的汞体积增量为 $\mathrm{d}V$，则其压力所做的功即为 $(p + \mathrm{d}p)\mathrm{d}V = p\mathrm{d}V + \mathrm{d}p\mathrm{d}V \approx p\mathrm{d}V$，此功恰好为克服汞表面张力所做的功，即

$$p\mathrm{d}V = 2\pi\bar{r}\sigma\cos\theta \cdot L \tag{4-51}$$

式中：$\bar{r}$ 为 r 和 $(r-dr)$ 的平均值，当 $dr \to 0$ 时，$\bar{r} \to r$；σ 为汞的表面张力；θ 为汞对材料的浸润角；L 为孔隙半径为 $(r-dr, r)$ 范围内所有孔道的总长。这样 $2\pi\bar{r}L$ 即为对应于半径区间 $(r-dr, r)$ 的面积分量 $dS = 2\pi\bar{r} \cdot L$，结合式（4-47）有 $dS \cdot \sigma \cdot \cos\theta = pdV$，从而得出：$dS = \dfrac{pdV}{\sigma \cdot \cos\theta}$，故总表面积为

$$S = \frac{1}{\sigma\cos\theta}\int_0^{V_{\max}} pdV \qquad (4-52)$$

此式即为用压汞法测定 p—V 关系曲线来计算表面积的公式。由此得出试样质量为 M 的质量比表面积为：

$$S_{\mathrm{w}} = \frac{1}{\sigma M\cos\theta}\int_0^{V_{\max}} pdV \qquad (4-53)$$

运用上式计算的比表面积与采用 BET 法测定的比表面积具有良好的一致性。在使用图解法计算式（4-53）时，可将 p—V 实测曲线对 V 轴积分（图 4-14）。

（四）表观密度和孔隙率的测定

用压汞法测定本项指标的实质是将汞压入试

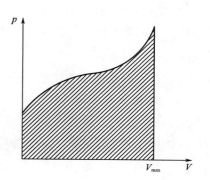

图 4-14　由压汞法测定得出的 p—V 曲线

样的开口孔隙中，这部分汞的体积即为试样的开孔体积。具体测量方法如下：先将膨胀计置于充汞装置中，在真空条件下充汞，充完后称量膨胀计的质量 M_1。然后将充入的汞排出，装入质量为 M 的多孔试样，再放入充汞装置中在同样的真空条件下充汞，称量带有试样的膨胀计的质量 M_2。之后再将膨胀计置于加压系统中，将汞压入开口孔隙内，直至试样内的汞达到饱和，算出压入汞的体积 V_{TO}，则可得到织物的表观密度和孔隙率分别为：

$$\varepsilon = \frac{M\rho_{\mathrm{M}}}{M + M_1 - M_2} \qquad (4-54)$$

$$\varepsilon_{\mathrm{o}} = \frac{V_{\mathrm{TO}}\rho_{\mathrm{M}}}{M + M_1 - M_2} \qquad (4-55)$$

$$\varepsilon_{\mathrm{c}} = 1 - \frac{(M + V_{\mathrm{TO}}\rho_{\mathrm{T}})\rho_{\mathrm{M}}}{(M + M_1 - M_2)\rho_{\mathrm{T}}} \qquad (4-56)$$

$$\varepsilon = \varepsilon_{\mathrm{o}} + \varepsilon_{\mathrm{c}} \qquad (4-57)$$

式中：ρ 为织物的表观密度；ρ_{M} 为汞的密度；ρ_{T} 为试样致密材质的理论密度；ε_{o} 为试样的开孔隙率；ε_{c} 为试样的闭孔隙率；V_{TO} 为织物的总开孔体积。

（五）压汞法的实验装置

实验时先将多孔试样置于膨胀计内，再放进充汞装置中，在真空条件下向膨胀计充汞，使汞包裹试样。压入织物中的汞的体积由与试样相连的膨胀计毛细管内汞柱的高度表示。常用测定方法为直接用测高仪读出汞柱的高度差，从而求得体积的累积变化量，也可通过电桥

测定在膨胀计毛细管中的细金属丝电阻来求出汞的体积变化，还可在毛细管内外之间加上高频电压测其电容或在毛细管中插入电极触点等方法。

对汞施加的附加压力低于大气压时，可向充汞装置导入大气，从而测出孔半径在微米数量级的孔隙，但因装置结构存在汞头压力，故最大孔径的测定尚限于几百微米以内。要使汞充入半径小于几微米的孔隙，就须对汞施加高压，高压的获得一般通过液压装置。随着汞的附加压力增大，汞逐渐充填到更小的孔隙中，最后达到饱和，从而获得压入量与压力的关系曲线，由此即可求得其孔径分布。

（六）测试误差分析和处理

由压汞法得到的测试数据，主要用于类似材料的比较性研究。虽然采用压汞法测定织物孔径及其分布等参数具有良好的重复性，但在测量过程中仍存在某些产生误差的因素。下面就该方法的主要误差来源和处理方式，做一个简单的介绍。

1. 汞的压缩性和汞头压力

汞具有轻微的可压缩性，故在高压下汞及装置的体积均会产生一定变化，从而使测量的织物孔隙体积比其实际体积大。这种膨胀计上的体积读数的修正值可通过膨胀计的空白试验得出，试样和试样中孔隙的体积越大，来自该误差源的误差就越小。

2. 汞对多孔材料的浸润角

压汞法计算中常将汞对试样的浸润角取130°，但实际上汞对不同的织物的浸润角不同（表4-2），给计算带来误差。所以，在需要较精确的计算时，应代入相应的浸润角数值。

表4-2　汞对不同材料的浸润角

材料	浸润角 α/（°）	材料	浸润角 α/（°）	材料	浸润角 α/（°）
铝	140	铁	115	镍	130
钨	141.3、135	钛	128~132	玻璃	140、153
不锈钢	140	碳化钨	141.3、121	碳	142
锌	133	钢	154	硅胶	145
铜	116	青铜	128	棉、毛	140
一般非金属材料	135~142	尼龙	145		

要准确地测得液体和固体之间的浸润角数据较为困难，不同文献提供的相应值也可能存在差别。浸润角 α 值与材料和压力均有关系，在具体的测试条件下材料的吸湿浸润角也可能偏高，因此 α 值的偏差会对测定结果产生影响。

3. 汞的表面张力（系数）

汞的表面张力变化也会影响各参量的测定。其张力值可能因压力、温度和所用汞的纯度而变化。由于汞的表面张力系数仅为 2.1×10^{-4}N/（m·℃），故温度的影响较小（表4-3），但在严格的情况下仍应使膨胀计保持恒温。汞的纯度对表面张力也具有较大影响，不纯的汞将导致测定值偏低。

表4-3　不同温度下汞的表面张力系数

汞/环境	温度/℃	表面张力系数/（N/m）	汞/环境	温度/℃	表面张力系数/（N/m）
汞/蒸气	15	0.4870	汞/蒸气	40	0.4682
汞/空气	18	0.4812	汞/空气	20	0.4716

4. 截留空气

残留在膨胀计和多孔材料孔隙中的空气，以及吸附在表面上的空气，都可能使测定值产生误差。为得到正确的测试结果，首先应对试样作清洗等预处理，并在膨胀计抽真空时加热织物，可减小误差。

5. 缩颈孔隙

在压汞法的常规测定条件下，表征的孔径往往是孔隙开口处的尺寸。汞经过一个很细的缩颈进入一个大孔隙（通常称这类孔隙为"墨水瓶"孔）时，仪器以敞口孔隙的体积来代表缩颈孔隙的孔径，故测得的孔径分布曲线偏向小孔径一边，即孔径相对于其真实值偏小。这种差别的大小可由汞压入的滞后曲线来判断。

6. 动力学滞后效应

汞受压挤入孔隙的过程有滞后性，故操作时应给予一定的时间。滞后效应与汞流入孔隙中所需的时间相关，在达到平衡前便读取汞浸入体积，会使所得孔径分布曲线偏向较小孔径一边。此外，高压下的固体结构产生变化，易碎多孔材料的可能性孔隙破坏，均会给测量结果带来偏差。所以，应提前分析材料的可压缩性和破坏强度，以正确估计在多孔材料变形或破坏前是否发生汞的挤入。而膨胀计中铅丝的比电阻随施压过程发生的变化，则需空白实验加以修正。

需要指出的是，压汞法中所有孔隙均视为圆柱状，即其公式仅适于圆柱状孔隙，而多数多孔材料的孔隙都是不规则形状，因此使用这种公式计算会产生误差。但是，这种误差的影响主要表现为在不同压力下计算出的半径值均有对真值相同的相对偏离，而分布曲线的形状不会有显著差异。

参考文献

[1] PEIRCE F T. The geometry of cloth structure［J］. Journal of the Textile Institute Transactions, 1937, 28（3）: T45-T96.

[2] PEIRCE F T. Geometrical principles applicable to the design of functional fabrics［J］. Textile Research Journal, 1947, 17（3）: 123-147.

[3] LU JINLIAN. Theories of woven Fabric Geometry［J］. Textile Asia, 1995,（1）: 56-60.

［4］王彦欣，刘让同．利用切片技术测试织物结构参数［J］．棉纺织技术，2006，34（11）：12-15.

［5］蔡陛霞．织物结构与设计［M］．北京：纺织工业出版社，1979.

［6］姚穆．纺织材料学［M］．2版．北京：中国纺织出版社，1990.

［7］姚穆．"织物结构与性能"讲义［M］．西安：西北纺织工学院，1982.

［8］吴汉金，郑佩芳．机织物结构设计原理［M］．上海：同济大学出版社，1990.

［9］顾平．织物结构与设计学［M］．上海：东华大学出版社，2004.

［10］刘培生．多孔材料引论［M］．北京：清华大学出版社，2004.

第五章　织物表面结构

第一节　织物表面结构的内涵与特征

5-1

一、织物表面结构的内涵

织物表面主要包括表面结构、表面性质和表面表征方法等内容。

表面结构是表面的基础与本质，是物质相互结合、共存、分离、传递的关键层面或部位，决定表面性质，表面结构特征不同会导致表面性能的差异。如作为与人体接触的纺织品，如何提供应有的舒适感，作为装饰材料的色光特征，以及作为特殊用途的功能材料，织物的舒适性、色光特征、吸附性、传递性、耐磨蚀性、能量转换等性质，均取决于织物的表面结构特征。

针对织物表面结构已有较多的研究和观察，其基本内容包括表面宏观、微观形态和狭义的表层结构等。表面形态是表层的外轮廓，是指最外层纤维排列的轮廓线，涉及纤维表面、纱线表面和纱线内部，边界很难确定。表面结构的厚度称为表面厚度，属于跨度较大的微米尺度结构。从力学角度来说表面厚度越薄越好，因为表层结构是不稳定的；从功能角度来说表面又越厚越好，因为这可以提供更多的空间或通道实现功能性，如导电、缓冲、调整等功能。

表面结构和形态是不稳定的，处于不断调整和变化中，这些变化从动态和微观角度还无法观察，但在宏观角度会有所反映。例如，纤维自然放置一段时间后会泛黄，表面产生缺陷而老化，都是表面结构不稳定和形态变化所致。

织物表面结构变化可以改变织物的表面活性和表面能，改变织物表面吸附极性或亲水能力，有可能减少静电、防止沾污、增加可染色性和染色牢度，这种变化可以用表面能描述。表面能（又称表面自由能）是指形成单位面积表面所消耗的功，用 E 表示。表面张力是描述表面结构变化的另一指标，用 γ 表示，是指单位线长垂直移动或开裂所需的力。

实际上，固体的表面张力并不等于表面能或表面张力，原因很简单，新表面的出现有两个过程。一是固体或液体的开裂并形成新的表面，而开裂表面的粒子仍保持在原来的位置上；二是新表面区的粒子重新排列至最后平衡位置，这是一个弛豫过程，需要时间。因此实测的表面能或表面张力只包含了前者。对于液体来说，这两个过程几乎是同时发生的。

表面性质是表面结构的外在表现，羊毛表面的鳞片使其摩擦性能具有方向性，涤纶纤维表面形态的粗糙化使纤维的光泽发生改变，高强聚乙烯纤维的表面等离子体活化处理，使其与基体材料的黏结性大幅度提高等都与表面性能有关。织物表面是外力、光、热辐射、电磁及液、气体作用的直达部位和主要载体，不仅赋予织物良好的防护作用和特殊功能，保护肌肤与人体，而且使织物更直接地表达其丰富的色泽特征、舒适宜人的触觉感受，使织物满足功能需求。织物表面也是织物发生老化、破坏、产生缺陷的主要部位，人们可以在制造织物同时改善织物表面结构，或避免初加工对织物的表面形成损伤。

表面表征方法是认识表面结构、性质及其相互关系的手段。织物表面所体现出的宏观特性是织物应用的基础，其微观结构的实现和改进是织物宏观特性优化的保证，因此表面性质还涉及织物的各种表面改性。因此近代物理学、化学和材料科学研究认为，物质最直观有效、最复杂而又有特征的部位是物质的表面或物质的界面，其为人们视觉、触觉的直达部位，并处于非对称和非平衡状态。

二、织物表面结构的特征

织物的表面结构表现出明显的粗糙性、周期性、方向性和连续性特征。

任何表面都不可能是绝对光滑的，即使在宏观上看来似乎很光滑，但是在显微镜下观察仍然是非常粗糙的。粗糙性表征织物表面织纹的粗细程度，在织物中与经纬纱排列密度、纱线线密度有关。织物表面不仅有由纱线弯曲形成的局部高点或低点，形成织物表面的纱线表面也不是光滑的，它也是由很多细小纤维排列形成的粗糙表面。纱线的弯曲形成的高点和低点使织物弯曲不平整，其不平尺度是毫米级的，而纤维排列使纱线表面也不平整，其尺度是微米级的，因此织物表面是一种多尺度混合的粗糙结构。

周期性表征织物表面织纹形成的规律性，与织物的重复单元即基本组织有关。从宏观角度看，织物的表面并不是一个平整的平面，而是一个由不同纱线表面形成的、不连续的立体表面；纱线的弯曲波峰形成织物表面的局部高点，而纱线弯曲的波谷形成织物表面的局部低点；对于规则织物来说，这种高点或低点的出现具有周期性或规律性。

当织纹的度量值与所选择的度量方向有关时，则称该织纹具有方向性。具有周期性的织物表面一定有好的方向性，反之亦然。周期性明显的平纹和斜纹等组织均表现良好的方向性。在经纬纱线密度一致的情况下，平纹织物在经向、纬向和45°方向均有明显的方向性；斜纹织物的斜向方向性与斜纹组织本身的类型密切相关。

连续性表征织物表面的某些指标或特征的均匀性或一致性。连续性也可以成为织物质量的评价内容，当这些连续性遭到明显破坏时，则认为该织物发生了变异，如织物表面有疵点或者达到了织物的边界。

表面形貌是指其几何形状的详细图形，对于织物来讲其平面视图表现为具有方向性的表面纹理，即表面微凸体（asperity）高度的变化，实际是织物截面形态均由连续凹凸不平的峰和谷组成所确定的。按照凹凸不平的几何特征和形成原因，实际表面形貌由形状偏差、波纹偏差和表面粗糙度等分形内容所组成，如图5-1所示。

表面形状偏差是实际表面形状与理想表面形状的宏观偏差，由直线度和平面度确定，存在形状和位置两类偏差；波纹偏差又称波纹度，是织物表面周期性出现的几何形状误差，通常用波距与波高表示；表面粗糙度又称微观表面粗糙度，指表面微观几何形状误差。

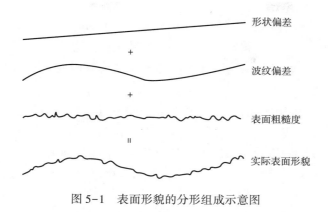

图5-1　表面形貌的分形组成示意图

第二节　织物表面结构的表征

5-2

一、织物表面模型与功能构筑

织物表面形貌决定摩擦性能和光泽，粗糙表面有三种存在形式，即规整的（设计的）粗糙表面、无规（任意）粗糙表面和介于其间的阶层结构的粗糙表面。织物表面的粗糙状况会影响表面性能，如润湿性，为了研究织物表面微细结构对表面液滴形态及运动状态的影响，研究人员采用高度规整的微细结构表面作为研究对象，用得到的普适方程来解释各种微细结构几何参数对疏水性的影响。

织物的粗糙表面的实质是在理想光滑表面上叠加一些不规律的微凸体。在某一局部范围内，这些微凸体可以用规律的模式进行呈现，微凸体则用竖立的长方体代替，长方体尺寸的不同可以代替粗糙表面的不规则性，从而建立织物表面的结构模型，其局部单元如图5-2所示，真实的粗糙表面就是这种局部单元的多次、多种形式的叠加。代表表面粗糙微凸体部分的竖立方柱，截面尺寸可以设计为$a \times a$，高为H，方柱间距为b，这些参数的不同将代表不同粗糙状况的织物表面。

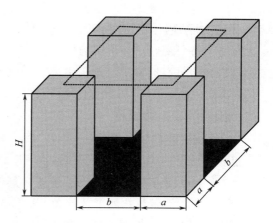

图5-2　规整粗糙表面参数示意图（局部单元）

表面形貌的不同会造成表面功能的差异，进而引起织物润湿性的差异化。为实现超疏水，粗糙表面制备一般从两方面考虑，一是在粗糙表面上添加低表面能物质，二是在低表面能物质表面上构建粗糙结构。

考虑到表面微观结构可控性、可重复性、规模化以及集成化等因素，一般用表面微加工技术制备规整粗糙表面。通过表面微加工（surface micro-machining）技术（如平版印刷术、干法蚀刻、湿法蚀刻等）可以制得具有有序表面微细结构的无机基底，再利用分子自组装膜进行表面修饰而得到超疏水表面。高度规整粗糙表面的构筑研究对液滴形态、接触三相线动力学具有十分重要的意义。

无规（任意）粗糙表面的表面结构随意且不规整，其尺寸、形貌很难控制，一般通过电化学沉积或者刻蚀手段，或直接用低能物质在表面固化制备，由于缺乏对此类反应过程机理的深入研究，应用此反应制得的表面尺寸和形貌都很难控制。如昂达（Onda）熔融烷基正乙烯酮二聚体（AKD，一种石蜡），再进行固化，得到结构尺寸最大为 34μm，最小为 0.2μm 凹凸不平的分形结构表面。

表面存在两个或两个以上尺度周期的分形结构可以称为阶层结构，如分形表面或者自仿射表面，后者是一种侧向与纵向缩放行为不同的分形表面。实际表面的微结构经常是双尺度甚至是多尺度的，这样的例子在自然界中很普遍，包括荷叶、三色堇、水黾腿、水蜘蛛和鲨鱼皮等，且对表面浸润性具有很大的影响。大量实验研究表明，由于双尺度或多层级结构的协同作用，这些天然表面表现出超疏水（或超疏油）性质。首次人工制备的超疏水表面就是通过熔融石蜡（AKD）在表面固化过程中形成分形粗糙表面；巴特洛特（Barthlott）和内因豪斯（Neinhuis）在研究植物叶表面自洁特征时发现荷叶表面微米结构的乳突（平均直径 5~9μm）上还存在纳米结构（平均直径 124.3nm±3.2nm）。这种微/纳米的阶层结构能产生较大接触角（161.0°±2.7°）和较小滚落角（2°）；江（Jiang）等利用模板挤出得到了聚合物（PAN，PVA）纳米纤维的疏水表面，在没有任何含氟低能物质的修饰下水的接触角可达 173°；江（Jiang）等报道荷叶表面的结构是在直径为 5~9μm 级别的凸起上复合直径约为 120nm 的枝状纳米结构，特别地，混合纳米/微米分层级结构可以在金属、半导体、聚合物和玻璃等材质表面产生，更有利于其在多方面、多领域的广泛应用。赫尔明豪斯（Herminghaus）提出了一个观点：有阶层结构的表面粗糙结构能够使任何表面变得不可润湿，也就是说亲水材料如果具有这种阶层结构也可以变成疏水材料。

二、织物的表面粗糙度与纹路高度
（一）织物的表面粗糙度

决定表面性能的主要因素是表面粗糙度（surface roughness）。表面粗糙度是指材料粗糙表面具有的较小间距和微小峰谷的不平度，其两波峰或两波谷之间的距离（波距）很小（在 1mm 以下），它属于微观几何形状误差，表面粗糙度越小，则表面越光滑。根据形貌特征波距等的大小可以对粗糙情况进行分类，通常把波距小于 1mm 尺寸的微凸体集合归结为表面粗糙度，1~10mm 尺寸的形貌特征定义为表面波纹度，大于 10mm 尺寸的形貌特征定义为表面形貌。表面粗糙度的实质是表面微凸体的高度与分布，有时又称表面光洁度（surface finish）。由于微凸体在表面分布的不规则性，一般用给定长度上微凸体的数目和波高来表征表面粗糙度。

针对图 5-2 所示的织物表面粗糙模型，粗糙度 r（这里可以用实际表面积与表观表面积之比来定义）和表面接触率 f_s（实际接触面积与表观表面积的比）可用以下公式描述：

$$r = \frac{(a+b)^2 + 4aH}{(a+b)^2} \tag{5-1}$$

$$f_s = \frac{a^2}{(a+b)^2} \tag{5-2}$$

也可以定义两个三维表面特征值：

$$\beta = \frac{b}{a} \tag{5-3}$$

$$\gamma = \frac{H}{a} \tag{5-4}$$

基于润湿性考虑，将 r 和 f_s 分别代入温泽尔（Wenzel）模型（$\cos\theta_w = r\cos\theta_y$）、卡西（Cassie）模型 $[\cos\theta_c = f_s(\cos\theta_y + 1) - 1]$，可以得到：

Wenzel 模型：
$$\cos\theta_w = \frac{(a+b)^2 + 4aH}{(a+b)^2}\cos\theta_y = \left[1 + \frac{4\gamma}{(1+\beta)^2}\right]\cos\theta_y \tag{5-5}$$

Cassie 模型：
$$\cos\theta_c = \frac{a^2}{(a+b)^2}(\cos\theta_y + 1) - 1 = \frac{\cos\theta_y + 1}{(1+\beta)^2} - 1 \tag{5-6}$$

从以上两式可以看出，对于相同本征接触角表面而言，两种模型的表观接触角都与 β 值相关（此值与表面结构的分辨率有关），在 Cassie 模型中 θ_c 为 β 的增函数，而在 Wenzel 模型趋势相反，β 与 $\cos\theta_w$ 的关系如图 5-3 所示，结合能量分析可以指出高能量区和低能量区。图 5-3 中两线交点的横坐标即为临界值 β_c。当 β 小于 β_c 时 Cassie 状态比较稳定，即结构间距小，有利于阻止液体侵入且易形成复合接触，但是 β 小不利于产生大的表观接触角 θ_c 或 θ_w。增加 γ 可

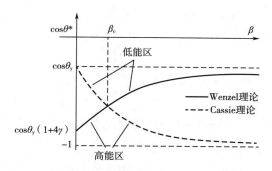

图 5-3 β 值对表观接触角的影响及能量区的划分

以导致 β_c 右移，从而在较大的 β 下也符合 Cassie 状态且能得到较高的 θ_c。另外，从两式中还可以看出，Cassie 模型中表观接触角与 γ 无关，原因是在形成液固复合接触时，液体没有填充粗糙结构。虽然在上述 Cassie 方程中未曾体现 H 的影响，但是要制备符合 Cassie 状态的表面就必须考虑 γ 的影响，相对来说结构越深液体越难进入，所以需要较高的 γ 值。按照图 5-3 中临界接触角方法将以上两式联立求解可得。对于本征接触角固定的表面而言，β 与 γ 成为互相制约的因素，β 与 γ 的关系可用式（5-7）描述。

$$\gamma = \frac{1-\beta}{2}\left(1 + \frac{1}{\cos\theta_y}\right) \tag{5-7}$$

β 值相同时，具有不同本征接触角的表面所需的 γ 值不同，本征接触角越小需要的 γ 值

也就越大，且接近 90°时快速增加，也就是制备超疏水表面的材料本征接触角不能太小。同时欲进入超疏水 Cassie 状态，就要降低 β 值，增加 γ 值。从微制造角度来看，这意味着要求有小的特征尺寸（feature size）和高加工深度，这对微加工工艺提出很高的要求。

（二）织物的异波面

大多数织物具有正反面，且正反面的粗糙度存在差异，这种差异实质是纱线在织物正面及反面的屈曲波高的差异，这些差异形成于织物的生产过程中，可以通过织造工艺参数的调整实现，如图 5-4 所示。

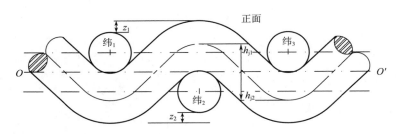

图 5-4　织物的异波面示意图

如果以纬$_1$、纬$_3$两根纱线圆心连线与通过纬$_2$圆心平行线之间的中位线 OO' 为基准平面，定义在织物正面的经纱屈曲波高为 h_{j1}，在织物反面的屈曲波高为 h_{j2}，这时 h_{j1} 和 h_{j2} 反映了纱线弯曲在织物正反面的不同表现，我们用异波面系数 φ_h 描述这种差别。

$$\varphi_h = h_{j1}/h_{j2} \tag{5-8}$$

（三）织物的纹路高度

织物某一系统纱线（一般是经纱，但也有可能是纬纱，如棉织物中的横贡呢）的波峰顶面比另一系统纱线的波峰顶面高出的距离叫织物的纹路高度 z。如图 5-4 所示，正面纹路高度为 z_1，反面纹路高度为 z_2。

一般条件下，要求织物正反面都有明显的纹路高度，且其值达到几十微米甚至几百微米。织物正反面纹路高度差异用纹路差异系数 φ_z 来描述。

$$\varphi_z = z_1/z_2 \tag{5-9}$$

一般情况下，织物的异波面系数 φ_h 小于纹路差异系数 φ_z，因而通常使用 φ_z 进行分析。

三、织物的支持面结构与接触面积

（一）织物的支持面结构

织物的支持面积与该面积内支持点数（M）、每个浮点的面积（a）有关。织物在 10cm×10cm 面积内的支持点数为经密 P_j 和纬密 P_w 之积与组织循环内经纱数 R_j 之比值，即：

$$M = P_j P_w / R_j \tag{5-10}$$

卡其织物经纱浮点长度（L_0）是指两根（2/2 组织）或三根（3/1 组织）纬纱间的中心距离与纬纱压扁后的宽度之和。设纱线压扁系数为 e，一个组织循环内的经纱浮点数为 r_j

（2/2 组织为 2，3/1 组织为 3），则经纱浮点长度 L_0 为：

$$L_0 = 100(r_j - 1)/P_w + d_w/e \qquad (5-11)$$

因此，浮点面积 $a = L_0 \times d_j/e$，这样织物的支持面积 A 为浮点面积与支持点数的乘积，也等于浮点长度、经纱压扁后的宽度及支持点数三者的乘积，即：

$$A = a \times M = L_0 \times d_j/e \times M = \left[\frac{100}{P_w}(r_j - 1) + \frac{d_w}{e}\right] \times \frac{d_j}{e} \times \frac{P_j P_w}{R_j} \qquad (5-12)$$

可以用上式分别计算双卡和单卡织物的摩擦支持面积。

$$2/2 \text{ 组织的 } L_0 = 100/P_w + d_w/e；$$
$$3/1 \text{ 组织的 } L_0 = 200/P_w + d_w/e。$$

当 P_w、d_w/e 基本不变时，3/1 组织的浮点长度 L_0 大于 2/2 组织，所以单卡织物的摩擦支持面积大于同规格的双卡织物，单卡织物的平磨性能更为优越。

由图 5-4 可知，当构成织物正反表面的纱线都是经纱时，其几何结构条件为 $h_j + d_j > h_w + d_w$，织物的厚度 $\tau = h_j + d_j$，称为经支持面织物。当构成织物正反表面的纱线都是纬纱时，其几何结构条件为 $h_w + d_w > h_j + d_j$，织物的厚度 $\tau = h_w + d_w$，称为纬支持面织物。当经纬纱同时构成织物的正反表面时，其几何结构条件为 $h_j + d_j = h_w + d_w = \tau$，称为等支持面织物。

当 $d_j = d_w = d$ 时，纬支持面织物厚度 $\tau = 3d$，等支持面织物厚度 $\tau = 2d$，经支持面织物的厚度也为 $\tau = 3d$，织物厚度 τ 的取值为 2d~3d。当 $d_j \neq d_w$ 时，纬支持面织物厚度为 $\tau = 2d_w + d_j$，等支持面织物厚度为 $\tau = d_w + d_j$，经支持面织物厚度则为 $\tau = 2d_j + d_w$。可见，当 $d_j > d_w$ 时织物厚度 τ 取值为 $(d_w + d_j) \sim (2d_w + d_j)$；当 $d_j < d_w$ 时织物厚度 τ 取值为 $(d_w + d_j) \sim (2d_j + d_w)$。

等支持面的织物厚度值最小，为经纬纱直径之和。

机织物表面与平面靠近时，首先接触的是毛羽，其次是凸起的屈曲峰尖，这些接触点就是机织物的支持点。支持点的形状与纤维品种、织物组织、经纬纱的捻度和捻向有关系。

在织物单位面积中，支持点面积总和占织物面积的百分数叫织物的支持面率。如果用 F_a 表示支持面率（%），n 为机织物单位面积中支持点的个数（个/cm^2），a_s 为每个接触点的平均接触面积（mm^2），则有：

$$F_a = n \cdot a_s \qquad (5-13)$$

（二）接触面积

从微观角度来看，所有表面都是粗糙的，因此，当两个物体相接触时，其接触面积不等于外观面积。

实际的或真正的接触面积只占总面积的极小部分，因此可把接触面积分为：

（1）表观接触面积（apparent area of contact）或名义接触面积（nominal area of contact）。是指由两物体宏观界面的边界来定义的接触面积，表观接触面积只与表面几何形状有关。

（2）轮廓接触面积（contour area of contact）。是指由物体接触表面上实际接触点所围成的面积。

（3）实际接触面积（real area of contact）。是指在轮廓面积内各实际接触部分微小面积之和，也是接触对之间直接传递接触压力的各面积之和，又称真实接触面积。

由于表面的凹凸不平使实际接触面积较小，一般只占表观接触面积的 0.01%～1%。但是，当接触表面发生相对运动时，实际接触面积对摩擦和磨损起决定作用；同轮廓接触面积一样，实际接触面积不仅与表面几何形状有关，而且还与载荷有关；在载荷作用下，互相接触的表面微凸体首先发生弹性变形，此时实际接触面积与接触点的数目、载荷呈正比；当载荷继续增加，达到软材料的屈服极限时，微凸体开始发生塑性变形，实际接触面积迅速扩大。

四、织物的交织次数与平均浮长

织物中经、纬纱经交织后产生屈曲，形成交织（interlacing）和浮长（floating）两部分，交织次数和平均浮长便是描述这种结构特征的参数，直接影响织物的坚牢度、手感和表面性能。

（一）描述织物交织状态的参数

1. 完全组织中的交织次数

在一个完全组织中，每根经（纬）纱与纬（经）纱交织，由浮到沉，再由沉到浮，称为一次交织，j_{ji} 为一次交织第 i 根经纱的交织次数，j_{wi} 为一次交织第 i 根纬纱的交织次数，一次交织包含着由浮到沉和由沉到浮的二次交叉。令 t_{ji} 为二次交织第 i 根经纱的交叉次数，t_{wi} 为二次交织第 i 根纬纱的交叉次数，则 $t_{ji} = 2j_{ji}$，$t_{wi} = 2j_{wi}$。

一个完全组织中，R_j 根经纱的总交织次数 $J_j = \sum_{i=1}^{R_j} j_{ji}$，$R_w$ 根纬纱的总交织次数 $J_w = \sum_{i=1}^{R_w} j_{wi}$，因为经纱每沉浮一次，纬纱必然相应地产生一次浮沉，故织物的总交织次数 $J_f = (J_j + J_w)/2$。其他条件相同情况下，交织次数 J_j、J_w 和 J_f 值越大，则经、纬纱交织越紧，反之亦然。

2. 单位面积中的交织次数

单位面积中的交织次数也叫交织密度。织物中纱线按一定的密度排列，不同的经、纬密度表示织物单位长度和单位面积中所涵盖的完全组织数不同，则单位长度和单位面积中织物的交织次数即交织密度也不同。这是爱明雷娜在 50 年代提出的交织系数的概念，具有如下三个参数：

（1）单位宽度（cm）中经纱的交织次数。
$$J_{mj} = J_j P_j / R_j \tag{5-14}$$
（2）单位长度（cm）中纬纱的交织次数。
$$J_{mw} = J_w P_w / R_w \tag{5-15}$$
（3）单位面积（cm²）中经、纬纱的交织总次数，也称织物的交织密度。
$$J_{mf} = J_f P_j P_w / R_j R_w \tag{5-16}$$
式中：P_j、P_w 为织物的经、纬密（根/cm）；R_j、R_w 为完全组织中的经、纬纱根数。

J_{mf} 能表征不同组织、不同密度织物的交织程度。由于织物的交织程度直接与织物的服用性能有关，利用织物组织和经纬密度来控制交织程度上的差异，调控织物性能，对于产业用织物设计是十分必要的。若织物经纬密度因设计要求制约而不宜调整，便可通过改变织物组织，即改变 J_j、J_w 和 J_f 来实现织物性能指标的调整。

3. 交织面积

相互交织的经、纬纱每沉浮交织一次，便会沿着垂直于织物平面的方向，从织物的一面穿到另一面，然后再从另一面穿回这一面。假设沿织物平面剖开，就会发现一次交织有两个纱线截面。这里将织物单位面积中所有交织连接纱线的总截面积定义为交织面积。

设纱线截面为圆形，单位面积（cm²）中经、纬纱的交织面积为：

$$A_f = J_{mf} \times 2 \times \frac{\pi}{4}d^2 = J_{mf} \times 2 \times \frac{\pi}{4}a^2 \times Tt \tag{5-17}$$

式中：a 为纱线分特克斯制时的直径系数，不同的纤维类别和线密度单位，其直径系数有不同的取值；Tt 为纱线线密度（dtex）。

式（5-15）表明，交织面积主要取决于交织密度和纱线粗细，同时与纱线的直径系数有关。单位面积中交织次数越多，则交织面积越大，反之亦然。交织面积大的织物，不管是手感还是视觉感，都显得比较紧密，但是细腻光滑的表面效果会受到一定的影响。

（二）描述织物浮长状态的参数

1. 平均浮长

1884 年，T. R. 阿兴哈斯特提出织物平均浮长的概念，用以描述织物组织的松紧程度，也可一定程度反映织物的表面结构。在规则组织中，由于每根经、纬纱的交叉次数相同，则有：

$$F_j = R_w/t_j \tag{5-18}$$
$$F_w = R_j/t_w \tag{5-19}$$

式中：$F_j(F_w)$ 为规则组织的经（纬）纱平均浮长（average float），即每交叉一次所占的平均浮点数。

当 $R_j = R_w$，$t_j = t_w$ 时，$F_j = F_w = F$。F 值大表示组织松散，F 值小则表示组织紧密。对于非规则组织，由于组织循环中各根经、纬纱交叉次数不等，可通过求和计算一个完全组织中一根经（纬）纱的平均浮长：$F_j = (\sum_{i=1}^{R_j} \frac{R_w}{t_{ji}})/R_j$，$F_w = (\sum_{i=1}^{R_w} \frac{R_j}{t_{wi}})/R_w$。平均浮长的缺点是不能描述经纬纱交织复杂的组织的松紧程度，对于平均浮长彼此相等的不同组织，也缺乏区别松紧程度的能力。假如考虑织物的经纬密度，经纬纱线的平均浮起长度（average float length）L_j、L_w（mm）算式为：$L_j = (F_j \times 10)/P_w$，$L_w = (F_w \times 10)/P_j$，式中 P_j、P_w 为织物的经纬密度（根/cm）。

2. 平均浮点数

平均浮点数又称组织系数（weave coefficient），是描述织物组织松紧程度的另一指标，有经组织系数 ϕ_j、纬组织系数 ϕ_w 和织物组织系数 ϕ_f 之分。经组织系数是指一个完全组织中，经纱每交叉一次所占的组织点个数，故也称为经纱平均浮点数；同理，纬组织系数表示一个完全组织中，纬纱每交叉一次所占的组织点个数，称之为纬纱平均浮点数；而织物组织系数是指一个完全组织中，经纱和纬纱每交叉一次所占的组织点个数。

$$\phi_j = \frac{R_j R_w}{2J_j} \qquad (5-20)$$

$$\phi_w = \frac{R_j R_w}{2J_w} \qquad (5-21)$$

$$\phi_f = \frac{R_j R_w}{2J_f} = \frac{R_j R_w}{J_j + J_w} \qquad (5-22)$$

显然，ϕ_j、ϕ_w、ϕ_f 值大表示组织松散，ϕ_j、ϕ_w、ϕ_f 值小表示组织紧密。运用 ϕ_j、ϕ_w、ϕ_f 值的大小，可以描述任意组织的经、纬纱松紧程度，但没有涵盖飞数 S 对于组织松紧程度的影响。

五、绉织物表面结构特征参数及提取

绉织物具有这样几个典型特征：①沿纬纱方向有许多经纱方向的黑白阴影，说明由纬纱形成的织纹线在垂直于织物平面的方向上有高低起伏变化；②几乎所有的纬纱上都存在一条由白色光点所构成的连续折线，说明织物中的经纬纱交织点发生过有规律的漂移；③从较大的范围内看，纬纱既不是一根直线也不是一根光滑的曲线，而是由若干连续拱形构成的波形曲线，说明纬纱织纹线的起伏是三维的，而且是周期性的。

绉织物表面纹理形貌结构特征参数一般采用起绉效果图中灰度的变化进行描述，一般认为白斑代表布面纹理凸起，黑斑代表布面绉纹凹陷。

1. 起绉度

起绉度为起绉效果图中黑斑所占面积与观察织物总面积之比。

$$起皱度 = \frac{画面中黑色云斑的面积}{画面总面积} \times 100\% \qquad (5-23)$$

2. 云斑重复频率（纬向）

是指沿着某一规定方向（多取纬向），黑色或白色云斑在单位长度内重复出现的平均次数。云斑重复率可以作为绉纹细腻程度的特征量，在起绉度基本接近时，云斑重复频率越高，看上去绉纹越细腻。随着绉织物表面起绉程度的下降，云斑重复率也逐渐减少，可以作为绉织物表面起绉程度的表征参数。

3. 云斑形状复杂度

云斑形状复杂度是指一定区域内各云斑的周长平方与面积比值的平均值，这一指标也反映了纹理的细腻度。n 为某个区域中云斑的个数。

$$云斑形状复杂度 = \frac{1}{n} \sum_1^n \left(\frac{云斑周长}{云斑面积} \right)^2 \qquad (5-24)$$

4. 表面面积

表面面积是指织物表面的折皱总面积。这一指标反映了折皱的深度值，深度值的差异反映了织物表面纹理的起伏程度。表面面积通过计算织物表面相邻行（或列）的高度差异来获

得。起伏程度较大时，表面面积较大，反之则较小。即：

$$S_a = \sum_{i=1}^{\sqrt{N}} \sum_{j=1}^{\sqrt{N}} (z_{x,y} - z_{x+i,y+j}) \tag{5-25}$$

式中：S_a 为表面积；$z_{x,y}$ 代表一列（行）中的所有高度值。

5. 粗糙度

绉织物表面具有纹理起伏，表面高度也在不断变化，通过计算绉织物表面各点高度的标准差，可以得到织物粗糙度值。

$$\sigma = \sqrt{\frac{1}{N^2} \sum_{i=1}^{\sqrt{N}} \sum_{j=1}^{\sqrt{N}} \left[z(i,j) - \overline{z(i,j)} \right]^2} \tag{5-26}$$

式中：$z(i,j)$ 为织物表面任一点的高度值；$\overline{z(i,j)}$ 为表面高度的平均值；N^2 为折皱图像的高度点总数 N×N（所选图像行、列数相等）。

当绉织物表面纹理起伏程度大时，粗糙度值较大，反之则较少，两者基本呈线性相关，这说明粗糙度是反映绉织物表面纹理起伏程度的特征参数。

6. 扭曲度

绉织物表面纹理能在一定程度上反映绉织物的扭曲程度，即绉织物表面纹理的起绉程度。扭曲度的计算是通过统计方法来实现的：

$$K = \frac{1}{N^2} \sum_{i=1}^{\sqrt{N}} \sum_{j=1}^{\sqrt{N}} \left[z(i,j) - \overline{z(i,j)} \right]^4 / \sigma^3 N^2 \tag{5-27}$$

式中：K 为扭曲度；σ 为粗糙度；N^2 为纹理区域的高度点总数。

从上式可以看出，扭曲度是通过计算高度差的三阶矩来实现。扭曲度与织物表面纹理起绉程度的相关性很好，起绉程度与扭曲度基本呈线性变化。因此扭曲度可以很好地表征绉织物表面纹理的起绉程度。

7. 峰度

峰度也可用来表征绉织物表面的起伏程度。峰度的计算式与扭曲度类似：

$$K = \frac{1}{N^2} \sum_{i=1}^{\sqrt{N}} \sum_{j=1}^{\sqrt{N}} \left[z(i,j) - \overline{z(i,j)} \right]^4 / \sigma^3 \tag{5-28}$$

式中：K 为峰度；σ 为粗糙度；N^2 为纹理区域的高度点总数。

峰度是通过计算表面高度差的四阶矩来完成，峰度可以较好地反映绉织物表面纹理的起绉程度。起绉程度越大则峰度值较高，反之则较小。

8. 平均偏移量

从统计学角度出发，绉织物表面的起绉代表了数值的偏移，偏移的大小决定了绉织物表面不同的起伏程度。川端（Kawabata）和尼瓦（Niwa）等提出采用平均偏移量表征织物的起绉度，计算表达式为：

$$R_a = \frac{1}{N^2} \sum_{i=1}^{N} \sum_{j=1}^{N} \left[\left| z(i,j) - \overline{z(i,j)} \right| \right] \tag{5-29}$$

式中：R_a 为平均偏移量；$z(i,j)$ 为织物表面任一点的高度值；$\overline{z(i,j)}$ 为表面高度的平均值；N^2

为纹理图像的高度点总数。

对数平均偏移量与绒织物表面纹理的起绒程度基本呈线性关系，且随着纹理起绒程度的增加，平均偏移量也逐渐减小，可用来表征绒织物表面纹理的起绒程度。

9. 尖锐度

绒织物表面纹理的切面轮廓线是一条由许多类似波峰波谷组成的曲线，如图 5-5 所示。

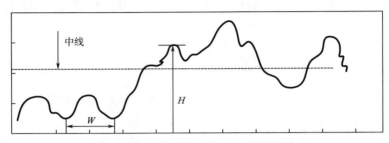

图 5-5　绒织物表面纹理切面轮廓线

波峰代表曲线的顶点，而波谷代表曲线的最底部，以高度的平均值作为中线。从图 5-5 中可知，波峰的高度为 H，H 的基准线为底线；而波谷的宽度为 W，它是相邻两个波谷之间的距离。波峰高度与波谷宽度的比值即为尖锐度，对于整个绒织物表面，尖锐度的表达式为：

$$尖锐度 = \sum_{i=1}^{M} \sum_{j=1}^{M} \frac{H_{i,j}}{W_{i,j}} \tag{5-30}$$

式中：M 代表横向（或纵向）列数。

从式（5-30）可以看出，纹理起绒线方向分横向和纵向两种，先计算所有横向起绒线的尖锐度之和，再计算所有纵向起绒线的尖锐度之和，两者相加即为总尖锐度。

尖锐度与绒织物表面纹理起绒程度有着很好的线性关系，可以作为表征绒织物表面纹理的起绒程度的结构参数。

第三节　织物表面纹理与视觉效应

5-3

织物具有独特的凹凸感、条纹感、光泽感、层次感、图案感和仿真感等视觉效应，织物中存在的绒、条格、提花、毛绒、纱圈、纱节、杂色等特征形成或细腻光洁或粗犷厚实或平整素雅或色光闪烁等视觉风格，表现出凹凸性、纹样、条纹、光泽等外观特征，影响审美功能。织物审美涵盖材质美、纹理美、色彩美、花型美、手感风格美、舒适美、款式美等，审美感觉主要来自织物表面的纹理、形貌、颜色、光泽等，与表面纹理密切相关。织物表面纹理由材料纹理、组织纹理、加工工艺或后整理纹理组成。

一、基于材料的视觉效应与纹理

基于材料的视觉效应与纹理，是指织物表面材料特殊的结构与性能对织物外观风格产生的特殊视觉效果。

（一）基于纤维种类的视觉效应

以不同种类纤维为原料的织物具有不同的视觉效果，如棉织物外观朴素细密、光洁、精致；麻织物表面常有参差不齐的粗节纱和大肚纱，粗放、自然；丝织物外观明亮、均匀、层次丰富、颜色鲜艳；毛织物外观光泽自然柔和、颜色莹润、丰满厚实，毛面表面毛绒，织纹模糊，纹面表面光洁、织纹清晰。不同的纤维材料会表现出不同的物理性质，涉及织物外观，如光泽、膨松度（卷曲性能、刚性等）以及最直接的纤维纵横截面形态等性质。

（二）基于纱线规格的视觉效应

采用长丝制备的纱线表面光洁、顺滑，采用短纤维制备的纱线光泽柔暗，表面有毛羽。不同纤维通过复合或混纺制备的双组分或多组分纱线，可以利用不同纤维收缩性能差异来实现纱线差异化的蓬松性和回弹性，也可以利用纤维差异化的染色性使纱线产生混色、多彩效果。纱线中纤维的不同混合比例与混合形式可以产生不同的外观效果。由于丝织物的经纬以类长丝纱为主要材料，不同于毛织物中精纺呢绒相对纹理清晰，而粗纺呢绒一般纹理较为模糊的特点，真丝绸织物的主要纹理体现桑蚕丝所表现的风格，其基本纹理风格特点是细腻光洁、平滑无毛羽、柔顺舒适、光泽。

丰富多变的纤维原料，再配以各种变化的纱线加工制作及后整理加工，可以开发出各种各样质地纹理风貌的织物。例如，有光长丝纤维用于强调光泽的产品中，而无光的短纤维制品则光泽柔和而多茸；纤度均匀度较差的纤维，可用于粗犷外观风格的产品中；超细纤维制品可通过后整理产生桃皮绒等的绒面质地效果；收缩性能差异较大的原料可用来开发具有浮雕效果的高花产品，等等。

根据加捻捻度、捻向及股线的合股根数等的不同，纱线分为无捻单丝、低捻线、中捻线、绉线、同向复捻线、异向复捻线等种类，在外观光泽、手感蓬松度、收缩回弹性等方面特色不同，把这些变化搭配使用到同一织物中将产生不同肌理效应。例如，同是平纹织物，纱线细度、密度相同，若经纬纱捻向相同则织物光泽柔和、表面平坦，若经纬纱捻向不同则织物质地光亮、结构膨松。强捻的绉线具有强烈回弹能力，能使织物产生"绉"的纹理效应。

花式纱线是指各种不同形状、色彩和结构具有很强装饰性的纱线。花色纱线是花式纱线的一种，有异色股线、条染异色纱线、分段异色纱线、分节异色纱线、金银夹花线（又称闪烁线）等种类；异结构单纱合股或采用特殊加工工艺的花式纱线有片节线、波浪线、结子线、纱环线、包缠线、毛圈线、辫子线、断丝雪尼尔线、静电植绒线等种类。不规则的彩芯彩点给织物带来丰富和多变的细腻色彩效果；结子线、疙瘩纱多有仿麻特征；断纱线色彩搭配，形成不规则和参差不齐的断丝光泽风格，使织物别具一格；雪尼尔纱线织物，具有丝绒般的外观效果和柔软舒适的手感；渐变色纱可使织物的色彩纹理发生自然过渡和渐变。花式线的特殊外形和特殊花色效应丰富了织物的纹理变化，产生含蓄而多姿多彩的纹理，呈现星罗棋布、风格粗犷的质地效应，花纹随意活络，织物色泽层次丰富，布面纹理感强。

（三） 基于织物配置的视觉效应

织物根据经纬选配形式大致可分为纯织物和交织物。经纬纱仅采用一种纤维为原料的织物为纯织物。纯织物可以通过纱线线体组合配置的变化形成不同纹理效应。

（1） 经纬纱线密度相同或相近的机织物较为平坦、顺滑，机织物经纬纱一般采用经细、纬粗的配置，多呈现出横向纹理，如丝绸产品中的葛类品种；经纬纱线密度差异较大会使织物具有显著的单向条纹效果，经纱或纬纱单系统配置线密度差异较大的纱线时，织物会产生正反面异波面效应；粗细纱线多根周期单向交错排列，可以产生条效应；粗细纱线的多根周期双向排列，可以产生格效应。

（2） 不同色彩纱线在经纬向的配置上可以有混（闪）色、彩条、彩格、配色模纹等效应。

（3） 不同捻向的强捻线具有向不同方向绉缩的特性。单系统纱线采用单一捻向强捻纱的织物会单方向强烈绉缩产生水波纹，如丝绸产品顺纡绉；单系统纱线采用不同捻向强捻纱小比例排列（如 1S1Z、2S2Z 排列）的织物具有较为均匀的绉缩效果；经纬双系统纱采用不同捻向强捻线小比例排列（如 1S1Z、2S2Z 排列）的织物具有强烈绉缩效果，如丝绸产品乔其绉；单系统或双系统纱采用不同捻向中、强捻纱大比例排列（如 8S8Z 排列）的织物具有隐约绉缩条或格纹。

经纬纱纤维原料不同的织物为交织物或混纺织物。交（混纺）织物有经纱单一原料纱线、纬纱单一原料纱线的单异交织物和经纬均采用多种原料纱线的混异交织物。

二、基于组织的视觉效应与纹理

（一） 基本组织的视觉效应

织物组织效应是指织物组织因其特殊的交织规律而对织物外观风格产生的特殊视觉效果。平纹织物有均匀分布的微小颗粒点；斜纹织物有明显的斜向条纹效果；缎纹织物有大面积的反光效果；绉组织织物有均匀暗淡的光泽；凸条组织其织物有明显的凹凸条纹；透孔组织织物有点状无反光的黑孔；网目组织又称蛛网组织，有特殊的经或纬浮长线作屈曲移动的网络状图案；蜂巢组织则有蜂窝凹凸效果等。

（二） 纱线配置的视觉效应

织物组织相同时，由于配置的经纬纱型和经纬密度的不同，也会形成不同的织物结构，产生不同的织物纹理效应。以平纹织物为例，根据织物总紧度 $E_z = E_j + E_w - (E_j \times E_w)/100$，平纹织物可分为挺括型（如绢类丝织物）、平坦型（如纺类丝织物）、稀松型（如绡类丝织物）。挺括型织物中，当 E_j 或 E_w 为超大值（>100%），又可产生高紧密度的饱满粒子效应。以斜纹组织织物为例，由于交织紧密度的差异及经纬交织密度比的差异，织物斜向纹路分别有平直型（如毛织品中的哔叽）、陡直型（如毛织品中的华达呢）、凸立型（如毛织品中的马裤呢）等。

已有的织物几何结构理论都是在圆形截面纱线形态或者某一固定截面形态下进行的讨论，但是纱线实质为黏弹体，受外界作用发生变形是相互牵制的，如果织物中纱线截面受左右侧方向的挤压能致使截面横径减小，但同时纱线截面的纵径会增大；相反如果纱线截面受上下侧方向的挤压能致使截面纵径减小，但同时纱线截面横径就会增大（纱线压扁状态示意图如图2-3所示）。因此，纱线截面形态对织物平面视觉效应就存在两种影响：

（1）织物平面方向显现的是纱线横径的特征，而纱线的横径值大小影响着织物的平面视觉效果。采用相同纱线在不同交织紧密度下以相同组织制成织物，由于组织纹理相同，如果用固定、统一截面理论来分析，所有织物平面纱线横径都相同，交织点的大小也完全相同，织物覆盖系数完全取决于交织密度。但实际上纱线截面会变形，横径会随交织密度变化而变化，交织点的大小就存在变化，织物覆盖状况就存在变数。

（2）织物中纱线纵径的变化也会导致与其交织的另一系统纱线产生拱起或凹陷的变化，从而使织物平面显现不同的视觉特征。

因此纱线在织物中的截面形态问题就是织物的截面视觉效应问题，研究纱线在织物中的截面形态问题对织物平面设计效应创新设计有着重要的意义。

三、加工工艺与后整理对纹理的影响

（一）加工工艺对纹理的影响

加工工艺纹理是指不同的生产工艺使织物产生的外观效果，主要涉及花式纱线织物、织花织物、印花织物、烂花织物、绣花织物、轧花织物、剪花织物等。

织花织物是指织物织制时，纱线按不同的运动规律交织形成花纹图案的纺织品。织花是纱线色彩和运动规律的配合，显现的图案花纹是交错的、立体的、多层次的。比如毛织物的条形图案、山形图案、菱形图案等，丝绸织物和部分棉织物的大提花图案等。

印花织物是经颜料或染料印花的织物。从比较复杂的或循环较大的大花图案到简单或小循环的花型图案，从多色配色图案到单色图案，从白底图案到色底图案等，有多种多样的印花织物。其他起花工艺织物如烂花织物，有时隐时现光泽，是用烂花整理工艺将涤棉混纺织物或涤棉包芯纱织物花纹中的棉纤维去除，显现出透明花纹图案的纺织织物。烂花织物中还有印花烂花、色织烂花、丝绒烂花等。绣花织物是极富艺术性的图案织物，视觉风格特殊。轧花织物是将织成的织物经轧花工艺处理，形成表面具有凹凸效果的花纹图案的织物。轧花织物具有浮雕风格的立体效应和特别的光泽效果。

（二）后整理对纹理的影响

后整理纹理是指后道整理使织物产生的外观效果，织物通过后道整理，可产生多种与原织物迥然相异的外观纹理风格，这些整理主要有：

（1）光面整理。通过烧毛、轧光等整理工艺，使织物表面平整、滑爽乃至光亮。

（2）绒面整理。通过磨绒、拉毛、植绒等整理工艺，使织物表面形成一层细密毛绒。毛绒通过进一步整理工艺，又可生成顺绒、立绒、波状绒、球珠状绒等。

（3）起绉整理。通过超喂、轧泡等整理工艺，使织物表面凸凹不平。

（4）添加整理。如涂层整理、静电植绒整理工艺，可使织物具有仿皮革、仿麂皮的纹理效果。

四、织物的平整性问题

（一）平面平整性与截面平整性

织物平整性是织物视觉效应中的重要内容，可以评价织物外观的光滑平整程度。织物几何结构的相关理论认为，织物中经纬纱各自相互平行、经纬纱之间相互垂直、织物任意区域平面上的几何结构均匀一致。但在实际织物中，不同纱线甚至同一根纱线的不同区段上均存在受力不匀，这种受力不匀导致纱线在织物中发生不规则形变，使织物表面变得不平整。织物平整性是对织物不平整程度的概括，形式上表现为滑移和起拱两种。滑移是指纱线在织物平面方向上的位移，表现为同系统纱错位不平行，可用织物平面方向上的变形程度（平面平整性）表征，理想状态下某一系统纱线除了由于交织关系而呈屈曲几何结构外，相互之间完全为平行直线状，但如果其中某一根（或多根）纱线在某一处（或多处）发生受力不匀就会发生侧向滑移，破坏平面平整性，如图 5-6（a）所示。起拱是指纱线在织物厚度方向上的位移，可用厚度方向上的凹凸程度（截面平整性）衡量，如图 5-6（b）所示。

（a）织物平面变形（丝线滑移）

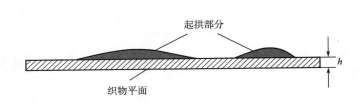

（b）织物起拱变形

图 5-6　织物平整性变异现象

织物平面方向上的变形程度与织物厚度方向上的凹凸程度是相互影响的，平面变形意味着纱线在织物上发生滑移，滑移的不同向性和不均匀性使纱线的曲直分布不匀，厚度发生变化。一般情况下，织物的平面平整性和截面平整性是同时存在的，某些织物截面平整状况较好，表现为织物平面平整状况良好，即经（或纬纱）在织物中的排列状况均匀一致，同系统纱线间在不同区段也没有出现相互滑移。

（二）织物表面不平的原因

织物表面不平整是织物中纱线受力不匀造成的，而造成纱线受力不匀的原因可以从材料因素、设计因素和加工因素三方面入手。

（1）材料因素。采用不同材质或不同工艺制备的纱线所形成的织物具有不同的外观效果和表面平整性。长丝织物表面光滑、细致，短纤维织物有毛绒、布面比较丰满；精梳棉纱与普梳棉纱、精纺毛纱与粗纺毛纱相比，纱中纤维更加平行顺直，条干均匀，纱线光洁，纱线细度细，所织织物表面更加细洁和平整；强捻短纤纱和长丝纱织成的织物因捻缩差异，其表面会呈现不规则的绉效应；另外，纱线的各种不匀，包括原料成分不匀、线密度不匀、捻度分布不匀等，也会造成织物表面的不平整。

（2）设计因素。设计中原料、结构配置（纱线结构、组织结构、交织紧密度）的不合理会导致纱线发生滑移或起拱，使织物平整性受到影响。

（3）加工因素。加工因素包括织造加工偶发因素等，织造加工过程中的偶发因素会造成织物不平整，如准备、织造和后处理中的张力不匀，织机振动和环境突变等。

（三）织物平整性的意义

织物平整性直接决定织物的外观品质。除了某些夸张的织物纱线滑移或起拱是人为设计的结果，如绉类织物、高花织物、透孔织物、网目织物、泡泡纱织物等，就一般织物而言，织物中的纱线滑移或织物起拱会影响织物的形态、光泽和手感，构成织物的外观疵点。纱线不平直排列、织物非周期性的凹凸显然破坏了织物经纬交织纹理，产生诸如平纹织物颗粒效应不均匀、斜纹织物斜向纹路不顺畅、缎纹织物不滑爽等纹理疵点；同时，纱线无规则的扭曲或凹凸布置会使织物呈漫反射状而失去应有光泽，严重的纱线不规则分布使织物不同区域的纤维材料聚集程度存在很大差异，导致染色后出现色泽深浅差异等问题。

织物平整性间接影响织物内在性能。纱线不规则扭曲或凹凸使织物内部力学性能出现差异，导致织物的拉伸、剪切、压缩性能不均匀，使织物的顶裂、撕裂、弹性等服用性能受到影响。此外，织物起拱变异会导致沿径向（纵、横、斜向）的凸起点分布无规律，且这些凸起点纹路的高低不一致，凹凸周期也不一致，织物表面在与其他织物或其他物体接触时凸起点变形，不同压力下变形程度不同，影响彼此之间的摩擦因数。

因此，对织物平整性研究一是为了找出织物平整性与相关影响因素的理论关系，为开发高品质织物提供纺织工艺设计理论依据；二是探索导致纱线在织物中发生滑移和起拱的原因及其影响程度，从纱线加工及其选配、织造前络并捻整定工艺掌握、织造经纱张力调节、织物组织合理配置等各个关键环节严格把关，将纱线滑移和起拱现象控制在一定范围内，达到提高产品品质、等次的目标；三是可以依据织物中纱线滑移和起拱理论，开发特殊外观风格效果的纺织新产品。

第四节　实际织物的表面纹理

5-4

常规单一组织的纹理大致可分为点状纹、线状纹、光面纹、凹凸立体纹、孔状纹及圈绒纹等几种。

（1）点状纹。指平纹、变化平纹、斜方平等点状纹理。

（2）线状纹。有纵纹、横纹、斜纹、折纹、曲线纹及花式线状纹等。

（3）光面纹。缎纹由于为单向纱线效果，构成光面纹；有些织纹由不同组织以块面组合，如棋盘格形式，也是一种面纹效应。

（4）凹凸立体纹。由绉纹、凸条、蜂巢等组织使织物形成立体凹凸结构的纹路。

（5）孔状纹。纱罗、透孔、网目等组织可使织物形成透孔状纹。

（6）圈绒纹。指起绒组织、毛巾组织等。

一、点状纹理织物

点状纹理（点纹）是织物中常见的表面结构，点纹的形状丰富多变，一般有圆形、菱形、方形等几何形和各种不规则形，有平面状点和立体状点，有规则分布、不规则分布和用点纹组成图案花纹的分布等。

点纹织物适合应用于各种服装面料和装饰织物。织物上的点状纹理可以采用印花手段获取，也可运用变化织物结构要素的方式得到。

（一）浮长型点纹与府绸

浮长型点纹一般在较紧密的地部组织上通过镶嵌经浮长或纬浮长的方式实现，地部采用平纹或平纹变化组织，由多根浮长拼成浮长块面而形成点。根据组织方式可将点纹分为规则型和非规则型两种。规则型点纹就是在平纹织物上用经或纬浮长拼接而成的点纹，其结构相对简单，用多臂织机即可织造；非规则型点纹一般是在平纹变化组织织物上用纬浮长来表现，结构相对复杂，要用提花织机织造。浮长型点纹的形成关键在于使点纹能在织物表面凸显出来，需通过经纬纱颜色、光泽、粗细、密度等不同形式的组合来实现。

当织物的经纬纱细度比较接近或相等时，浮长处起伏不明显，可通过光泽对比或颜色配合来表现点纹。用光泽对比表现点纹时，所用有浮长的经（或纬）组织点要比无浮长的纬（或经）组织点的光泽亮，使织物表面呈现亮点，比如经纱用 1/55.5dtex 有光涤纶丝，纬纱用 1/83.3dtex 230 捻/10cm S 半光细旦涤纶丝，可使织物借助经浮长的光泽表现出点纹，在光照下形成星点闪烁的感觉；当用颜色表现点纹时，在色织物中所用经纬纱的颜色要有适度的对比差异，在染色织物中经纬纱要有差异的吸色性能，这样可使点纹效果较为明显；当经纬纱的光泽接近时，应注意用纱线的粗细来表现点纹，即通过有浮长的经（或纬）纱比无浮长的纬（或经）纱粗的配置实现，较粗纱线的浮长可高高地凸出于织物表面，形成点纹。

府绸类织物是传统纺织品之一，由于其特殊的织物密度配置形成典型点纹特征，其组织可以是平纹组织，也可以提花组织，织物存在高度紧密平整的结构特征，当经纬特数相等时经纬紧度比值一般在 1.8~2.2：1，当经纬纱线密度不同时经纬纱紧度比以 1.6~2：1 为宜。这种结构特征使织物中的经浮点被挤压成具有一定内角的菱形状颗粒而凸起于织物表面，呈现匀称而规则排列的菱形颗粒效应，这也是府绸织物的评价关键。当然，饱满的菱形颗粒、清晰的布纹和"似绸"的感觉还需要纱线特数配置来保障。菱形颗粒凸起程度与经纬纱屈曲程度有关，当经纱屈曲波高大而纬纱屈曲波高小时，则菱形颗粒凸出明显；当经纱细于纬纱时，由于经纱屈曲波高较大，凸出的颗粒也较为明显，横向纹路清晰，但因纬纱较粗，所以织物手感与光泽较差；当经纬特数相等时，经纱屈曲波高随之降低，菱形颗粒虽然明显，但不够凸出，而手感和光泽均有所改善；当经纱粗于纬纱时，由于纬纱直径较小，经纱屈曲波高减小，颗粒平坦细密而不够凸出，横向纹路不清晰，但手感与光泽均较好，并且织物的厚度减小，显得薄而柔软，丝绸感强。

府绸颗粒的形态直接影响府绸风格，特别是菱形颗粒的内角（β）。菱形颗粒的内角的大小与经纬纱密度直接相关，如果织物的经密 P_j 与纬密 P_w 已知，可直接计算菱形颗粒的内角，即 $tg\beta = P_j/P_w$，一般府绸类织物的 β 角为 62°~67°。府绸织物除应具有菱形颗粒效应外，还要求其质地细洁、布面光洁匀整、手感柔软、挺滑、色泽莹净、光滑如绸等特性，所以产品有如下要求：

布面颗粒度：经向凸起的菱形颗粒应饱满清晰，排列匀整，形成府绸的特有效应。

布面条干：经纬纱条干均匀度要求高没有显著的粗细节，否则达不到"府绸效应"。

布面光洁度：棉结杂质小而少，布面不起毛，均匀洁净富有光泽。

布面匀整度：经纬纱排列匀整，组织结构平衡，布面无条影、树皮皱状、筘路方眼等经纬向稀密情况。

手感：薄爽、柔软、弹性、抗皱性、刚度、悬垂性好，光滑似绸。

布边：平伏整齐、无凹凸松紧现象。

用作服装面料时织物浮长应控制在 0.2cm 以下，浮长过长，穿用过程中容易勾丝；用于装饰用途时点纹的浮长可适当长一点。因此织物设计时，应对织物中实际出现的浮长进行控制，控制方法可根据密度计算。

（二）局部变化组织的颗粒状点纹

变化组织的颗粒状点纹是通过在简单组织的基础上嵌入平纹变化组织（经重平组织、纬重平组织、方平组织）来实现。平纹织物上同时嵌入经重平和纬重平组织，平纹组织部分细腻平整，重平组织区数根经纱或数根纬纱聚集在一起，使纱线高出平纹织物表面，出现颗粒状点纹的外观效果。这种点纹靠重平组织来形成，点纹效果的好坏由重平组织中经或纬的重叠根数来决定。织物上的点纹以接近方形为妙，需要通过控制重叠的经纱或纬纱根数来实现，而具体根数要根据织物的经纬密度来定。计算时应提前确定点的长度与宽度，则每一个点的重平组织区的经、纬线数为：

$$纬线根数 = 点的经向长度 \times 纬密$$
$$经线根数 = 点的纬向宽度 \times 经密$$

为使点纹凸出，若点纹处是经重平组织，则纬纱应比经纱粗；若点纹处是纬重平组织，则经纱最好比纬纱粗，常规的经纬细度配置以经细纬粗居多，因此采用前一种形式的点为好。由于重平组织处也以浮长的形式存在，为了防止织物在使用过程中勾丝，点的长度与宽度同样要注意控制在 0.2cm 以下。

（三）不同织物组织块面相嵌的点纹

不同织物组织块面相嵌的点纹织物比较平整，点纹与地组织基本在同一平面内，一般以光泽来表现点纹，用暗地亮点的配合形式实现，即点部光泽较明亮，地部较暗。因此设计重点在于点、地组织和经纬组合的搭配。

当经纱与纬纱的光泽接近或相同时，则要采用不同浮长的组织来区分点与地，应为地组织浮长短，点纹组织浮长长，如地组织为平纹，点纹为五枚缎纹。当经纬纱都是长丝且光泽相同时，可利用纱线加捻与不加捻的光泽差异及经面或纬面组织的合理搭配，呈现亮点暗地效果。这种做法一般是将纬丝加中捻或强捻，而经丝不加捻，使经丝光泽比纬丝光泽亮，同时给点纹配以经面组织展现亮经，地部采用纬面组织呈现暗地，从而达到点、地分明的效果。

当采用不同浮长的组织来凸显点纹与地部时，每根经纱的织缩率应相近。当织物上的点纹在经纱方向分布均匀时，各根经纱的织缩率不会产生较大差异，可以顺利织造；而当点纹分布在经纱方向不够均匀时，要考虑经纱织缩的均匀化问题。点组织与地组织的浮长差异不能太大，若经纱的伸长率较大，点组织与地组织的织缩率差异要小于2.5%，经纱伸长率较小时这个差异值应更小；若减小点纹在经纱方向上的分布密度，即使点组织与地组织的浮长差异较大，点与点之间被一定距离的地组织隔开，虽然每织造一个点在其点部中的经纱会产生多于地部经纱的余量，但经过到达后一个点之间的地组织的织造，前一个点产生的经纱余量已被织造地组织时分担，与其他经纱的织缩率趋向一致，达成顺利织造。

（四）双层组织型点纹

双层组织型点纹中织物地部与点部凹凸明显，立体感强，可用两种组织配置实现。

地部为表里接结双层组织，点部为无接结双层组织。地部双层组织由于有表经与里纬或表纬与里经交织，两层织物紧密相贴，表观厚度减小且外观较平伏；点纹区上下两层织物之间无牵制，彼此分开，表观厚度比接结组织处厚。当然这种结构的织物并不是仅依靠厚度差来表现点部，因为这种厚度差并不十分显眼，点纹主要通过双层织物区的表层织物明显凸起实现，呈现泡状效果，与地部形成显著的高度差，因此这种形式的点纹中织物地与点凹凸起伏度大。双层组织点纹织物中点、地要有理想的凹凸起伏外观效果，还需要借助表里层经纬组合的配合来实现。练染过程中点纹区表里两层织物需要有较大的收缩率差异，里层织物收缩率大，表层织物收缩率小。练染结束后，表里两层织物产生一定的面积差，里层面积小，表层面积大，从而使表层织物拱起，形成泡状点纹。要形成这种泡纹效果，表里层织物的经纬配置一般有两种：①表里层织物经纬原料的缩率相同或接近时，表经表纬采用无捻或弱捻丝，里经里纬为强捻丝，利用加捻与不加捻的收缩能力差异使表层织物拱起，形成泡纹；②表经表纬用低缩率丝，里经里纬用高缩率丝，利用原料缩率差异使表层织物拱起，形成泡纹。

点与地采用表里换层双层组织，两层纱的缩率可以相同，即表经表纬、里经里纬原料的缩率可相同，但颜色或光泽应有差异，地部用光泽较暗的原料织表层，点部用光泽亮的原料织表层，使地部与点部有明显的颜色或光泽区别。

与前面几种点纹织物相比，双层组织型点纹织物组织结构较复杂，生产难度较大，对经纬组合的配备要求也较高，因此双层组织型点纹一般用于比较高档的产品。

以组织结构来表现点纹的同时，还需要经纬纱的粗细、光泽明暗、缩率大小等的配合，这样才能使点纹效果更为明显。

二、线型纹理织物

线型纹理也是织物中常见的表面结构，其基本特征是织物表面存在明显的线型纹理。

（一）斜卡织物的线型纹理

最典型的线型纹理织物是斜卡类织物，这类织物中的纱线浮长规律性地连续凸显于其织物表面。斜卡类织物的品种较多，传统上分为斜纹布、哔叽、华达呢与卡其等，其斜纹线条纹路清晰，布面平整光洁，斜纹线条匀（斜纹线条之间要等距）、深（经纬纱屈曲波高比值大）、直（经纱浮长相等）。

斜卡类织物的组织结构有 2/1、2/2、3/1 等，表现出浮长的差异，在其他条件相同的情况下浮点较长的织物其纹路比浮点短的显得粗壮而明显，这是由织物表面浮长线条不同倾角而引起织物光泽差异所造成，织物光泽随着斜纹线倾角的减小而增加。斜纹线倾角与经纬向飞数（ S_j、S_w ）和经纬纱密度有关。在一个完全组织内，斜纹的经纬纱根数 $R \geqslant 3$，$S_j = S_w = \pm 1$，保持纱线捻度一定，斜卡类织物正面斜纹线条倾角可按下式计算：

$$\alpha = \text{arctg}\left(\frac{P_j}{P_w} \cdot \frac{S_j}{S_w}\right) \tag{5-31}$$

由上式可见，当经纬纱密度相同，飞数 $S = 1$ 时，斜纹线条的倾角 α 为 45°。反之，经纬纱密度不同时，虽然 $S_j = S_w$，但倾斜角将发生变化。

为了达到斜纹卡其类织物的外观效应，在织物设计时取：经纬纱屈曲波高比值要大，即 h_j/h_w 比值大，经纱在波谷处与纬纱接触角越小越好，如成直角则最为理想；纬纱屈曲波高要小，各段的经纱屈曲波高要稳定一致，当 $h_w = 0$ 且 h_j 为常数时，布面呈水平状态；波峰与波谷交点处要清晰，无毛羽；经纱浮长要相等，连接为相邻浮长的顶点或端点时呈一直线，各根经纱浮长宽度应一致。可见斜卡类织物的外观效果与经纬纱屈曲波高有着密切关系。经纬纱的屈曲波高与经纬纱特数、密度、缩率等有关。

经纬纱特数和织物中经纬密度是织物结构的基础。当经纬纱密度和经纱特数相同时，卡其类织物经纱屈曲波高随着纬纱特数的增加而增加，纬纱屈曲波高则随之降低，经纬纱屈曲波高的比值是随纬纱特数的降低而减小，随纬纱特数的增加而增加。所以欲使纹路突出，应从改进纬纱着手，设计时经纱特数小于纬纱特数，经纱屈曲大，波峰高，吸收光泽均匀，可达到"深"的效果，但也不能单纯地追求纹路突出，宽度也应一致，否则会产生极光现象，有损斜纹组织的外观特点。一般中特或中支卡其织物，其经纬纱特数的比值为 1 : (1~1.3) 时，纹路清晰度最好。实践表明，卡其织物的经向紧度不宜超过 100%，经向紧度与纬向紧度的比值为 (1.6~1.8) : 1 时，纹路清晰，光泽亦佳，也可改善织物的耐磨牢度。此外，选择合理的工艺参数改善张力与排列均匀度，使每根纱线浮长相等，浮点分布均匀，则可同时达到"直"与"匀"的效果。

（二）丝织物中纬纱曲线轨迹布置

一般机织物同系统纱线间相互平行的直线，即径向形态呈直线状，如图 5-7（a）所示。常规织物平面中出现的经、纬纱不平直现象，被视作品质疵点，比如纬斜、经曲等，但某些特殊的设计与加工方法能使织物的经纬线形成"夸张"的曲（折）线轨迹，使织物产生特殊的交织纹理。

纱线于平面方向上发生分区段不同方位或不同程度的侧向移动，形成纱线平面曲线轨迹布置。纱线呈曲线轨迹布置的机织物可以分为三类：①经纱呈曲线、纬纱呈直线的经曲织物，如图 5-7（b）所示；②经纱呈直线、纬纱呈曲线的纬曲织物，如图 5-7（c）所示；③经纬纱线均为曲线的全曲织物，如图 5-7（d）所示。

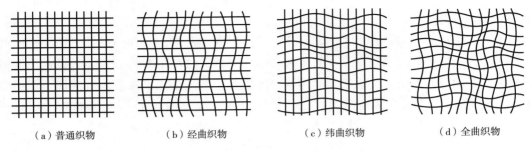

　　　　（a）普通织物　　　　　　　（b）经曲织物　　　　　　（c）纬曲织物　　　　　　（d）全曲织物

图 5-7　织物纱线平面轨迹布置类型

　　纱线曲折轨迹布置是织物的一种特殊视觉风格，由于织物中纱线呈较为夸张的曲线轨迹，使产品具有似波浪起伏、如杨柳摇曳的强烈动感视觉效果，风格独特，装饰效果极强，可用作高档女式晚装、礼服面料，也可用作服饰领带、围巾、披肩等。

三、面型纹理织物

　　织物中常见的表面结构还包括面型纹理，组织结构型面型纹理主要是指织物表面为光滑连续的平面，贡缎类织物具有最典型的面型纹理，其显著特征就是纱线浮长连续凸显于织物表面而形成浮长平面。

　　贡缎织物是缎纹组织，一个完全组织中任何一根经纱或纬纱仅有一个组织点，因而经纱或纬纱浮于织物表面的长度大，组织点不明显，相邻的两根经纱和纬纱的组织点不连续而跳过几根。贡缎织物的风格特征是质地柔软、平整光滑、光泽悦目、富有弹性，具有强烈的丝绸感，织物经过加工整理后，更具有"软、滑、光、弹"的特征。

　　用不同完全组织与不同飞数所织出的缎纹织物，凡组织点配置均匀的，结构都较完善，织物表面光滑、匀净，且织物的服用性能也有提高。从加工效果看，纬向八枚五飞和五枚三飞棉贡缎纹织物，纹路方向和反手纬纱的捻向（Z）一致，织物表面镜面反射好，富有光泽且柔软；而八枚三飞与五枚二飞棉贡缎纹织物，纹路方向和反手纬纱的捻向不一致，织物表面镜面反射差，布面柔软程度虽相同但光泽暗淡。

　　决定经面缎纹的经密和纬面缎纹的纬密时，应考虑织物表面的匀整和光泽，比较理想的直贡织物中经纱与经纱恰好密接，横贡织物中纬纱与纬纱也恰好密接，这样的纱线排列在织物表面上既不拥挤又无明显间隙，镜面反射较强，布面匀整，富有光泽，且质地柔软。如超出上述密度，经纱或纬纱就会产生挤轧，布身变厚，布面不均，手感粗硬；如低于上述密度，则经纱或纬纱之间不易保持平行间距，同样影响织物的外观与服用性能。因此贡缎织物的密度配置还应与纱线特数配合，织物经纬向紧度一般为：直贡的经向或横贡的纬向紧度在70%~95%，直贡的纬向或横贡的经向紧度在45%~60%。

四、凹凸浮雕型纹理织物

　　织物中常见的表面结构还有凹凸浮雕纹理，凹凸浮雕效应具有很强的趣味性、装饰性、高科技性，凹凸与浮雕既有区别又有联系，凹凸效应来自织物组织形成的凹凸纹理，而浮雕效应是通过织物设计的各种巧妙手段使织物表面呈现出凹凸立体感极强的浮雕花纹。凹凸纹理符合当代人强调织物传递视觉和触觉的情感体验及对织物自然、精致、优雅风格的追求，而浮雕效应的设计灵感来源于建筑领域的浮雕花纹图案，增强了织物的服用效应、技术含量和附加值，是理想的室内装饰面料。

（一）凹凸浮雕效应的形成

浮雕效应织物通常为重经重纬、双层多层、毛巾起绒等复杂组织构成的提花织物，采用提花机织造。织物中浮雕效应的形成主要有以下几种方法：

使用不同材质加上不同粗细的经纬纱线，利用其收缩差异性可形成浮雕效应，常见的高收缩性材质有氨纶丝、锦纶丝、高弹涤纶丝等。采用棉/氨纶（97/3）织制弹力棉织物，可通过浮松组织细致的小方格形肌理形成凹凸纹；用真丝/莱卡（95/5）交织，织成弹力真丝织物，由于真丝与莱卡收缩率的显著差异使织物呈现出明显的格状泡绉浮雕效应；用 Richcell/氨纶（90/10）交织的弹力改性黏胶织物、棉/锦交织的棉织物，利用其中氨纶丝（或锦纶丝）做里经（或里纬），高弹性回复性使高湿模量的黏胶丝（或棉纱）构成表面花纹的突起，形成浮雕立体感。

利用加强捻或前处理预缩的方法，或两个经轴织造时上机张力的显著差异，使相同材质的经纬纱收缩性产生显著差异而形成浮雕效应。

在织物的表里纬或表里经或表里层之间加入粗支人造棉纱、棉纱或粗支腈纶毛纱、羊毛等材质作为填芯经或填芯纬，可使织物丰厚而具有弹性，使花纹处呈现永久性的隆起；用羊毛/真丝/氨纶（47.5/43.5/9）交织的弹力丝毛双层织物，细氨纶丝用作里层组织，其高度的收缩性使羊毛与真丝交织的表层组织突起，再利用羊毛与真丝粗细的明显差异及经纬重平、斜纹等变化组织的配合，可使织物表面呈现出丰富的凹凸肌理织纹；粘胶丝与锦纶丝交织的经高花织物，锦纶丝作为里经，其高度的收缩性使表经的有光黏胶丝构成花纹突起，产生浮雕感。金星葛是由两组经和三组纬交织而成的色织提花双层织物，一组纬纱（有光黏胶丝）是填芯纬，主要增加织物的厚度和弹性，并使花纹饱满；织物地部运用一组纬纱与表、里两组经纱交织，既起到了接结表、里两层的作用，又使织物表面呈现横条效应；织物花部采用袋织填芯纬结构，形成立体感很强的浮雕高花效应，其表层为桑蚕丝熟经与铝皮纬线交织的8枚经缎，里层为桑蚕丝熟经与有光人造丝纬交织的平纹，中间有一组填芯纬，在光照下呈现金属光泽。

后整理形成浮雕花纹的物理方法如热轧法，用普通涤纶/超细涤纶（24/76）交织的纯涤纶平纹织物，利用涤纶的热塑性能，经轧花涂层后整理，使织物呈现浮雕花纹效应；化学方法如采用化学药剂使纤维膨化并收缩形成浮雕花纹。

凹凸纹毛巾组织可以在织物表面形成凹凸花纹，产生浮雕效应。起绒织物利用毛绒的不同覆盖情况，用剪刀剪剖绒面，修剪出具有立体感的各种浮雕花纹图案。这类织物广泛运用于壁毯、挂毯和地毯等家纺产品中，如100%天丝（Tencel）织物，采用蜂巢组织形成立体感很强的凹凸肌理纹。

（二）凹凸纹理的组织设计

设计具有凹凸浮雕效应的纺织面料，需要综合运用纤维材料性能、纱线结构和织物组织、织造及后处理工艺，其中织物组织是使织物产生凹凸浮雕效应的基本要素。

使织物表面呈现凹凸纹理的常用组织有鸟眼、菱形、花岗石等三原变化组织以及绉、浮松、蜂巢、凸条、凹凸（臂）等联合组织，也可以将几种组织综合运用，加上纱线的不同缩率，织出形状各异的凹凸肌理纹。组织形成凹凸原理与组织中平纹紧区和经纬浮长松区的交替相间配置有关，两区的缩率不同，紧区平整凹下，而松区因浮长线收缩而凸起；两区配置的形状不同，凹凸纹的形状也不同，常有方格纹、菱形纹、蜂巢纹或浮松线纹等。

参考文献

［1］ PEIRCE F T. The geometry of cloth structure ［J］. Journal of the Textile Institute Transactions，1937，28（3）：T45-T96.

［2］ 蔡陞霞. 织物结构与设计 ［M］. 北京：纺织工业出版社，1979.

［3］ 姚穆. 纺织材料学 ［M］. 2 版. 北京：中国纺织出版社，1990.

［4］ 于伟东. 纺织材料学 ［M］. 2 版. 北京：中国纺织出版社，2019.

［5］ 姜怀. 纺织材料学 ［M］. 2 版. 北京：中国纺织出版社，2004.

［6］ 顾平. 织物结构与设计学 ［M］. 上海：东华大学出版社，2004.

［7］ 郑黎俊，乌学东，楼增，等. 表面微细结构制备超疏水表面 ［J］. 科学通报，2004，49（17）：1691-1699.

［8］ LEI H，XIONG M N，XIAO J，et al. Fluorine-free coating with low surface energy and anti-biofouling properties ［J］. Progress in Organic Coatings，2018，124：158-164.

［9］ CHEN M L，OU B L，GUO Y J，et al. Preparation of an environmentally friendly antifouling degradable polyurethane coating material based on medium-length fluorinated diols ［J］. Journal of Macromolecular Science，Part A，2018，55（6）：483-488.

［10］ FENG L，LI S，LI Y，et al. Super-hydrophobic surfaces：From natural to artificial ［J］. Advanced Materials，2002，14（24）：1857-1860.

［11］ SHIBUICHI S，ONDA T，SATOH N，et al. Super water-repellent surfaces resulting from fractal structure ［J］. The Journal of Physical Chemistry，1996，100（50）：19512-19517.

［12］ ONDA T，SHIBUICHI S，SATOH N，et al. Super-water-repellent fractal surfaces ［J］. Langmuir，1996，12（9）：2125-2127.

［13］ BUZIO R，BORAGNO C，BISCARINI F，et al. The contact mechanics of fractal surfaces ［J］. Nature Materials，2003，2：233-236.

［14］ FENG L，SONG Y L，ZHAI J，et al. Creation of a superhydrophobic surface from an amphiphilic polymer ［J］. Angewandte Chemie International Edition，2003，42（7）：800-802.

［15］ 江雷. 从自然到仿生的超疏水纳米界面材料 ［J］. 现代科学仪器，2003（3）：6-10.

［16］ BARTHLOTT W，NEINHUIS C. Purity of the sacred lotus，or escape from contamination in biological surfaces

［J］. Planta, 1997, 202（1）: 1-8.

［17］ PAN A J, CAI R R, ZHANG L Z. Numerical methodology for simulating particle deposition on superhydrophobic surfaces with randomly distributed rough structures ［J］. Applied Surface Science, 2021, 568: 150872.

［18］ SUN R Y, ZHAO J, LI Z, et al. Robust superhydrophobic aluminum alloy surfaces with anti－icing ability, thermostability, and mechanical durability ［J］. Progress in Organic Coatings, 2020, 147: 105745.

［19］ ZHOU J P, ZHU C F, LIANG H B, et al. Preparation of UV－curable low surface energy polyurethane acrylate/fluorinated siloxane resin hybrid coating with enhanced surface and abrasion resistance properties ［J］. Materials, 2020, 13（6）: 1388.

［20］ WANG G F, ZHOU W, ZHOU J, et al. Superhydrophobic silicone rubber surface prepared by direct replication ［J］. Surface Engineering, 2021, 37（3）: 278-287.

［21］ 陈超. 组织结构型点纹织物的形成 ［J］. 丝绸, 2006, 43（7）: 9-11.

［22］ 顾平. 织物的凹凸浮雕效应及其组织设计 ［J］. 四川丝绸, 2008（1）: 13-15.

［23］ M. J. 希克. 纤维和纺织品的表面性能 ［M］. 杨建生, 译. 北京: 纺织工业出版社, 1984.

第六章　织物的表面性能与光泽

织物表面性能包括表面摩擦性能（磨损和变形）、表面光学特性（如色泽特征）、表面传导特性（如对热、湿、声、电的传递）、表面能与表面吸附性能等，研究发现，大部分涉及能量交换、运动及信号传递的物理过程都是依靠表面或者界面实现的。在表面性质中摩擦性质与力学性质最为相关，是织物与其他物体相互运动时在接触表面发生的现象。浸润性质反映织物对液体的亲和性，影响织物的自清洁功能，织物的浸润性取决于织物和液体之间的表面张力及表面能。织物表面粗糙度会引起织物表面热学、光学、电学性质变化，影响与热体或冷体相互接触时的热阻。表面结构的非对称或不均匀，会导致表面玻璃化温度 T_{gs} 和体内玻璃化温度 T_g 的不同，表面结构的松散造成 $T_{gs}<T_g$，起到导热、阻热或减少热损耗等作用。织物表面轮廓的波动和表层结构的致密化，可使光的漫反射和散射加大，镜面反射减少，使光线变得柔和、均匀，较大的表面反射和散射还可减少光对内层物质的作用或损伤，提高抗紫外效果。因此，织物的表面性能影响到织物的各方面。

第一节　织物的摩擦性能

6-1

在纺织品的众多物理性能中，表面摩擦性能是重要内容之一。摩擦性能可以用摩擦系数来表征，也可以用粗糙度或光滑度来表示。

一、织物摩擦性能的意义

摩擦性能直接影响织物的风格和服用性能。人们可以用"软硬、滑糙、紧密或蓬松"等信息来衡量织物的品质优劣，这些信息的获得往往通过手感实现，织物的表面摩擦性能就是影响手感的主要因素之一。

田中西松（T. Nishimatsu）等在测试羊毛、棉和丝织物的手感时认为，手感评定结果与手指运动方向、手指与织物表面之间动摩擦力等因素有关，织物手感中的"光滑度"受动摩擦系数的影响，日本在评价新合成纤维织物手感时也将表面粗糙度和阻滑性作为其参数。在视觉方面，由于织物表面光滑度不同，导致织物对光的反射角不同，从而影响织物的光泽。直接与皮肤接触的织物，如内衣、睡衣等的面料，需要有很好的手感，如果表面粗糙，织物与皮肤间会产生较大摩擦，造成皮肤刺痒感，因此夏季服装、内衣和睡衣面料都选用表面光滑的织物。摩擦是造成织物在使用过程中逐渐磨损直至最后损坏的根源。

通过耐磨性分析发现，织物表面摩擦系数越低耐磨性越好。在后整理中，织物与机械部件或织物与织物在相对运动过程中会发生摩擦，若摩擦阻力小，滑移性大，有利于避免折皱和擦伤。因此，可以在织物表面涂上润滑剂，以降低摩擦系数，提高织物寿命。

通过控制织物的表面摩擦性能可以实现织物的功能化。游泳衣、滑雪服表面加工出类似鲨鱼和海豚的仿生表面，可改善自身润滑、减摩、减阻等性能。游泳衣在与水做相对运动时会产生摩擦阻力，为了使运动员充分发挥水平，对泳衣面料的摩擦性能要有一定设计。例如，速比涛（Speedo）公司研制出一种名为鲨鱼皮（Fastskin）的仿鲨鱼皮泳装，就是通过控制泳衣面料表面摩擦性能来降低水阻。它的面料模拟鲨鱼皮肤，表面布满齿状 V 形凹槽，而凹槽的规格与鲨鱼皮上的凹纹完全一致，这种泳衣可将游泳速度提高3%；后来又根据运动员身体不同部位对水的阻力推出鲨鱼皮二号（Fastskin FS Ⅱ），进一步减小水的阻力。

二、织物摩擦理论

（一）织物摩擦的形成原理

织物摩擦是指织物与其他物体（包括织物）接触并发生或将要发生相对滑移时所表现出来的切向阻力现象。一方面，摩擦现象取决于摩擦接触面的分子层面的微观作用过程和宏观力学变形作用；另一方面，摩擦是一个能量转换和耗散的过程。

从宏观形态来看，织物摩擦是织物与其他材料表面间相互碰撞和挤压的过程。当织物与其他物体相互接触并产生滑移时，表面不平整的织物与其他物体只能形成部分区域接触，从而在接触点处产生挤压变形、"黏合"和锁结。变形与黏合的程度取决于织物和接触物体的硬度、屈服应力、剪切压缩模量及正压力，这种宏观形态的锁结和变形，导致了织物与接触物体间相对滑移时的切向阻力。

从微观力学来看，摩擦是两物体接触面分子间的相互作用，在切向外力作用下产生剪切和分离的过程。当它们靠得越紧密，分子间的作用就越多、越强，当这两个物体发生相对滑移时，这种分子间的抗剪切作用就更强。

（二）摩擦基本理论

1. 阿蒙顿（Amonton）定律

大多数材料在互相接触时，最初接触的是少数粗糙的顶尖处，正压力使这些接触点上形成很大的压强，造成接触点所在位置的材料产生屈服流动。随着流动的进行，接触点面积慢慢增大，当接触面积达到能使接触点上的压强等于材料固有的屈服应力时，接触点周围的邻区仍然保持着弹性变形，如图6-1所示。

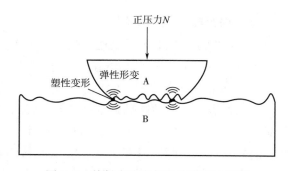

图6-1　接触点流变与弹性变形示意图

此时，材料屈服应力 p_y 为：$p_y = N/S$，其中 N 为正压力，S 为因屈服流动而形成的真正接触面积。当 A、B 两物体作相对滑移时，产生屈服流动的接触点必须被剪切力打开，切开这些接触点产生的剪切阻力就是阻止两物体相互移动的摩擦力 f，即

$$f = \tau_{min} \cdot S = \tau_{min} \cdot N/p_y \qquad (6-1)$$

式中：$\tau_{\min}$ 为受摩擦物体的材料被剪切破坏的最小剪切应力。

若设摩擦系数为 μ，根据经典的 Amonton 定律 $f = \mu \cdot N$，可求得：

$$\mu = \frac{\tau_{\min}}{p_y} \tag{6-2}$$

如果该参数是在相互接触的物体自静止而滑动的条件下得到的，则称为静摩擦系数；若是在维持滑动的条件下得到的，则称为动摩擦系数。式（6-2）表明，材料的摩擦系数是取决于材料剪切应力和屈服应力的常数，因此摩擦力表现为仅与正压力呈正比，而与总接触面积无关，这就是经典摩擦理论的基础。

2. 非线性摩擦方程

通过对纤维等材料摩擦力的实际测量表明，摩擦力 F 与正压力 N 之比并非常数，也就是说 $F = \mu \cdot N$ 不适用于纤维材料间的摩擦表征。针对这一情况，曾有各种经验方程来描述其间相互关系，典型的有：

$$F = \mu_0 N + aS \tag{6-3}$$

$$\frac{F}{N} = A - B\lg N \tag{6-4}$$

$$F = aN + bN^c \tag{6-5}$$

式中：μ_0、A、B、a、b 和 c 均为常数。

较为接近实际情况运算处理又较方便的是式（6-5）。其简化形式可以是

$$F = aN^n \tag{6-6}$$

显然式（6-3）~式（6-6）的摩擦系数均非常数，是正压力 N 的函数或接触面积 S 的函数，n 值一般介于 $2/3 \sim 1$。在单纤维摩擦时，因仅为点、线接触，接触面积的影响除式（6-3）外，均忽略不计，但纤维间的摩擦力与接触面积实际相关。

三、织物摩擦性能的测试

织物表面摩擦性能的测量是通过织物与织物，或织物与其他物体之间的摩擦行为，测得其摩擦系数（或其他相关参数）值，来表征织物的表面摩擦性能。

1. 织物风格仪测量

由于织物表面摩擦性能是影响风格的重要因素，因此织物风格测试中大多包含了摩擦性能的测试内容，日本研发的 KES 系统中 FB-4（一种表面性能测试仪）就是专门测试织物摩擦性能的。该仪器用两个摩擦子联合测试面料的表面性能，摩擦子模仿人的指纹，由 10 根 0.5mm 的细钢丝排成一个平面安装在矩形环上，摩擦子在与织物表面发生相对运动时，织物的厚度变化造成摩擦子上下位移和摩擦力变化，从而得到织物厚度随位移的变化曲线和动摩擦系数曲线，根据两条曲线得到三个表征指标：平均摩擦系数 MIU、摩擦系数的平均不匀率 MMD 和表面粗糙度 SMD。

YG821 型织物风格仪测试织物摩擦性能的方法如图 6-2 所示。将两块试样以相同的表面相对叠合在一起，将下侧试样固定，在一定的正压力和速度条件下，从水平方向牵引运动，

测定试样运动过程中的摩擦力变化，并由此计算出动摩擦系数、静摩擦系数和动摩擦系数变异系数三个指标。由于其表面摩擦性能试验的数据结果受织物表面平整度的影响较大，目前已较少使用。

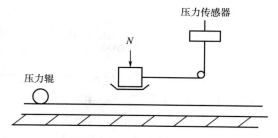

图 6-2　YG821 表面摩擦试验示意图

2. 英斯特朗（Instron）强伸仪法

在 Instron 强伸仪的横梁上加装如图 6-3 所示的附件，试样 6 夹于金属平台 4 上，另一端加重锤 7，以使试样平直。摩料 5 贴于滑块 3 的底部，滑块 3 的一边用凯夫拉丝与传感器 1 相连，另一边连接重锤 8，使滑块能在横梁 2 升降时作左右滑动。滑块左右往复一次，记录仪绘制出一条摩擦力变化曲线，从中提取静摩擦系数和动摩擦系数来表征织物的表面摩擦性能。

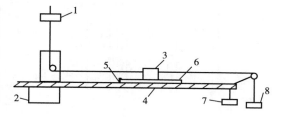

图 6-3　Instron 强伸仪

3. 斜面法

如图 6-4 所示，织物 3 固定在可调节倾斜角度的活动平板 1 上，在平板上放置一金属滑块 2。试验开始前平板处于水平状态，试验过程中使平板缓慢倾斜，直到滑块开始下滑时为止，记录斜面倾角 θ，这时织物静摩擦系数为 $\mu_s = f/N = \tan\theta$。

4. 绞盘法

绞盘法原是测试纤维、纱线摩擦性能的方法，被借鉴用来测试织物的摩擦性能。这种方法利用了改进 YG001 单纤维电子强力仪，操作简便，动态反应能力强，测量误差小，适用面广，可用于测定织物与其他不同材料间的摩擦性能。将待测织物 5 剪成 150mm×15mm 长条，挂在摩料轴 4 上，织物两端各夹有同等重量的张力夹 3，使试样伸直而不产生伸长。用无伸长导线通过导向滑轮 2 将试样一端的张力夹与测力传感器 1 相连接，当导向滑轮等速向下运动时，导线拉动试样在摩料轴上作摩擦运动，试样与摩料轴之间的摩擦阻力通过导线传至传感器，由记录仪绘制摩擦力变化曲线，如图 6-5 所示。图 6-5 中右图为右视图。

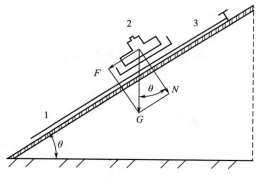

图 6-4　斜面法

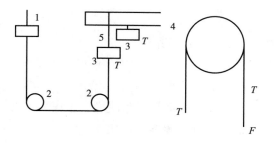

图 6-5　绞盘法

根据欧拉公式 $F = Te^{\mu\theta}$，式中：F 为强力仪中的读数；T 为预加张力；μ 为织物与摩擦轴之间的摩擦系数；θ 为织物与摩擦轴之间的包角。

织物的摩擦性能测试目前使用最为广泛的是 KES 系统 FB-4 测试仪，许多研究人员又在此基础上进行了改进。美国研究人员将细钢丝摩擦头换为特殊设计的织物—织物接触摩擦头。这种探头使用一个直径为 12mm 的平铝盘，在圆形样布上进行测试，其探头的圆形结构有助于检测织物在各向运动过程中的摩擦特性，包含了探头织物和待测织物间的三种相对运动方式：经向覆盖经向、经纬向 45°相交及纬向覆盖经向（图 6-6）。

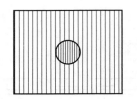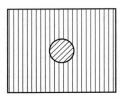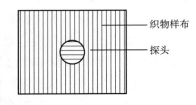

图 6-6 织物间相对运动方式

日本在 KES 系统的基础上，针对不同种类的新合纤织物，做了不同的改进，并将改进的测试方法进行合并，测试不同种类新合纤织物的表面摩擦性能，进而分析织物的表面摩擦性能与织物结构之间的关系。

四、织物摩擦性能的影响因素

与织物摩擦有关的参数除了正压力 N、摩擦系数 μ、摩擦时接触面积 S 外，还有摩擦时的相对运动速度 v、摩擦面的粗糙度 r、表面形状和表层附着物等。

1. 摩擦表面接触面积

设有面积分别为 S_1、S_2 的两个平面，且有 $S_2 = kS_1$，以相同的正压力 N 作用在两个平面上，根据式（6-5），则有 $F_1 = aN^n$；而对于 S_2 平面，相当于把正压力 N/k 作用于 S_1 面积，这时 S_2 平面的总摩擦力 F_2 为 S_1 面上各分摩擦力 $f = a\left(\dfrac{N}{k}\right)^n$ 的总和，即 $F_2 = \sum F_1 = k \cdot a\left(\dfrac{N}{k}\right)^n$，所以 $F_2 = aN^n k^{1-n} = aN^n\left(\dfrac{S_2}{S_1}\right)^{1-n} = bs^{1-n}$，显然式中 s 与接触面积有关，b 与正压力有关。可以得到以下结论：

（1）当 $n = 1$ 时，即得阿蒙顿定律 $F = \mu \cdot N$。

（2）如果摩擦对的接触面积不变，即 $s = 1$，这时摩擦力可以用模型来描述：$F = aN^n$。

（3）当接触面积发生改变、正压力为常数、b 为常数时，摩擦力主要受 s 的影响。

2. 静、动摩擦和滑移速度

通常材料的静摩擦力 F_s 比动摩擦力 F_d 要高，动、静摩擦系数间的差异，使织物的手感不同，两者差别较大时，给人一种粗糙、涩板、带嘎吱声的感觉，如脱胶差的丝纤维，这主要是摩擦中发生"黏—滑"现象（stick-slip）的缘故。如果对纤维进行整理，则会感到柔软、滑糯，如优质的羊绒，其原因是 μ_s 与 μ_d 的差异较小。

针对相对滑移速度，罗德（Roder）发现，在相对速度很低时（ $2\sim90\text{cm/min}$ ），摩擦系数会降低。速度提高时，摩擦系数值会增大，默克尔（Merkel）的实验发现，当单根棉纤维与棉纤维包覆辊摩擦时，摩擦系数随滑移速度的增加而增大。

事实上，纤维的摩擦系数与滑移速度有关，即纤维摩擦系数随滑移速度的增大呈下凹状的关系曲线，在速度 v_c 下， μ_d 也会大于静摩擦系数，而常态的滑移速度都在小于 v_c 的条件下测量，故 $\mu_s > \mu_d$ ，正是由于 $\mu_s > \mu_d$ ，摩擦过程会发生"黏—滑"现象。随着 $\mu_s - \mu_d$ 值的减小，"黏—滑"现象逐渐减弱；当 $\mu_s \leqslant \mu_d$ 时，"黏—滑"现象消失。摩擦力与滑动速度的关系如图 6-7 所示。

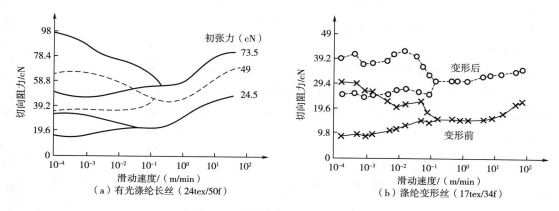

图 6-7　摩擦力与滑动速度的关系

3. 摩擦系数与织物表面状态的关系

影响织物摩擦的表面状态主要有两方面：表面粗糙度 r 和摩擦形式。摩擦形式包括界面摩擦和润滑摩擦。界面摩擦是织物与其他固体间的接触摩擦，界面摩擦力随相对运动的速度增大而减小，而润滑摩擦表现为纤维间流体膜的剪切黏滞力，包括织物本身的软化和表面油剂的作用等，这种摩擦力随相对运动速度的增大而增大。显然摩擦系数与织物表面的形态、附着物和硬度有关。

理论上摩擦作用被分解成不同性质的摩擦力的线性组合，即摩擦力 f 可表示为： $f = f_1 + f_2 + f_3$ ，式中， f_1 为表面形态粗糙程度产生的锁结作用力； f_2 为黏结接触产生的阻力； f_3 为较软材料被耕犁刨刮所产生的阻力。对于织物来说，当它与硬物摩擦时，若接触面较大，则摩擦力主要表现为由粗糙度引起的阻力 f_1 ；若接触面很小，则可能产生耕犁或刨刮，表现为 f_1 和 f_3 的组合；当织物与织物自身相互摩擦时，纤维材料之间发生黏结作用，则表现 f_1 和 f_2 的组合。

由上面的分析可知，不管在哪种摩擦情况下，织物的表面粗糙度都会对摩擦力产生影响。例如，有波纹状凹凸的织物，在与波纹呈垂直的方向滑动时，将产生非常大的摩擦阻力。从感觉上说，表面平滑、浮长线长（浮长方向滑动较容易）、毛羽少的面料比较容易产生滑动。

4. 摩擦作用与纤维外观形态

织物是纤维材料的集合体，在织物与其他物体（包括织物）接触摩擦时，参与摩擦的是纤维，因此了解纤维的摩擦性能十分必要。纤维的摩擦是指纤维与纤维或纤维与其他物质表面接触并发生相对运动时所表现出来的行为。例如，纺纱就是依靠纤维间的摩擦使纤维结合在一起并保持一定的力学性能的，纤维的摩擦性能严重影响其纺织加工性能，也会造成纤维的磨损与变形，影响织物的摩擦性能。

纤维的外观形态主要指纤维的截面形状和纤维的卷曲。在无张力的情况下，圆形纤维的扭曲趋势最不明显，而非圆形纤维易于产生螺旋状的扭曲，这会影响纤维的相互靠近。斯卡迪诺（Scardino）等将圆形截面和三叶形截面的纤维纺制成棉网和生条进行对比，结果表明，圆形截面纤维的抱合力较高；赫特尔（Hertel）等对棉网的试验也证明，圆形截面纤维的棉网在剪切变形时其内聚力较大。将棉纤维经丝光处理后的试验表明，丝光纤维间的抱合力优于未丝光的棉纤维。

以上结果说明，圆形截面的纤维，其相互间的接触概率较高，有效作用也强。因此截面形状主要影响摩擦中的接触面积。纤维卷曲主要影响纤维间的排列，即会导致纤维间的纠缠，卷曲的纤维容易相互嵌合形成整体，纤维卷曲产生的抱合力会使纤维条的牵伸变得稳定，但牵伸作用力需较大。

第二节　织物的表面润湿和吸湿快干性能

6-2

一、织物的表面润湿特性

液态水在织物表面会根据自身状态及表面结构发生铺展、黏着等动态变化，在这些过程中固/液界面逐渐取代固/气界面，同时扩大液气界面，像这种在织物表面出现一种流体取代另一种流体的过程被称作润湿。润湿现象广泛存在于自然界中，比如植物叶子表面的亲水/疏水性转换、滚动各向异性；昆虫翅膀的自清洁性、减反射性及结构颜色变化；壁虎脚底的高黏附性等。润湿不仅在自然界中常见，在织物与服装领域中的应用也颇为广泛，例如表面涂层、印染、自清洁表面设计等，从润湿出发可以从自然界中获取灵感，探索仿生材料设计途径，在生物学和其他学科之间架起桥梁，制备出多种仿生功能性材料。而就服装面料而言，液态水的润湿会影响织物的吸湿性、快干性、穿着舒适性等，因此，在服装应用中对表面润湿性能要求越来越高。

润湿多为织物表面气体被液体取代的过程，液体在织物表面上不仅有铺展，而且根据表面结构的不同还存在黏着、超疏水等现象。润湿就是黏着和铺展的统一，与之相对的称为不浸润（也称疏水），因此针对润湿行为的研究主要集中在表面黏着、表面铺展和表面疏水性等方面。

为了研究液滴在织物表面的润湿行为，采用接触角对其表面润湿能力进行表征，包括静态接触角和动态接触角，分别对应液滴在固体表面的存在状态。表面润湿性的好坏通过接触角的大小来衡量。

（一）静态接触角模型

1. Young 模型

1805 年托马斯·杨（Young）提出了 Young
模型，首次提出了用润湿角的概念来评价固
体表面的润湿性能，其原理如图 6-8 所示，
假设固体为绝对光滑的理想表面，根据体系
总能量总是趋近最小值的原理，通过张力平
衡推导计算。在固、气、液三相分界上液体

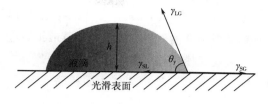

图 6-8　光滑表面上的液滴形态

所形成的空间曲面与水平面的夹角即接触角 θ_y，其三相线上的接触角实际由三个表面张力所
形成的平衡体系所决定，一般服从杨氏（Young's）方程：

$$\gamma_{SG} = \gamma_{SL} + \gamma_{LG}\cos\theta_y \tag{6-7}$$

式中：γ_{SG}、γ_{SL}、γ_{LG} 分别是固/气、固/液、液/气间的界面张力。

由式（6-7）可得

$$\cos\theta_y = (\gamma_{SG} - \gamma_{SL})/\gamma_{LG} \tag{6-8}$$

当 $\theta_y < 90°$ 时，表面为亲水性，能被液体润湿；当 $\theta_y > 90°$ 时，表面为疏水性材料，水珠
沾不牢。详细划分，当 $\theta_y < 30°$ 时为超亲水结构（液滴铺展），$\theta_y > 150°$ 时为超疏水结构。

液体在织物表面的接触角处于 30° 以下，多表现为超亲水特性，液滴在超亲水表面会直
接铺展，这样的表面在自然界中有很多实例。动物界中的树蛙和蝾螈及一些昆虫就是依靠光
滑的脚垫基于毛细力机制湿黏附在接触面上；植物界中的泥炭藓叶面、紫花琉璃草、天鹅绒
竹竿和紫叶芦莉草表面通过海绵状结构或者乳突结构获得了高亲水性，从而汲取水分，保证
了植物的生存。面料的喷涂和印染技术就是借鉴自然界中的超亲水特性进行界面强度优化。

液体在织物表面的接触角在 30° ~ 150° 时，处于亲水与疏水状态的中间态，液滴在织物
表面可能出现黏着现象，不会像超亲水那样铺展开来，也不会像超疏水状态那样容易滚动，
这一状态是最常见的一种固体表面状态。利用这种表面可以进行功能涂层设计，比如自组装
功能薄膜的设计，利用表面微凸体可以黏附液滴的特性，有规律地排列固体小颗粒，形成特
定结构的自组装保护膜，不仅具有客观的工程意义，还可以改善织物表面的摩擦性能。

液体的接触角大于 150° 时为超疏水状态，这一状态在自然界中较为常见，例如，荷叶的
自清洁特性，这是因为表面微米级乳突外加蜡状表层物质保证了荷花的出淤泥而不染；水蝇
腿部具有帮助其快速行走的定向排列的超疏水微米刚毛；蝴蝶翅膀上具有用于定向排水的平
行疏水微/纳分层结构，这些表面特性保证了动植物们的生存。受自然界的启发，人工制备自
清洁、超疏水的表面成为润湿领域研究方向。超疏水表面由于具有耐腐蚀、自清洁、抗污秽、
防结冰及流体减阻等特性被广泛应用，例如，定向运输的超疏水管道、抗污秽腐蚀和防结冰
的架空输电线绝缘子及大型建筑物的自清洁玻璃表面等各项领域。

Young 模型是所有接触角计算模型的理论基础。但实际情况下不存在绝对光滑的理想平
面，织物表面由于材料组成以及加工过程等诸多因素会有不规则的峰谷形貌，对于这些表面

来说 Young 模型可能不适用。

2. Wenzel 模型

1935 年温泽（Wenzel）受 Young 模型启发，从表面粗糙度对润湿影响出发，认为固体表面都是粗糙全浸润的，建立了 Wenzel 模型，该模型也称全湿亲水模型。该模型假设固体表面是微观凹槽结构，如图 6-9（a）所示，液态水在固体表面铺展，忽略凹槽内气泡的影响。Wenzel 模型首次引入了表面粗糙度因子 r 进行接触角计算，其方程为：

$$\cos\theta_{w} = r(\gamma_{SG} - \gamma_{SL})/\gamma_{LG} = r\cos\theta_{y} \tag{6-9}$$

式中：θ_{w} 为 Wenzel 模型接触角；r 为固体表面粗糙度因子（r 值的大小反映了固/液界面的实际面积与其在水平面上投影的面积之比）。

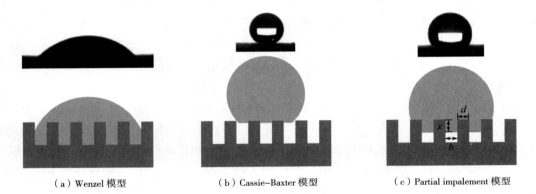

（a）Wenzel 模型　　　　　　（b）Cassie-Baxter 模型　　　　　（c）Partial impalement 模型

图 6-9　粗糙表面液态水行为

Wenzel 模型考虑了固体表面的实际状态，认为实际表面凹凸不平时会引起固/液的接触面积增加，固/液与固/气界面能增加，导致接触角发生变化，加入 r 来修正接触角模型，使得接触角的理论计算更贴近实际情况。但是该模型只适用于固体为超亲水表面结构，对于疏水材料表面仍不适应。

3. Cassie-Baxter 模型

1945 年凯西（Cassie）根据固体表面的物理化学性质，认为固体表面的实际接触角与 Young 模型中的接触角的差值不能全由固体表面结构决定，还与液滴在凹槽内部的空气接触有关，提出一种固/液、固/气界面共同作用模型，如图 6-9（b）所示，其表达式为：

$$\cos\theta_{c} = f_{s}(\cos\theta_{y} + 1) - 1 \tag{6-10}$$

式中：θ_{c} 为 Cassie 模型接触角，f_{s} 为润湿区域所占面积比率（该值与固体表面凹槽内气体上表面积有关）。

该模型也称为全疏水模型，只适用于超疏水表面结构。随后 Cassie 和巴克斯特（Baxter）经过大量的固体表面研究，提出了适用于任意表面的接触角计算方程：

$$\cos\theta_{C-B} = f_{1}\cos\theta_{y1} + f_{2}\cos\theta_{y2} \tag{6-11}$$

式中：θ_{C-B} 为 Cassie-Baxter 模型接触角；f_{1}、f_{2} 为固/气界面与液体界面的表面接触面积比率，该模型适用于亲水和疏水表面。但是该模型没有涉及液滴由于自身压力以及惯性力和毛细作用导致一部分进入凹槽内的情况。

4. 部分穿透（Partial impalement）模型

Wenzel 模型和 Cassie-Baxter 模型都属于固体表面润湿的两种极端形式，在实际应用中，不存在全润湿和全不润湿的界面，因此，BICO 在这两种模型的基础上建立了一种介于两种润湿状态之间的穿透模型（Partial impalement）模型。其原理如图 6-9（c）所示，接触角表达式为

$$\cos\theta_B = \left[f_s + \frac{\pi x d}{(d+b)^2} \right] \cos\theta_y + f_s - 1 \tag{6-12}$$

式中：θ_B 为 Partial impalement 模型的接触角；f_s 为接触面影响因子；x 为穿透深度；d 为凹槽的突起直径；b 为凹槽间距，该模型根据液滴的穿透深度进行参数修正，对于固体表面的润湿角计算更符合实际。

5. 静态接触角讨论

综合分析 Young 模型、Wenzel 模型和 Cassie 模型，可以绘制出液滴在粗糙表面的接触角模型图，如图 6-10 所示，阴影部分为适用范围；阴影部分的上边界线为完全湿接触，对应为 Young 模型，下边界线为完全干接触，与之对应的为 Cassie-Baxter 模型，中间状态为亲水与疏水之间的表面结构，对应 Wenzel 模型；在 Wenzel 和 Cassie-Baxter 状态下存在着相互转变的可能，但从图 6-10 中找不到模型转变的条件，尤其是在 90°时没有可适用的方程。图 6-10 中的中间状态由于最贴近实际应

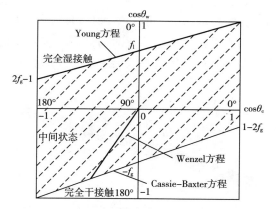

图 6-10　液滴在粗糙表面上的接触角模型适用分布图

用表面，情况最为复杂，已经成为当下研究的热点，村上（Murakami）等认为要想合理描述中间状态模型，要从 Wenzel 模型与 Cassie-Baxter 模型的变化过程入手，Cassie 模型属于不稳定状态，会向 Wenzel 模型转变。贾科梅洛（Giacomello）等发现 Wenzel 模型无法全面预测中间状态，认为液滴处在中间状态表面时会受外力作用改变接触角大小。爱德华（Edward）通过界面自由能计算，认为液滴在 Cassie-Baxter 模型向 Wenzel 模型转变过程中，会从外界吸收能量来保持体系的平衡，如紫外线照射、电磁激励、蒸发及按压撞击等。

随后，普巴伦（Purbarun）等针对液滴的冲击过程进行了进一步分析，认为固体表面的抗润湿压力 $P_{antiwet}$ 和液滴的冲击表面的压强 P_V 是修正 Young 模型的两个重要指标，考虑了毛细吸附作用。将液滴润湿做功与能量守恒公式联立，解出了贴近实际状态的接触角值，其表达式为

$$-\gamma_{LG}\cos\theta\frac{L_c}{D_c} + \frac{1}{2}\rho V^2 + P \cdot g = 0 \tag{6-13}$$

式中：L_c 和 D_c 为毛细管道周长和面积；$\frac{1}{2}\rho V^2$ 为液滴动能变化；$P \cdot g$ 为液滴势能变化，该模型为后续研究提供了理论基础。

（二）动态接触角模型

液滴在固体表面的动态行为可以有滑动、滚动和黏滞这三种状态，滑动和滚动状态要用动态接触角描述，只能通过计算机模拟去实时计算，因此，关于动态接触角的计算模型多集中在黏滞状态下的接触角测量。

1. 接触角滞后效应

动态接触角分前进接触角 θ_a 和后退接触角 θ_r，固体表面倾斜造成液滴有滚动的趋势，但还未发生滚动时液滴会有晃动现象。有学者认为这是三相接触线的钉扎作用，在三相接触点会由于黏附力、静电力及毛细作用力的拉扯，液滴暂时未发生滚动，如图 6-11 所示，沿着液滴运动趋势方向的为前进接触角，反之为后退接触角，该现象也被称为接触角滞后现象。埃利斯（Ellis）等认为，前后接触角可以用滚动角来描述，即将表面倾斜，液滴即将发生滚动时表面与水平面的夹角。此时前进接触角为液滴在固体表面下滑时液滴运动方向前坡面必须达到的角度，后退接触角为后坡面必须降低的角度。

图 6-11　接触角滞后现象

弗米德（Furmidge）在研究中，引入滞后张力 F 来定量分析接触角滞后情况，F 是由表面粗糙度引起的，具有静摩擦力的性质，是使液滴在固体表面上运动/滞留时的作用力，并提出根据液滴在图 6-11 状态下的动态平衡来计算出动态接触角，其表达式为：

$$F = \frac{mg(\sin\alpha)}{w} = \gamma_{SL}(\cos\theta_r - \cos\theta_a) \tag{6-14}$$

式中：α 为滚动角；γ_{SL} 为固/液两相自由能；θ_r 和 θ_a 为后退接触角和前进接触角。

公式（6-14）运用牛顿定律描述了液滴的动态接触角，但是在实际情况中，会因为固体表面的湿润性而产生不同的滚动角与动态接触角的关系，因此还需要考虑固体表面润湿性的影响。基于此，三和（Miwa）等添加了 Partial impalement 模型中的接触面影响因子 f_s、粗糙度因子 r、Young 模型中的本征接触角 θ_y，其表达式为：

$$\sin\alpha = \frac{2r \cdot f_s \cdot \sin\theta_r}{g} \sqrt[3]{\frac{3\pi^2}{m^2\rho(2 - 3\cos\theta_y + \cos^3\theta_y)}} \tag{6-15}$$

式中：m 为水滴质量，g 为重力加速度，ρ 为液滴的密度。

2. 界面润湿模式转换

界面的润湿性通过接触角的大小来反映，但是动态接触角的存在会让界面的静态接触角发生变化，当在平面上缓慢地抽出或者加入液滴后，由于接触角滞后现象，液滴不会溃灭铺展，而是体积和轮廓开始增大，接触角随之变化。润湿模式也会随着接触角的变化而改变，最常见的是随着液滴自身重力或者增加溶液体积的影响，让处于 Cassie-Baxter 模型的表面变成 Wenzel 模型，让液滴逐渐铺展，从疏水界面变成亲水界面即 C/W 模式的转换，这主要是由表面微结构的几何参数及液滴的形态变化引起的。

C/W 模式的转换存在主动和被动两种情况。主动转换是由固体表面的微结构变化引起，在重力以及表面张力的驱动下，液滴随着疏水表面微结构进行改变；被动转换是由于液滴受到外界压力或者固体表面振动及其他外界干扰因素引起的。王（WANG）等根据能量守恒定律，设定材料所处的外界环境以及模式转换时液滴的体积 V 不变，G_w 为液滴的能量，V_w 为液滴体积，θ_{yw} 为终态下的接触角，则表达式为

$$\frac{G_w}{\sqrt[3]{9\pi} \times V_w^{2/3}\gamma_{LG}} = (1 - \cos\theta_y)^{2/3}(2 + \cos\theta_{yw})^{1/3} \tag{6-16}$$

该方程对于固体界面润湿性做出了定义，且认为材料的表面几何参数是 C/W 模式转换的重要因素，需要根据不同的液面设置出不同的接触角值 θ_y 以保证公式的准确性。

3. 液滴动态铺展理论

接触角滞后现象主要是由于表面粗糙结构提升黏着力以及表面自由能平衡多相受力两大原因，而这两大原因可以用界面张力进行数学模型计算，界面张力维系着固/液两相界面的能量守恒，当液体与固体要分离时，原本结合在一起的两相需要克服表面的黏附作用而消耗额外的能量，这种能量被称为黏附功

$$W_a = -\Delta G = \gamma_{SG} + \gamma_{LG} - \gamma_{SL}$$

式中：W_a 为黏附功，γ_{SL} 为界面张力做功，γ_{SG} 和 γ_{LG} 分别为固/液两相与气相的界面能。

将其代入 Wenzel 模型整理得到 Young-Duper 方程，其表达式为

$$W_a = \gamma_{LG}(1 + \cos\theta_w) \tag{6-17}$$

该方程适用于描述液滴在固体表面的黏附行为，其中 W_a 越小，表明固/液两相越难分离，也说明此时固体与液体之间的相互作用力强，界面的润湿性越好，液滴在固体表面就会有向四周铺展的趋势。

为了进一步衡量液滴在固体表面的铺展能力，古尼亚特（Güniat）等用体系的吉布斯自由能变化量对铺展面积比值进行计算，假定 S 值为液滴的铺展系数，用来表征液滴的铺展能力，其表达式为：

$$S = -\frac{\Delta G}{A} = \gamma_{SG} - (\gamma_{SL} + \gamma_{LG}) \tag{6-18}$$

式中：ΔG 为自由能变化量，A 为液滴的铺展面积。

从该式可知，当 $S>0$ 时，铺展过程的自由能降低，液滴可以在无外力作用下完成铺展；当 $S<0$ 时，铺展过程需要外界提供能量，才能铺展，液滴在固体表面上保持形状不变。

（三）接触角的测量

接触角的测量主要有四种方法。

（1）表面倾斜测试法。表面倾斜测试法即为斜板法，测试原理如图 6-12 所示。先把斜板垂直地插入液体中，然后慢慢地使斜板倾斜，直到液面完全平坦地达到固体表面，斜板与

液面之间的夹角即为静态接触角。在水平的固体表面上滴上液滴，缓慢倾斜基体材料，液滴由于重力作用产生变化，随着出现不同的接触角，即为动态接触角。该方法与体积变量法都是常用的动态接触角测试方法，具有操作简单、可重复性高等优点，但是该方法不适用于高阻力表面以及液滴的接触角非常小的情况，会产生很大的误差。

（2）表面张力法。当细纤维插入液体中时，有些液体包裹在纤维周围，形成对称的波状膜，还有些液体则留在纤维的一侧，形成"哈壳"外形，如图 6-13 所示，接触角随着液滴大小和纤维直径而变化。直径为 $10\mu m$ 的细纤维的接触角最好用表面张力方法测定。由于纤维很细，产生的润湿力相当小，这样的力可用电子秤精确地测量。由于威尔赫米（Wilhelmy）首先使用此法，故也称 Wilhelmy 吊板法。

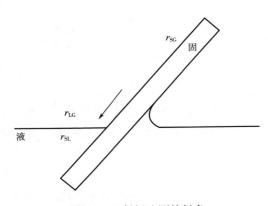

图 6-12　斜板法测接触角　　　　　图 6-13　表面张力法测接触角

将薄板的一部分垂直地浸于水中，作用在此薄板上的力为

$$F = p\gamma\cos\theta - \rho gAh \tag{6-19}$$

式中：$p\gamma\cos\theta$ 代表板所支承的液体重量，其中 p 为板的周长，γ 为液体的表面张力，θ 为接触角；ρgAh 为浮力校正项，其中 ρ 为液体密度，g 为重力加速度，A 为板的截面面积，h 为板浸入深度。

当薄板的末端刚位于液体表面水平线时，则力 $F_0 = p\gamma\cos\theta$，此时浮力校正项为零，这时，以 F 对 h 作图应为一直线，当外推至 $h=0$ 时，浮力校正就不必考虑了。

表面张力法也可用来测定纤维和丝条的接触角，其关系式与平板法相同。由于纤维的周长非常小，因而被测的力也很小。可将若干根纤维装在一样品架上，同时测定，用电子天平精确地测定力 F 的数值，纤维周长可用显微镜测出，也可用横截面计算得到，而横截面积可由 F 对 h 作图所得直线的斜率得到。测动态接触角可通过显微镜或拍照的方法测出。

（3）液滴体积变量测试法。液滴体积变量测试法是通过改变液滴在固体表面上的体积来测量动态接触角的，液滴的体积在小幅度的增加或减少时，由于接触线位置的钉扎作用，不会使液滴破裂，但接触线会产生移动，移动的瞬间就是前进接触角或者后退接触角测量的时机。利用滴管或者注射器在液滴上面滴入或者抽取部分液滴，控制水滴的进入体积以及进入速度，便于观察接触角的变化。体积变量法还可以通过冷凝和蒸发实现，通过改变环境温度来使水分子不断累积或减少，观察动态接触角范围，但是该方法由于液滴杂质、环境影响以及液滴的粘滑现象等，很难测试出准确的结果。

（4）其他方法。对于动态接触角的测量，研究人员根据液滴的实际情况研究出很多方法，大部分都集中在接触角可视化测试上，以求测量到最真实的数据。沃格勒（Vogler）等通过天平法，利用液体浮力作用来测试夹具的质量变换以定量反应接触角的变化。洪（Hong）等通过平板缓慢挤压液滴顶部，使液滴有扩散趋势，通过平板的高度变化定量反应接触角的变化。

二、织物的毛细现象和毛细运输问题

（一）毛细现象的原理

灯芯吸油，毛巾吸水，以及水能渗透入土壤，都是大家所熟知的现象，这些含有细微缝隙的物体被液体湿润和液体能沿缝隙上升或扩散的现象被称为毛细现象。如图 6-14 所示，在液浴中插入一根毛细管，若要维持管端的气泡，气泡内必须有一向外平衡压力

$$p^1 = p + \Delta p \tag{6-20}$$

式中：p 为大气压力，Δp 是由于凹形液面的表面会自动缩小、压缩气体而产生的附加压力，方向指向气体。

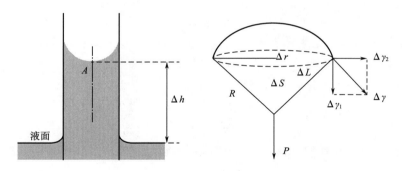

图 6-14　毛细现象原理

稍增加气泡内压力，使气泡体积增加 dV，相应地面积增加 dA。所做的功等于 Δp 与体积变化 dV 的乘积，即 $dw = \Delta p dV$。

根据能量守恒原理，附加压力所做的功应等于物体表面能的增加，即 $\Delta p dV = \gamma dA$，因为 $dV = 4\pi R^2 dR$，$dA = 8\pi R dR$，代入上式，得 $\Delta p 4\pi R^2 dR = \gamma 8\pi R dR$，故

$$\Delta p = 2\gamma / R \tag{6-21}$$

从式（6-21）可知，Δp 与表面张力呈正比，与曲率半径呈反比，这表明曲率半径越小，弯曲的内外压差就越大。凹形液面的曲率半径为负，则 Δp 为负值，附加压力的方向指向气体；若液面为凸形（如汞滴），曲率半径为正，附加压力方向指向液体内部；若液面为平面，R 无穷大，$\Delta p = 0$。在毛细管中，能润湿管壁的液体面是凹形，由于附加压力 Δp（即毛细压力）

的作用，液体上升到高度 h（毛细高度），液柱所产生的静压力（ρgh）恰好与 Δp 相平衡，即

$$\Delta p = 2\gamma / R = \rho gh \tag{6-22}$$

式中：ρ 为液体的密度，h 为毛细高度，g 为重力加速度。

以 r 表示毛细管半径，则 r 与 R 的关系为：$R = r / \cos\theta$，r 越小，润湿良好（$\theta_y < 90°$），毛细高度越高。疏水毛细管的液面呈凸形（$\theta_y > 90°$），凸面所产生的附加压力为正值，管内的液面将低于容器中的液面，下降深度 Δp 也可由式（6-22）计算。

（二）毛细运输

织物中毛细管（capillary）传递液态水的能力引起人们的极大注意。人体穿着试验研究表明，服装内含水量（water content levels）很少能达到引起芯吸作用（wicking）的程度，特别是在冷天穿着时，虽然皮肤上蒸发的水分会在较冷的服装层上凝结成液态水，但还不足以充满织物内的毛细管形成连续的毛细管传输。相反，热天使人体大汗淋漓，含湿量较高，服装有可能形成芯吸作用，从而促使织物快干，促进散热。

一般流体力学研究的对象是在外力场形成能量梯度（如位能梯度或压力差）条件下流体的运输，而毛细管内液态水的运输可以在没有外力场条件下完成，通过芯吸效应自动引导液体流动。芯吸效应与毛细管中液面弯曲产生的附加力有关，这些附加力由液面界面张力引起。

按泊稷叶定律（Poiseuilles Law），由毛细附加压力引起的液态水流动的流量为：

$$q = \pi r^3 \frac{\gamma_{LG}}{4\eta L} \cos\theta_y \tag{6-23}$$

式中：q 为液体流量（m^3/s）；γ_{LG} 为液体表面张力（N/m），20℃ 水的表面张力为 0.0725N/m；r 为毛细管当量半径（m）；η 为黏滞系数（Pa·s）；θ_y 为固液润湿角（°）；L 为毛细管长度（m）。

由此可求得液态水毛细运输的线速度 v（m/s）：

$$v = \frac{q}{\pi r^2} = \frac{\gamma_{LG}}{4\eta L} r\cos\theta_y \tag{6-24}$$

显然比较粗的缝隙和孔洞有较高的运输速度和流量。

三、液态水传输与吸湿快干

（一）液态水传输与吸湿快干行为概述

织物中液态水传输与吸湿快干行为就是通常所说的吸湿快干，是指在人体产生的大量汗液经织物迅速吸收、传导至织物外表面并快速挥发，使身体保持干爽舒适的性能，直接影响穿着舒适性和健康状况。根据当前服装面料的发展趋势，吸湿快干已经成为内衣、运动、医疗等领域服装的一种基本要求，发展前景广阔。

液态水在织物表面受表面张力作用沿纱线间迅速传输，形成灰度明显变化的水印部分，即为传输域。织物中液态水传输域面积随时间而变，这种变化能够很好地反映液态水在织物中的传输过程。通过图像处理可以绘制织物表面液态水传输域面积与时间的变化曲线，如图 6-15 所示。液态水在织物表面的传输存在明显的传输和快干两个阶段。在传输阶段，液态

水在织物表面扩散、渗透，并逐渐在织物表面形成一个颜色加深的传输域，曲线拐点出现在传输域面积达到最大值的时刻。在快干阶段，液态水的蒸发速度增加，传输域面积越大，蒸发面积越大，蒸发速度越快，随着蒸发的进行传输域面积会逐渐减小并最终消失。

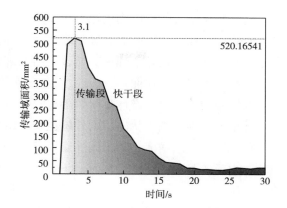

图 6-15　织物液态水传输域面积与时间的变化曲线

从重量变化角度看，吸湿快干可以分为以下几个阶段（图 6-16）：

（1）初始阶段。实验开始时，织物表面的液态水还没有铺展传输，水分挥发面积只是水滴的表面积，水分会从织物表面蒸发出来，但因为蒸发面积小，导致织物重量变化相对缓慢。

（2）增速阶段。随着时间的推移，液态水在织物表面迅速传输而增大润湿面积，这也意味着水分的蒸发面积增加，水分失重速度增加，重量变化也会逐渐加速，进入快干阶段。在传输域面积最大时水分失重速度也达到最大。

（3）稳定阶段。在传输域面积达到最大值后，水分迅速挥发，但润湿面积的缩小会有一个延缓，因为液态水可能不断补充润湿，这时水分的蒸发速度达到稳定，重量变化也稳定在最高阶段。

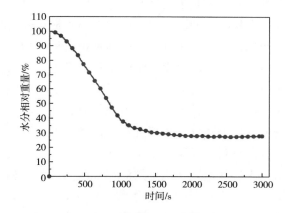

图 6-16　织物液态水相对重量与时间的变化曲线

（4）减缓阶段。随着液态水挥发的进行，能够补充润湿的水分逐渐减少，水分蒸发导致传输域逐渐回缩，传输域面积越来越小直至消失，这不代表水分已经全部蒸发，只是视觉上的干燥，实际上还有一小部分的水分成了织物的吸附水，是织物表面水分含量与周围环境的水汽压达到的一种平衡，但并不影响对快干的判断。

（二）吸湿快干原理

吸湿快干材料是指在一定量液体情况下具有迅速吸收液体并将液体传导至表面快速蒸发的材料，穿着时可使人体保持干爽舒适状态。

吸湿快干主要与毛细流动理论、扩散理论及蒸发冷凝等理论相关。白金汉（Buckingham）在 1907 年提出毛细流动理论，通过类比电势与热势提出了毛细管势能，阐明了非饱和毛细管渗透机理。1921 年，李维斯（Lewis）提出了扩散理论，材料与外界接触面有一个由水蒸气饱和度形成的平衡状态，只有当材料内部的水分扩散到表面时，才能使材料表面的水分突破平衡状态开始蒸发。1943 年，埃德莱夫森（Edlefsen）等在毛细流动理论的基础上，研究发现水传输与水化学势能梯度成正比。1952年，古尔（Gurr）等研究得出，当系统受到温度梯度影响时，即使在相对较高的孔隙饱和度下，水分迁移完全发生在气相（孔隙中），蒸发冷凝理论成立。基于上述三个理论，通过差动毛细效应、梯度润湿结构以及仿生蒸腾效应模型阐释了材料的吸湿速干性能。

在利用差动毛细效应设计吸湿快干材料时，一般从材料内层到外层所用的纤维原料是不同的，纤维形成的毛细管从内层到外层也呈现由粗到细的变化，由于毛细管芯吸作用随着毛细管半径减小而逐渐增大，材料内外层界面逐步产生附加压力差，毛细管曲面的附加压力作用及液体表面的张力作用会引导液体自动从内层传递到外层，使材料获得吸湿快干的功能。姚穆等系统地建立了湿传导理论模型，推导出标准状态下液体在纤维毛细管中的凝结、蒸发以及输送的过程，给出了织物透湿过程中水蒸气在人体与织物间的扩散蒸发，在织物毛细管的凝结蒸发及液态水在毛细管的输送等过程的理论方程。同时通过对织物进行吸湿、保水、蒸发等实验，得到了设计吸湿快干材料的基本要求，以及纤维选择和材料结构的设计原则，认为增大材料内外层的差动毛细效应和材料表面的凹凸结构是提高材料吸湿快干性能的关键。王发明构建了平行圆柱孔和圆球堆积两种模型，通过推导发现，在两种模型中纤维的差动毛细效应作用效果取决于纤维的半径、毛细孔的长度和纤维的当量半径。王其等对形成差动毛细效应的条件进行研究，建立了高导湿结构模型，当材料外层的纤维及纱线相对于内层更细、纱线捻度和伸长量更大、密度更小时有利于增强差动毛细效应。张艳在单根毛细管垂直芯吸模型的基础上建立了异形纤维束模型，得到纤维束芯吸高度、芯吸速率的计算方法。

利用材料内外层纤维亲疏水性的不同可以设计材料的润湿梯度结构，该结构可以使水分从疏水内层穿透到亲水外层的突破压力远低于相反方向，因而在疏水内层对水分的排斥力驱动下，两侧之间形成驱动力，在不施加外力的条件下水分可以向外定向传递，反向则没法实现。例如，王涛采用分子模拟方法，系统研究了水滴在固体表面的润湿及运移现象，发现当水滴放置在润湿梯度表面上时，水滴的运动包括铺展和收缩两个过程，最终可以自发地由疏水端运移到亲水端。

在润湿作用下，植物叶片垂直方向上毛细管半径逐渐减小，水平方向上毛细管数量逐渐增加，形成明显的多层多孔结构，利用内层和外层润湿性差异产生的压力差来实现吸湿快干，这就是仿生蒸腾效应。通过仿生蒸腾效应和梯度润湿结构的结合，材料的疏水内层可以汲取液体，通过纤维间毛细孔将水分快速传递到亲水外层，同时水分在材料外层扩散，增大与空气接触面积，最终快速蒸发到外界，营造出舒适的穿着环境。基于仿生蒸腾效应，乌（Woo）等进行了非织造材料水分蒸发过程下材料回潮率变化的试验，建立了对应的数学模型。福尔（Fohr）等建立了一个湿热传导模型分析纤维的亲/疏水改性、液体的吸附和解吸、自由水的冷凝和蒸发、水的扩散（包括液体水、水蒸气和吸附水）对湿热传导的影响。范（Fan）等用数学模型分析了材料内气态水相变和液体流动对耦合湿热传导的影响，该模型考虑了水蒸气分压引起的水分运动、冷凝区的超饱和状态、纤维材料的动态吸湿及液体冷凝后的运动。

（三）吸湿快干的表征

事实上很多人对织物中液态水传输与快干进行过探索。R. 巴布（R. Babu）等研究浮长线均匀分布和单向条纹织物组织形态对吸湿性的影响，经测定，单向条纹织物的传递效果高于浮长线均匀分布织物；胡倩倩等通过数值模拟方式分析织物结构参数对液态水在织物中的传输。如何快速、准确地检测织物中液态水的传输能力也引起研究者的关注。

美国纺织化学与染色家协会（AATCC）提出水平芯吸测试（AATCC 198—2011）和干燥时间测试（AATCC 199—2011）。在水平放置的织物上滴指定量的液体，目测液态水沿织物或通过织物的移动过程，进行水平芯吸测试。在织物上滴指定量的液体，通过重力检测仪测量在静态情况下蒸发所需的时间，进行干燥时间测试。在这些测试中，一般依赖于目测、手动计时以及对润湿区域人工描绘等方式完成，因此结果存在一定的主观性，对深色或彩色图案织物在润湿区域判别上较难区分。潘菊芳对织物样品进行滴水扩散测试，通过记录织物表面水滴扩散所需的时间和水滴扩散面积来分析纤维组合及组织结构对织物液态水吸湿性能的影响；张红霞采用毛细效应和水滴扩散试验测试了不同织物结构对吸湿快干面料导湿性能的影响。

后来研究者利用接触式传感器进行测量。胡（Hu）等采用等距圆环中电阻值的变化来测量水平芯吸的传输距离，哈姆达维（Hamdaoui）等使用类似方法测量织物的垂直芯吸高度。江（Jiang）等报道了一种可以计算芯吸高度的图像处理技术，以了解织物中水的传输，建立了芯吸高度曲线，用初始芯吸速率、最大芯吸高度说明水分传输。

对于接触式传感器，传感器接触点附近的传输特性会影响测试结果而引起误差，因此有人尝试使用热传感和光学传感这类非接触式传感器对液态水传输进行研究。德马（Dema）等利用热成像系统测量织物水平吸湿和干燥性能，通过跟踪织物湿区面积随时间的变化对芯吸和干燥过程进行表征；R. 内姆科·科娃（R. Nemco kova）等采用水分管理仪（MMT）、热成像和显微成像系统对针织物的动态水分传输进行研究，分析了液滴在织物表面的动态扩散和垂直芯吸行为，研究织物结构参数与液体传输性能之间的相互关系；范（Fan）等介绍了一种基于重量和图像技术分析的方法，用于表征织物平面内和平面间的芯吸性能，能够实时测量吸水量，监测水的输送方向，测试准确可靠；杜普伊斯（Dupuis）等提出使用红外热成像技术测量织物中的水传输过程，尼德曼（Niedermann）和罗西（Rossi）等通过记录浸湿织物温度随时间的变化来研究织物的干燥性。

不管是接触式还是非接触式，测试中都存在润湿边界的识别问题。润湿边界一般通过织物润湿后与干燥区域的颜色差异来区分，但由于织物表面纹理结构的复杂性，液态水的润湿区域形状也呈现明显的不确定性，针对润湿边界的精准确定，可以采用数字化的图像处理技术进行判别。D. 拉贾（D. Raja）等针对织物平面铺展的横向传输，提出了基于光学传感器的图像采集与分割系统，张（Zhuang）等、唐（Tang）等也提出此类系统用于表征垂直芯吸。黄（Huang）和王（Wang）等使用了自动阈值方法，但由于织物之间差异太大，导致计算结果出现偏差；李（Li）等和德玛（Dema）等使用 Otsu 方法（最大类间方差法）分割，当 Otsu 面对目标区域和图像背景方差相似时，Otsu 方法可以实现准确的分割，而当目标区域和图像背景差异较大时，该方法所得结果误差较大；刘（Liu）等使用 Canny 边缘检测算法对目标进行分割，但受织物的纹理和光照影响，会使检测结果产生大量噪声和误差。针对液态水在织物中形成的传输域的时变性和边缘形态复杂性，卢思童等提出了一种提取传输域形态特征的分割遗传算法，匹配不同织物图像中液态水传输域的最佳分割阈值。这些算法都是对图片整体进行识别的，很难避免织物中疵点、油污这些错误信息的影响，造成对液态水润湿区域的识别干扰，并且当图片中干燥区域的颜色深浅与润湿区域相似时，会把干燥区域错误地识别为润湿区域，使得检测误差变大，由此可见，对液态水润湿区域的精准识别还需探索新的算法。

（四）吸湿快干材料

1. 吸湿快干纤维

为提升材料的吸湿性和快干性，可以选择异形截面纤维或细旦纤维。异形截面纤维可以通过改变纤维横截面形状和内部结构，提升纤维比表面积，扩大液体的蒸发面积，使材料吸湿快干性能显著提升，这种异形截面纤维一般通过改变喷丝孔形状、在纺丝过程加入功能性材料进行表面刻蚀、接枝共聚等方法实现。细旦纤维的比表面积相对于普通纤维更大，制备的材料能形成微细的凹凸结构，相当于增加了无数个毛细管，毛细效应和水分传递作用增强，材料的透气性和吸湿快干性能提高，细旦纤维可以通过双组分纺丝、改善纺丝牵伸工艺等方法得到。目前在吸湿快干材料中应用较多的是异形截面纤维，包含天然纤维和化学纤维。

天然纤维如棉、毛、丝等，因亲水基团的作用可以直接吸收水分，具有良好的吸湿性。也可以通过化学改性对天然纤维进行处理，如阿比迪（Abidi）等采用镍气气相沉积法（NVD）制备超亲水/疏油棉纤维，先用三甲基铝/水纳米颗粒对棉纤维表面进行粗化，然后用三氯硅烷功能化，获得吸湿快干性。对于亚麻、竹原纤维等结构粗糙、横截面具有多孔空腔、边缘有裂纹等微细结构的纤维，所表现的芯吸作用能使其获得良好的吸湿、透气和导湿性，但纤维均匀性差、卷曲度低，在短纤维传统织物中应用较少。

用于吸湿快干的化学纤维包括聚酯纤维（PET）、聚酰胺纤维（PA）和复合纤维等。20世纪80年代，美国杜邦公司发明了Coolmax系列异形聚酯纤维，能同时提供湿气管理和吸湿快干性；随着相关研究快速发展，出现了具有快干性和保暖功能的中空形、"C"形、"Y"形截面的混纤丝，具有优越的吸湿快干性的十字形、六叶形或扇贝形截面纤维；例如，海盐海利环保纤维有限公司的三叶形再生聚酯纤维、上海德福伦新材料科技有限公司的十字形截面抗菌导湿聚酯纤维、台湾中兴纺织集团的多微孔异形截面Sofemax聚酯纤维、日本帝人集团的Sweatsensor多微孔四叶形截面聚酯纤维、浙江聚兴化纤有限公司的环保型"W"型聚酯纤维、韩国晓星公司的"苜蓿草"四叶子形截面Aero cool聚酯纤维等。通过引入亲水基团实现聚酯纤维的吸湿快干，水分被亲水基团吸附后从纤维内的空腔及纤维间的孔隙传输至外界，实现毛细效应水分传递。如中国石化仪征化纤有限责任公司的聚酯型仪纶、苏州金辉纤维新材料有限公司的"蕊棉"等，聚酰胺纤维有长乐力恒锦纶科技有限公司的微细沟槽异形截面Cool nylon聚酰胺6纤维，北京大学科研开发部的凝水功能六芒星形聚酰胺6纤维，义乌华鼎锦纶股份有限公司的扁形沟槽凉感高芯吸能力聚酰胺纤维。除单一纤维外还有一些复合纤维，如日本尤尼吉可集团的Hygra纤维，是用聚酰胺包覆亲水性聚合物的皮芯纤维，具有3500%的吸水能力；可乐丽株式会社由乙烯—乙烯醇共聚物和聚酯制成的皮芯纤维Sophista，能够快速吸收液体，具有优异的吸湿快干性和服用舒适性；南通华盛新材料股份有限公司的聚乳酸

（PLA）/PET 并列复合纤维，具有良好的吸湿快干性和一定的可生物降解能力。

2. 吸湿快干面料

可通过机织、针织或非织造等加工技术制备吸湿快干材料。

单层机织物主要通过纤维配置和组织结构相结合实现其吸湿快干性能。纤维配置上，采用不同亲水性的经、纬纱进行配置，在织物两侧形成面积不同的亲水区域实现单层机织物的吸湿快干；组织结构上，利用厚度方向上的润湿梯度变化实现织物的吸湿快干。但单层机织物结构设计种类较少，所能实现的吸湿快干性能稍逊于双层多层机织物。双层、多层机织物可以通过纤维配制、织物组织结构选择、内外层纱线线密度设计、经纬密度设计及织物厚度设计等多种技术组合进行工艺设计，满足内外层孔隙不同的润湿梯度结构要求，制备吸湿快干织物。邬淑芳等选用亲水莱赛尔纱线为表纬，疏水莱赛尔纱线为里纬和经纱，设计了纬二重组织吸湿速干机织物；用两种纱线分别交织设计了接结双层组织的吸湿速干机织物。研究发现两种机织物由于外层亲水和内层疏水的结构，使内外层间形成润湿梯度结构从而实现吸湿快干性，但纬二重组织亲疏水性差异较弱，单向导湿能力较差。陶凤仪等通过改变纤维原料在织物厚度方向上的排列方式，使织物内外两层呈现不同的吸湿效果，因为水分在织物中传递和吸湿扩散具有选择性和方向性，疏水内层作为贴肤面在润湿梯度效应下能单向将人体汗液排出，且能隔绝外界水分。

针织物和机织物一样分为单层、双层和多层针织物，吸湿速干性能的实现方法也基本相近。廖师琴基于仿生学原理，利用双面集圈组织形成一点多分支的结构，开发了一款仿生树形吸湿快干针织面料。在厚度相近时，芯吸能力主要取决于织物正反面线圈数量比例、表面网眼的数量、大小和分布等。王玥等采用绿色环保的天丝和再生涤纶，设计了加速气液通过的新型三维导湿结构双面针织物，有效减小了织物与皮肤的接触紧度，保证吸湿快干性能的同时提升了织物的轻薄感和舒适性。贺建国等开发了一款舒适轻薄的吸湿快干针织面料，该面料以聚对苯二甲酸丁二酯长丝和 Cooldry 这两种长丝与十字截面纤维的组合和浮点型结构设计实现了优异的吸湿快干性能，并能在湿态下保持弹性。尹昂等对比多种经编结构织物得出结论，外层采用经绒组织、内层采用编链组织且纱线垫纱成圈织针数越少的结构，越有利于增强材料的单向导湿性能，在此基础上，为了增强水分的传导扩散能力，还可以选用多孔眼的结构。金雪等采用吸湿快干防紫外线功能性涤纶与锦涤复合导电丝交织，在 24 针的双面圆纬机上，开发出速干、防紫外线、抗静电的多功能鸟眼结构双面针织面料。杨世滨等采用细旦再生聚酯纤维和异形截面再生聚酯纤维，通过面料组织结构的设计、纱线的合理配置、织造工艺的优化选择以及染料助剂、染整工序和工艺的优化选择，制备出适合春夏服装的吸湿快干针织材料。黄旭等使用低温等离子体处理后的亲水性差别化羊毛，与水溶性维纶混纺的纱线做双面组织面料的面纱、连接纱和底纱，实现材料的润湿梯度结构，通过维纶的水解实现材料自内而外间隙梯度变小，提高材料的单向导湿能力，使其具备了吸湿快干性。

使用传统非织造工艺如针刺、水刺、热风等来直接制备具有吸湿快干性能的材料较为少见，近年来更常见的是使用静电纺丝法制备以纳米纤维膜为主体的吸湿快干非织造材料。宋（Song）等通过水刺技术制备了具有润湿梯度结构的非织造材料，这种材料由疏水性壳聚糖纤维和亲水性粘胶纤维（VIS）组成。即使当90%的纤维是疏水的，且疏水层厚度超过1.6mm时，该材料仍然可以实现各向异性的水渗透，且在300次磨损循环后仍能保持良好的耐磨性和各向异性水渗透能力。同时，该复合非织造材料对环境友好，适合大规模生产，可应用于医疗保健领域。甄（Zhen）等通过针刺和热风固网技术，开发了具有润湿梯度结构的聚乳酸（PLA）/VIS复合织物。这种织物通过层压5层不同质量比的PLA/VIS纤网，获得了润湿梯度结构，并且在烘箱中使用多孔框架获得了孔隙率为90%~96%的蓬松结构。当润湿梯度指数值从0增加到1.5时，单向传输指数值从77.8%增加到165.6%。唐（Tang）等通过整合一种超亲水MXene/壳聚糖改性聚氨酯（PU）纳米纤维膜和一层具有串珠状结构的超薄疏水性PU/聚乙烯吡咯烷酮（PVP）层，制备了一种具有润湿梯度结构的纳米纤维膜。该纳米纤维膜除了具备优异的吸湿快干性能外，还具备光热转换性、耐磨损、可清洗等优点，适用于智能可穿戴设备。巴巴尔（Babar）等通过静电纺丝制备了具有吸湿快干性能的膜，该膜由商用聚酯非织造材料（CNW）作为疏水层，将含银聚酰胺（PA-Ag）纺丝溶液通过静电纺丝喷覆在CNW上形成亲水纳米纤维膜层。纳米银颗粒的引入不仅创建了亲疏水层的互联网络，还增强了聚酰胺纳米纤维层的润湿性，最终获得具有不同孔径的润湿梯度结构的CNW/PA-Ag膜，吸湿性达到1253%。苗（Miao）等通过静电纺丝技术制备了三层纳米纤维膜，将聚丙烯腈（PAN）溶液加入二氧化硅（SiO_2）颗粒后通过静电纺丝和碱处理得到水解聚丙烯腈（HPAN）纳米纤维膜作为外层，疏水性PU膜作为内层，水解PU-PAN纳米纤维膜作为转移层。转移层赋予膜润湿梯度结构，从而引导水从内层渗透到外层，并防止反向渗透，所得膜具有16.1cm H_2O的穿透压力和1021%的吸湿性。根据仿生蒸腾作用，毛（Mao）等制备了一种树状结构的芯纱，棉纤维作为芯，静电纺聚己内酯（PCL）纳米纤维作为皮层。由于纤维尺寸差异产生的毛细管压差可以实现水分在棉纤维和静电纺PCL纳米纤维之间的快速转移，使得该芯纱制备的材料具备了1034.5%的高吸湿性。赵（Zhao）等基于仿生学原理，结合静电纺丝技术，开发了一种由壳聚糖和聚乙烯醇（CTS-PVA）作亲水外层，蜂胶和聚己内酯（PRO-PCL）作疏水内层的复合纳米敷料，能有效抗菌，将人体表面多余的各类生物流体导向外层，同时该材料具有良好的抗氧化性能和有效止血的能力，是吸湿快干医用敷料的理想材料。

（五）吸湿快干后整理

通过等离子体处理、光化学改性、静电喷涂、激光加工等后整理，可以对材料表面进行改性，使材料获得亲疏水性，从而改变润湿梯度结构，最终具备吸湿快干性能。

等离子体后整理是一种新发展的技术，其作用原理是在不影响纤维内部成分的情况下改变织物的润湿性。通过使用等离子体处理在亲水织物上沉积六甲基二硅烷（HMDSO）和含氟聚合物等低表面能材料，已经制备了不同类型的Janus两性织物；劳（Lao）等通过在疏水基底上创建梯度润湿性通道，制备了"类皮肤"织物，通过将1H、1H、2H、2H-全氟辛基三乙氧基硅烷（PFOTES）/二氧化钛（TiO_2）纳米颗粒涂覆到棉织物上，然后将等离子处理过的仿汗腺打孔膜覆盖在棉织物上，以创建多孔亲水性通道，制备超疏水织物。超疏水基底上的梯度润湿结构用于赋予织物定向水转移和拒水性。濮（Pu）等通过在棉质非织造材料表面等离子体沉积六甲基二硅氧烷（HMDSO）制备了 Janus 织物，由 HMDSO 低表面能材料处理后的表面表现出接触角为 0°的亲水性，未处理面接触角则为 150°。这种不对称的润湿性使非织造材料具有定向水传输性能、良好的水蒸气传输率和高透气性。

光化学改性是指在太阳光或紫外线照射下，材料表面发生氧化、交联、化学键断裂等变化从而提高材料表面的润湿性。在紫外光照射下，光响应材料 TiO₂ 可以改变织物的润湿状态。王（Wang）等用浸渍涂布技术将 TiO₂ 和杂化 SiO₂ 溶液涂覆于涤纶织物表面，在织物表面形成薄涂层，测得接触角为 170°，显示出超疏水性。随后将得到的超疏水织物的一侧暴露在多波长紫外线光束中，该受到辐照的表面表现出亲水性，织物形成不对称润湿性。紫外线照射 60min 后，改性后的涤纶材料将水从亲水侧传递到疏水侧至少需要 18cm H₂O 的穿透压力，而同一材料将水从疏水侧传递到亲水侧只需要 2cm H₂O 的压力，这表明改性后的材料具有理想的单向输水能力。

静电喷涂，即在高电势下从管中喷出带电的涂料微粒，并使其沿着电场相反的方向定向运动，最终吸附在材料表面的一种喷涂方法。涂料微粒的大小和所带电荷可以通过改变高压静电场的电压和流速来控制，因此静电喷涂可以控制涂层厚度，从而调节疏水层的厚度来改变材料的吸湿快干性能。目前，部分吸湿快干材料是通过在亲水材料上静电喷涂含氟聚合物或硅氧烷低表面能材料制成的。王（Wang）等通过两步静电喷涂法制备了一种吸湿快干材料，首先在棉织物上双面静电喷涂丙烯酸全氟烷基酯涂层，然后再单面按一定图案静电喷涂超疏水材料。与无图案定向输水材料相比，有超疏水图案的材料具有 1.89 倍的累积单向传递能力指数。王（Wang）等通过在亲水性棉织物上电喷射一薄层疏水性聚偏二氟乙烯—六氟丙烯/氟化硅基烷来制备吸湿快干材料，当疏水层厚度为 9.0~23.9μm 时，材料表现出单向水传输性能，较小的孔径显示出较大的吸湿性，证明亲水层的孔径对吸湿性能有关键影响。

激光加工作为一种新技术具有精确、灵活、高效和环保等特性，可以改变材料的表面微/纳米结构进而影响材料的表面润湿性，因此，激光加工被广泛应用于制备各种表面润湿性材料，包括超亲水性和超疏水性材料。近年来，润湿梯度表面材料引起了研究者的重视，其中通过具有低能表面改性的激光方法实现水的定向转移技术备受关注。例如，戴（Dai）等受鸟喙中的定向水输送的启发，制备了一种疏水/超亲水 PET/硝化纤维（NC）纺织材料，该材料具有不对称锥形微孔阵列，用于通过激光穿孔和随后的等离子体改性进行定向液体输送。过量的液体可以通过毛细管力驱动的不对称锥形微孔从内层有效地转移到外层，以保持皮肤干燥和凉爽。PET/NC 织物显示出 1246% 的高吸湿性，并保持人体温度不受外界影响。杨（Yang）等使用一步飞秒激光方法制造了亲水/疏水材料，该方法处理后的表面显示出微/纳米结构和亲水性，能快速将多余的液体从疏水层转移到亲水层，降温功能比传统材料低 2℃。

（六）吸湿快干标准

1. 现有吸湿快干测试标准及其性能指标

中国现行吸湿快干测试标准包括 GB/T 21655.1—2008《纺织品 吸湿速干性的评定 第 1 部分：单项组合试验法》和 GB/T 21655.2—2019《纺织品 吸湿速干性的评定第 2 部分：动态水分传递法》，其他国家现有吸湿速干相关性能测试标准包括 ISO 17617—2014

Textiles – Determination of moisture drying rate、AATCC 195—2009 *Liquid Moisture Management Properties of Textile Fabrics*、JIS-L 1096—1999《一般织物试验方法》等。各标准主要包括的性能指标为：

（1）吸水率。即试样在水中完全浸润后取出织物至无滴水时，所吸取的水分占试样原始质量的百分率。

（2）滴水扩散时间。即将水滴在试样上，从水滴接触试样至完全扩散并渗透至织物内所需要的时间。

（3）芯吸高度。用于衡量实验材料的毛细效应，即垂直悬挂的材料一段被水浸湿时，水通过毛细管作用，在一定时间内沿材料上升的高度。

（4）干燥速率。即单位时间内试样中水分的蒸发量。

此外，接触角、抗静水压能力、透湿量和单向传递指数等性能指标也可以用于辅助判断吸湿快干材料功能的优劣。

以中国现行标准为例，吸湿快干性性能指标分级见表6-1。

表6-1　GB/T 21655.1—2008 和 GB/T 21655.2—2019 主要性能指标分级

性能指标	1级	2级	3级	4级	5级
吸水率/%	≥80	≥100	≥120	—	—
滴水扩散时间/s	≤6	≤4	≤2	—	—
芯吸高度/cm	≥80	≥90	≥110	—	—
干燥速率/(g/h)	≥0.20	≥0.30	≥0.40	—	—
单向传递指数	<-50.0	-50.0~100.0	100.1~200.0	200.1~300.0	>300.0

郑园园研究发现，实验试样的尺寸和形状对结果的影响在8%之内，因此当成品取样困难时，可以考虑材料取样时对尺寸和形状适当做出改变以达到测试准确的目的。姜逊等发现，测试材料中水蒸发速率的过程中，对标准要求的每5min 称重一次难以精准控制，而且称重时会出现材料水分转移到载物器皿上的问题，造成误差，因此广州纤维产品检测研究院研发出一套蒸发速率的自动化检测仪器来代替人工，提高了检测精确度。

通过上述分析和研究，对于吸湿快干材料来说，纤维原料的选择至关重要，不仅对材料吸湿快干机理有影响，而且对其成型加工方式和结构形成也有很大的影响；同时，材料的加工方式和结构设计也非常重要，最终影响材料的吸湿快干性能。

2. 在纤维原料方面的未来研究方向

（1）吸湿润胀作用。亲水纤维吸水后发生润胀，会减小纤维间的孔隙或对纱线的稳定性造成影响，从而不利于水分的传输与水蒸气的蒸发，后续应该重点研究亲水纤维的吸湿润胀问题。

（2）单向导湿作用。吸湿快干材料对内、外层所用纤维的吸湿性和快干性要求不同，应重点研究纤维与水分子结合的作用力对材料单向导湿的影响，以及高温等极端环境下内外层纤维对水分子的吸收、传输和蒸发是否发生变化。

（3）差动毛细效应。吸湿快干材料所应用的异形截面纤维沟槽的深度与数量对差动毛细效应的具体影响程度尚无研究结论，对实际应用的指导作用未见体现。

（4）可持续发展。随着绿色可持续发展战略的实施，纤维原料的开发应逐渐转向绿色环保纤维，因此应进一步加大对可降解竹原纤维等原料在吸湿快干材料方面的应用研究。

3. 在吸湿快干材料方面的未来研究方向

（1）低成本工业化生产。大多数吸湿快干材料由两层组成，不同的层由不同的纤维制成，制备方法十分复杂，各层的厚度很难控制，仅限于在实验室进行研究，因此，应开发一些简单、高效的方法来实现吸湿快干材料的低成本工业化生产。

（2）后整理技术。许多后整理方法需要使用化学整理剂到达疏水的表面效果，但整理剂可能会对人体不利或轻微污染环境，且在后续应用时不耐反复洗涤，因此需要不断探索各类兼具绿色环保性能、良好机械性能和稳定高效的吸湿快干材料的后整理技术，将其与吸湿快干材料的制备更加紧密地结合在一起。

第三节　织物的光泽及其相关问题

6-3

一、光泽与光泽感

光泽是指在一定的背景与光照条件下织物表面的光亮度以及与各方向上的光亮度分布的对比关系和色散关系的综合表现。光泽感是指在一定的环境条件下织物表面的光学信息（光泽信息）对人的视觉细胞产生刺激在人脑中形成的关于织物光泽的判断，是人对织物光泽信息的感觉和知觉。光泽和光泽感是两个不同领域、不同性质的概念，光泽是物质本身所表现出来的一种属性，而光泽感是物质的光泽属性在人脑中的映射，是通过人的感觉和知觉来实现的，是人对光泽的评价。光泽感的形成离不开具体的环境系统，这个系统包括人、对象（织物、服饰等）和自然环境，其中人是这一系统的主体，对象是属于被评判的范畴，自然环境是二者的中间媒介或联系条件，它对人的审视判断产生影响，自然环境包括照度、背景、颜色、偏光等内容。

人们对光泽评价标准是基本一致的，但在具体评价时，要受到个体的历史经验、个人喜好等诸多生理、心理因素制约，所以个体评价的最终结果又不可能完全一致。织物光泽是评价织物外观质量的一项重要内容，光泽与光泽感很早就为人们所重视，无论是织物还是服装，从形成美观的要求来讲，都离不开织物的光泽和光泽感。

自然界存在多种类型的光泽，归纳起来存在几种典型的光泽：

（1）金属光泽。有光泽的金属镀金面、磨过的金属面等的光泽，矿物等也有反射光极强的光泽。

（2）玻璃光泽。像上釉瓷器所见的光泽。

（3）水晶光泽。玻璃、水晶等的光泽。

（4）树脂光泽。像琥珀样的柔软的光泽。

（5）钻石光泽。以金刚石为代表的闪烁的光泽。

（6）珍珠光泽。像珍珠和蛋白质等带干涉色的柔软的光泽。

二、光泽的形成原理

织物光泽实际上是光线在织物表面的反射，将一束平行光照射到织物表面，除一部分吸收外，其余将会反射、折射或透过织物，反射是光泽形成的基础。反射包括一次正反射、漫反射、多次正反射和多层反射等。

（一）一次正反射

对于平整镜面，所有的入射光会从正反射方向射出，形成正反射光；对于透明物体，一部分光线将发生正反射，另一部分将折射进入物体。则反射率有：

$$P_p = \frac{\tan^2(i-r)}{\tan^2(i+r)} \tag{6-25}$$

$$P_s = \frac{\sin^2(i-r)}{\sin^2(i+r)} \tag{6-26}$$

$$P_t = \frac{1}{2}(P_p + P_s) \tag{6-27}$$

式中：i 为入射角；r 为折射角；P_p 为与入射角平行的偏光反射率；P_s 与入射角垂直的偏光反射率；P_t 为 P、S 两成分的平均反射率。

（二）漫反射

由于织物表面存在微细凹凸的不平整，反射光将不按名义正反射方向输出，各个方向均有反射光，形成表面散射反射光，亦称表面漫反射光，形成表面漫反射。我们日常见到的物体，除了正反射方向外，所有方向都有反射光，在这种漫反射中，从表面折射进入材料内部的光，由内部粒子进行漫反射，再从表面射出来的叫作层内漫反射。

（三）多次正反射

进入纤维内部的光，其中相当一部分又从纤维中射出而形成透过光，透过光决定纤维的透明程度。还有一部分从纤维的内部又反射出纤维的表面，成为来自纤维内部的散射反射光，它可能与正反射光同向，更可能不在正反射光方向。

（四）多层反射

纤维的光泽实际上是正反射光、表面散射光和来自内部的散射反射光的共同贡献，这三部分反射光，由于各自的绝对数值不同，相互间的配合比例不同以及方向和位置间的差异，给人的感觉相差很大，故对光泽评价时应该同时考虑两个方面，即反射光量的大小与反射光量的分布规律。

如果反射光量很大，但分布并不均匀，这就是说很强的反射光可能都集中在局部的范围里，俗称"极光"；若反射光量很大且分布比较均匀，就形成"肥光"。

蚕丝光泽好就是因为具备以下特点：

（1）整个反射光比较强，正反射光比较多，所以光泽感强。

（2）内部反射光的比例高，并且有一定的色散和衍射反射效应，所以光泽感绚丽柔和。

（3）因为透过光有可能形成全反射，因此有闪烁的光泽效果。

（4）沿纤维表面反射光强度的分布比较整齐，光泽均匀。

如有色玻璃样的着色透明物体，当光照的时候，正反射的光与物体的颜色无关，具有和入射光同样的分光组成。经过折射进入内部的光，由其物体的颜色，进行各式各样的吸收，当这个光向外输出时，人们就能看见这个物体的颜色了。

三、光泽的表征

光泽是指光线在织物表面的反射程度，属物理量，而光泽感是一种感觉量，是指由表面反射光所形成的感觉效果。如何描述这种效果，是光泽评价的任务，客观评价这种感觉效果的方法是用各种与反射光有关的物理量来进行量化。这些物理量一般取自以下几方面：①织物表面反射光的数量，②织物表面反射光的分布，③织物表面反射光中各种不同类型反射光组分的结构比例。

从特定方向入射的光线照射织物时，在各个方向织物表面不仅都会有反射光，强度也会有差异，因此在光泽测定中，能把所有方向的反射光强度分布都记录下来是最理想的。但代替它的方法一般是测定某特定范围内的反射光分布，继而研究有代表性的反射光分布，并以此为基础进行光泽分析。

根据对织物光泽的评价要求，目前采用较多的测量方法是变角光度法，其原理如图 6-17 所示，即在以一定角度入射的光线照射下，测量织物反射到不同角度上的反射光强度，并将结果绘成曲线。如果反射光强度的测定是在入射面内进行的，则称为二维变角光度曲线（α—β 关系）。如果反射光强度的测定是在与入射面垂直的平面内进行的则称为三维变角光度曲线（α—β—γ 关系）。这两类曲线不仅可以反映整个反射光强度的

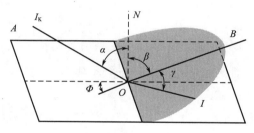

图 6-17 变角光度法原理

α—入射角 β—入射平面受光角
γ—反射平面受光角 I_K—入射光强 N—法线方向

分布状况，还可以提供一些特征值作为不同织物试样的反射光强弱与分布均匀性的比较基础。

（一）二维变角光度曲线

在图 6-18（a）中，固定入射光源 L（入射角 i 一定），受光器 R 以入射点 O 为中心在入射面内回转，从而获得反射光强 I 和回转角 θ 的关系，即在入射面内的变角光度曲线或 I—θ，如图 6-18（b）所示。

从曲线上可以得到漫反射光 D 和镜面反射光 S，一般采取 $\theta=0$ 处反射光强 I 的值作为漫反射光 D 值，只有在正反射方向（$\theta=i$）出现强反射光，如果在任意 θ 处的亮度都一定，叫完全漫反射面 D。图中的 H 是表示实际织物表面的反射特性曲线，所以具有上面的 S、D 两

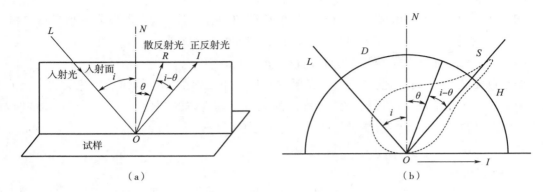

图6-18　二维变角光度曲线

种理想曲线的中间特性，即为 S 和 D 两成分的混合。由于布面不平整，反射光的立体分布一般呈梨形反射，可以从三个着眼点来分析织物的光泽。

（1）从 I—θ 曲线成分的大小来分析光泽度。主要用镜面光泽度分析。

镜面光泽度是指能在试样表面形成影像的反射光强度，因此通常都是取其正反射角处的反射光量作为镜面光泽度。对光滑的表面来讲，这应该就是反射光量最大的位置，如果纤维或纺织品表面凹凸不平显著，这个位置可能有较大的偏移。

$$G_S = S \tag{6-28}$$

或
$$G'_S = S + D \tag{6-29}$$

（2）用 I—θ 曲线的 S 与 D 成分的大小比例来表示光泽度。主要有对比光泽度。

对比光泽度是指同一个入射角、不同反射角，或是同一反射角、不同入射角时测得的反射光量之比。

$$G_C = S/D \tag{6-30}$$

或
$$G'_C = (S + D)/D \tag{6-31}$$

比较常用的对比方式是取入射角＝反射角＝45°时的反射光量为 I_{max}，用它与入射角＝0°，反射角＝45°时的反射光量之比来表示。

（3）强调从 I—θ 曲面的 S 成分迁向 D 成分或者是从 D 成分迁移到 S 成分部分的特征的表示法。

因为镜面光泽度叫作客观光泽度，对比光泽度也叫作主观光泽度。大多能够得到与肉眼评价一致的结果。

（二）偏光光泽度

这是利用一般纤维都含有透明体反射的偏光关系而求的光泽度。假设透明体的折射率为 n，满足 $\tan\theta = n$ 的布儒斯特定律（Brawster）的条件，角 θ 普遍使用57.5°，当入射光线至透明体时，其正反射光 S，形成对入射面垂直方向的偏光；漫反射光 D 完全可以看作不具备偏光性。因此，漫反射光 D 在入射面垂直方向和平行方向各含 $D/2$，即反射光中的偏光强度，对入射面来说：垂直成分 $\varphi_S = S + \dfrac{D}{2}$，平行成分 $\varphi_P = \dfrac{D}{2}$。

这个 φ_S，φ_P 由受光器各自方向的偏光镜片可以实测。这样可得英格索尔（Ingesoll）偏光光泽度：

$$G_I = \frac{\varphi_S - \varphi_D}{\varphi_S - \varphi_P} = \frac{S}{S + d} \tag{6-32}$$

或

$$G_I' = \frac{2\varphi_P}{\varphi_S - \varphi_P} = \frac{D}{2} \tag{6-33}$$

由此可知，Ingesoll 偏光光泽度也是一种对比光泽度。

其他的偏光光泽度。可以把反射光分离为表面反射光 M，内部反射光 R，漫反射光 D，透射、折射光 T，用以下公式表示：

绝对光泽度：
$$G = M + T + R \tag{6-34}$$

相对光泽度：
$$G' = (T + R)/M \tag{6-35}$$

（三）试样回转法

如果将光源和受光器固定，让试样面围绕入射点轴回转，从而测定回转角 θ 与受光量的变化曲线，根据轴方向的取法，可分为下面两种情况：

1. NF 法

通过入射点与入射面垂直的轴回转试样，测定 I—θ 曲线。当正反射条件成立时，I 最高以 I_0 表示。这时 I—θ 关系可用式（6-36）描述：

$$I = I_1 \exp(-\alpha\theta) + I_2 \exp(-\beta\theta) \tag{6-36}$$

式（6-36）中第一项表示从表面平滑部分的反射光，第二项是 θ 变大也不能取消的项，是表示凹凸所引起的散乱光或漫射光。于是 NF 光泽度可做如下定义。

$$G_{NF} = \frac{I_0}{I_2} = \frac{I_1 + I_2}{I_2} \tag{6-37}$$

它是广义的对比光泽度。

2. 杰弗里斯（Jeffries）法

除了前面所介绍的两个指标外，还有来自三元系统的各种对比光泽度以及与织物表面状态关系比较密切的显微光泽度、杰弗里斯（Jeffries）对比折光度等。现对杰弗里斯对比光泽度作一介绍。

在一定入射角条件下，织物平面围绕入射平面的中央轴向回转，不同回转角时的反射光强度曲线便是杰弗里斯光度曲线。由于织物是由经纬纱交织而成的，不仅织物表面不平，而且这种不平具有方向性，光度曲线会交替出现波峰（一般都和织物的经纬向相对应）和波谷（一般说来是在经纬纱的对角线方向上），所以每一个试样的峰谷值往往都是稳定在一个水平上。因为经纬向的峰值可能不一样，所以杰弗里斯光泽度有两种表达形式，即：

$$G_j' = \frac{a - c}{c} \tag{6-38}$$

$$G''_j = \frac{b - c}{c} \tag{6-39}$$

式中：a、b 为受光量极大值，c 为受光量极小值。

在这个方法中，试样面的各向异性大时，$I—\theta$ 曲线的变化表现大；而等向性大时，则没有变化。

（四）三维变角光度曲线

在图 6-19（a）适当地设置入射角 α，对受光角 β、受光角 γ 进行连续变化，记录反射光 I 值。对同一个 α，变化各种 β 值，并连续变化 γ 而做测定，则得如图 6-19（b）的曲线簇，可知试样的三维反射情况。从这些曲线可知，当入射角为 45°时，可以求得镜面光泽度 $G_s = I_0$、三自由度光泽度 $G_r = I_0/I_r$、半高宽光泽度 $G_H = I_0/H$。

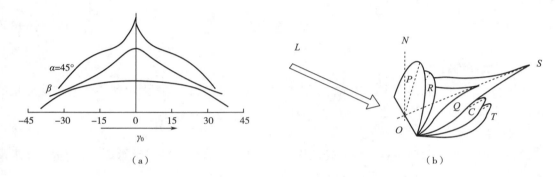

图 6-19　三维变角光度曲线

（五）显微光泽度

从显微照片来看，丝绸织纹细，明暗闪烁，轮廓分明；而棉布织纹粗，明暗界限模糊。模拟实验中，在一张黑纸中开一条细纹，盖在照片上，在从左到右顺序移动过程中把细缝中所见部分的亮度变化描绘起来，就得到显微光度曲线。显微光泽计就是测定这些反射光的平均值从而得到显微光度曲线，用显微镜看到的细微之处是肉眼不可能区别的，所以获取这样的平均值是很有价值的，丝绸和棉布的光泽质感差异就是由其微细部分的闪烁所致。

织物光泽的视觉评价和物理光泽表示的关系，考察的结果如下：

（1）织物光泽的视觉评价基准，有量的和质的两方面，并且互相独立。

（2）与量的光泽感有关的物理量是织物表面有方向性的反射光量，而对质的光泽，可以考虑纤维内部的反射和透射成分。

（3）以漫反射曲线为基础的光泽表示法，确定了表示量的光泽感。

（4）利用偏光表示法也能表示某种程度的质的光泽感。

显微光泽度作为织物光泽的质感表示是一种有效的方法，认为影响织物光泽的质感的重要因素是织物中重叠着的纤维层内部的反射光。根据肉眼的视力和图形大小的对比关系，显微光泽度被定义为：

$$L = \frac{K}{G}\log\frac{h}{I} \tag{6-40}$$

式中：L 为显微光泽度；h 为织物明亮部分的反射光强度的平均值；I 为织物阴暗部分的反射光强度的平均值；G 为曲线的平均节距；K 为明视距离（常数），是试样与观测者之间的距离（普通为 250mm）。

一般 G 曲线中峰与峰的间距狭，且凹凸的变化越深，表示 L 值越大，丝绸为 4.47，棉布为 1.55。关于织物的光泽感（质感）受织纹的影响讨论如下：

（1）物体表面织纹的存在是反射光散乱的原因。织纹的大小比眼的分辨能力大时，其光泽感与平面状态的光泽保持不变；当织纹的大小比眼的分辨能力小时，其光泽感由织物的反射光分布决定。

（2）织物、纤维的平行性对光泽感有很大的影响，这是因为纤维形态的反射成分（在纤维镜面反射）的方向性与纤维平行性有关。

（3）织物的光泽是从织物中除去织纹影响形成抽象光泽感，认为与织纹大小和眼的分辨能力的对比是有连带关系的。

四、光泽感的物理空间域

如前所述，织物表面的不同反光分布将形成不同的光泽感。从物理学角度来讲，能够反映织物表面反光分布的特征指标有许多，但从人对各种指标的敏感程度和指标对光泽感的贡献程度来看，主要有以下 4 个特征指标。

峰值反射率 G_m：指织物反射光强最大处的光通量占入射光总光通量的百分数。

法向反射率 G_n：指织物法向方向的反射光光通量占入射光总光通量的百分数。

赤道反射率 G_e：指织物入射面内，反射光总光通量占入射光总光通量的百分数。

$-65°$对比光泽度 $G(-65°)$：指入射角一定时，峰值方向的光通量与$-65°$方向的光通量之比（法向方向定义在 0°，入射角为负角）。

以上这四个指标相互之间存在相关性，因此，我们将指标对平均值 $\bar{G}$ 和标准差 σ 归一化之后，进行主成分分析，最终得到三个相互独立的综合参量指标，这三个综合参量指标的表达形式均为上述四个指标的线性组合，这三个综合参量指标的贡献积累率为 93.9%。三个综合参量指标如下：

（1）反光度 X_1。

$$X_1 = 0.5953(G_m - \bar{G}_m)/\sigma_{Gm} + 0.5397(G_n - \bar{G}_n)/\sigma_{Gn} + 0.5953(G_e - \bar{G}_e)/\sigma_{Ge} \tag{6-41}$$

（2）亮度差异率 X_2。

$$X_2 = \left[G(-65°) - \bar{G}(-65°)/\sigma_{G(-65°)} \right] \tag{6-42}$$

（3）漫射光 X_3。

$$X_3 = 0.3816(G_m - \bar{G}_m)/\sigma_{Gm} + 0.8418(G_n - \bar{G}_n)/\sigma_{Gn} - 0.3816(G_e - \bar{G}_e)/\sigma_{Ge} \tag{6-43}$$

其中漫反射光 X_3 的含义是法向反射率扣除峰值反射率和赤道反射率在法线方向的影响后的剩余量。

反光度 X_1、亮度差异率 X_2 和漫射光 X_3 构成了物理学领域的光泽感的光学空间域。这三个综合参量指标对光泽感的形成起着主要作用。

五、光泽的影响因素

由显微镜观察可知，纤维形状复杂多元，纱线、织物可认为是由这些纤维不规则的或规则的集合排列起来的。有关纤维制品的光泽的影响因素如下：

1. 单纤维的光泽

单纤维的光泽与表面的平滑度和透明度有关。光线照射到纤维后一部分被表面反射，一部分经过表面折射进入纤维内部，被吸收或透过，也有部分通过多次折射后再从表面反射出来，这样就产生了光泽。纤维的表面结构比内部结构对光泽的影响大，一般表面形状越复杂，散乱反射越强。透明度降低时呈现漫反射光泽。例如，湿法纺丝由于最外层的急速凝固，纤维表面形状凹凸，光泽一般都带有漫反射特征。同样，由于横截面的非平滑化、细纤度化、卷曲的微细化，使漫反射光泽增强，并呈现各式各样特点的光泽。三角断面丝的光泽比圆形断面高，用断面的外接圆和内接圆的直径比值表征，其值在 1.5 附近时光泽达到极大值。

2. 纱线的形状

纱线中，如单纤维在长度方向笔直地平行成束，则有光泽；当纱线加捻、起毛或有结节等时，漫反射增多，光泽下降；纱线捻度少、结构蓬松、毛羽多，纱线中纤维卷曲数多，会使光泽有变暗弱混沌的倾向。

3. 织物的构造

织物因纤维种类、构造不同导致其光泽有异，此外测定条件不同也影响光泽。例如，在织物的经纱方向照射光线与在纬纱方向照射时相比，所得光泽就有所不同。从表面结构看，各个部分都由圆柱状纱线构成，且以波动方式织成织物，所以在其经纬方向显示完全不同的表面特征，反射光也随这种表面特征而变化。此外，因织物表面形状的凹凸性导致漫射性，尤其是表面织纹的颗粒小于眼睛分辨能力时会影响光泽质感。织物的构造与织物中纤维种类、纱线密度、覆盖系数和织纹组织等有关，例如蚕丝织物如果卷曲率高、蓬松性好，会使光泽变暗混，对于缎纹类织物纱线比较平坦，光泽高。

4. 后整理与光泽

纤维和纱线经物理或化学处理后会产生光泽差异。利用纤维的可塑性进行加热、加压，调整表面光的反射，可以改善产品的光泽。烧毛、剪毛、压光、扩幅、热烫、纸烫、纺绸罗拉加压等，都会使织物表面平滑化，使光泽增强。压纹整理、树脂整理、呢面整理、起毛整理等也可改变光泽感。

5. 颜色和光泽

颜色包含色调、亮度、彩色度等内容，虽然为同一制品，但是如果颜色不同，在感觉上就会产生很大的差异，颜色对光泽度和光泽感影响很大。可是，就光的反射和颜色的关系来看，当光线照射到纤维等物质时，入射光会在试样内部折射率不同的小粒子界面反复反射、折射，最后漫反射出来。在此过程中有些波长的光在试样内部被吸收，漫反射出来的光会显示其颜色，这些光与原来表面的漫反射光 D_0 一块向外射出。对此，原来表面的镜面反射是试样表面的几何光学反射，可称为表面反射光，表面反射光不会存在选择吸收，因此，反射光主要由与入射光同样颜色的光组成。

织物因其表面构成十分复杂，其表面反射光 S_0，不仅限在正反射方向，而且分布在极广的角度范围，以表面漫反射成分 D 为多。据此，对于织物的颜色来讲，只要考虑漫反射成分 D_0 即可，与表面反射成分 S_0 没有直接的关系。一方面，光泽有以镜面反射成分 S 为重点的光泽度和以漫反射成分 D 为重点的光泽度。另一方面在同样的光泽度中，S 和 D 的分配有多种情况。织物的 S 和 D 分别代表对平均表面的外观的正反射成分、漫反射成分，不是纯粹的表面反射成分 S_0 和漫反射成分 D_0，S 和 S_0，D 和 D_0 有显著的差异。总而言之，对于颜色用 D 描述，对于光泽需要 S 和 D 有一定比例，这时的 D 不仅有 D_0，还含有 S_0，当然要完全分离颜色和光泽是有困难的。

6. 亮度及白度

设颜色的 CIE 三刺激值为 x、y、z，Hunter 的白度 w 为

$$w = 100 - \sqrt{(100 - L)^2 + a^2 + b^2} \tag{6-44}$$

但 $L = 100\sqrt{y}$，$a = 175(1.02x - y)/\sqrt{y}$，$b = 70(y - 0.4872)/\sqrt{y}$。

对于亮度差的无彩色织物，w 值与视觉上的光泽感显示良好的相关性。也有人认为对比光泽度与亮度具有良好的相关性，光泽感与镜面光泽 G'_s 有良好的相关性。其根本原因在于亮度与白度之间的比重分配。

综上所述，对于织物光泽有以下几方面的总结。

（1）表面构成复杂，表面反射成分 S_0 和漫反射成分 D_0 的分离困难，但是，采用大的入射角能够改善 S_0 和 D_0 的分离情况。

（2）因为表面结构的各向异性，入射角度的不同可能表现显著不同的反射特征。

（3）在彩色试样中，亮度对光泽的影响大。

总之，在光泽测定时，必须选择合适的、与试样特征相符的、与测定目的匹配的测试手段和表征方法，使所得的光泽度能与视觉评价的倾向接近一致。

六、回归反射类型

（一）回归反射

光线照射到物体上会产生漫反射或正反射。光线照射到粗糙的物体表面会向四面八方反射，即漫反射，所以人能从不同的方向看到物体。正反射是在光滑的平面或曲面上产生的，反射光的角度和入射光的角度有一定的关系。还有一种是回归反射，反射光折射回到入射光（即光源）方向，这是依靠特殊的光学元件产生的独特光学现象。

夜间交通事故频发，这与黑暗视野中车灯前的人体反射光很弱，驾驶员看不清有关，因此提高夜行人的能见度很有必要。提高物体能见度有以下几种方法。一种是涂磷光物质，这种物质能将吸收的光能储存，一旦光源移去，能在较低水平释放光能，普遍用作夜光表的

表盘和指针上的涂料，这种方法不能达到高能见度的要求；另一种是涂荧光物质，它将吸收的紫外光部分转变成可见光，因此常用作交通标志的涂料，但是，对处于车灯前的物体作用很小，所提供的能见度可能还不如一块白布。回归反射的功用是提高物体在黑暗中的能见度，回归反射能使反射光回归到入射光的方向，当车灯照射到有回归反射功能的物体上时，物体的反射光射向车灯方向，即射向驾驶员，物体的能见度大大提高，大约为白布的 1000 倍。

实现回归反射有两种光学元件，即球形透镜和四面体形的直角棱镜。目前，这两种元件都有应用，如路面分界标志、高速公路、汽车尾灯和自行车反射器等，它们精确的光学特性会在驾驶员眼前发出醒目的光辉。

1. 球形透镜

球形透镜用玻璃制成，即玻璃珠。入射光抵达玻璃珠与空气的界面产生折射，折射角因玻璃的折射率不同还有变化。折射光在玻璃珠内部进行聚焦，焦点与球心的距离为焦距 F，如果在 F 处有一个镜面，使折射光产生反射，在反射光穿过玻璃珠与空气的界面时，将恢复到入射光的方向，即 F 与球的半径 r 相等，而在球的背面有一个反射层（使球的背面金属化），光恰好在此反射。F 和 r 的关系式为：

$$F - r = \frac{r(2 - n)}{2(n - 1)} \tag{6-45}$$

式中：n 为玻璃珠的折射率。

当 $n > 2$ 时，F 小于 r，焦点在玻璃珠的内部，得不到良好的回归反射效果；

当 $n < 2$ 时，F 大于 r，焦点在玻璃珠的外部，反射层（即金属化层）与玻璃珠之间有一段距离（称为间隔层），要准确掌握间隔层的厚度，在加工工艺上是困难的；

因此 $n = 2$ 时将得到最佳的回归反射效果，但由于种种原因，要做适当的修正，实际上，当 $n = 1.93$ 时，可获得最高的回归反射亮度。

玻璃珠的折射率是由它的化学组成决定的，n 在 1.90 附近的玻璃珠，其主要成分为钛、钡、锌、钙和硅等元素的氧化物，为了使玻璃珠在大气中有良好的稳定性，不能添加铝氧化物。

2. 直角棱镜

直角棱镜是用模子压成的透明塑料片，表面是平的，背面有锥形的凸起，每个锥体由三个相互垂直的面组成，每个面都是经过金属化的反射镜面，入射光进入锥体后，经过几次反射返回入射光的光源处。这种结构相似于自行车后轮的反射板或汽车尾灯灯面，但是，作为回归反射的锥体要小得多。例如，汽车尾灯灯面每平方厘米有 15~30 个锥体。这样大的锥体只能制成板块，无法用于服装，直到 20 世纪 70 年代前期，随着制造工艺的发展，第一次制成直角棱镜膜，每平方厘米有 7000 多个锥体，至此，用直角棱镜型材料制作回归反射服装才成为可能。

（二）回归反射类型

玻璃珠镶嵌到织物上有裸露型、胶囊型、被覆型等几种方式。

玻璃珠以最大的受光面裸露在外，这种裸露形式结构简单，使用广泛，制造裸露型回归反射织物的关键是要有折射率较高的微玻璃珠，每平方厘米的玻璃珠数目要达到 1500 个以上，它的亮度是 150 个/cm^2 玻璃珠的一百倍。如果回归反射材料上的玻璃珠密度仅 150 个/cm^2，除非把整个外衣都镶上玻璃珠，否则还是看不清楚。

裸露型结构回归反射织物接受入射光的角度较宽，但表面粗糙，玻璃微珠容易脱落，要求表面必须保持清洁干燥，如果被尘埃污染或被水润湿，玻璃珠与外界的光学性能就受到破坏，回归反射的亮度就会降低，这是裸露型结构的最大缺点。改进方法就是外加透明罩子，把裸露的玻璃珠表面保护起来，形成胶囊型结构，这种回归反射织物即使浸入水中，玻璃珠与外界的光学界面仍然保持完好，虽然回归反射功能有些减弱，亮度比裸露型的差一些，但有些应用必须使用胶囊型结构，如水面作业的船员服、海滩救生衣；它的另一个长处是罩膜中可以添加透明染料，使白天和夜间反射的光具有相同的颜色，而裸露型织物，不管白天（底膜）是什么颜色，夜间总是白色。

被覆型回归反射材料不如前两种用途广泛，目前没有太多应用。回归反射织物对品种要求没有限制，但要求表面平整、紧密和光滑，使玻璃珠能单层铺布、水平排列，玻璃珠与织物通过印花法、涂层法、植株法等黏合。

应用时可以把回归反射织物制成条子、带子缀在服装上。

（三）回归反射测试

回归反射织物需要测定的项目有夜间能见度、反射性能、表面沾水性、耐水压、耐表面摩擦牢度、耐折叠摩擦牢度、耐热耐寒性、耐气候性、耐干洗牢度和耐皂洗牢度等。

1. 夜间能见度

夜间能见度是指夜间汽车驾驶员对前方具有回归反射功能的物体能够辨别的最大距离。测试方法是以汽车车头灯为光源，在汽车行驶状态下，顺着车头灯光线，观察前方放置的反光物体，到看见为止。夜间能见度是以车灯和反光物体之间的距离来表示的。这是一种现场直观测试法。

2. 反射性能

（1）目测法。在黑暗中，把手电筒放在齐眼的高度，顺着电筒光观看（比较）前方反光织物的亮度。这种方法要求测试条件相对稳定，织物与人的距离保持在 7.6m 以上，环境黑暗，并有一个参比的标准物体（即标样）。这种方法简单，但只能进行粗略的对比。

（2）回归反射系数测定。测定反射功能的方法有很多种，其中 ASTM 公布了 E808、E809、E810 方法，该法对比入射光和回归反射光的强度（称为回归反射系数），表征织物的回归反射功能。计算公式如下：

$$R' = \frac{(m_1 - m_s)d^2}{m_2 A} \tag{6-46}$$

式中：R' 为回归反射系数；m_s 为背景照度；m_1 为观察者位置测定回归反射试样的照度；m_2 为在样品位置测定与光源光线垂直的平面上光源照度的平均值（即回归反射织物被照的照度）；d 是光源或受光器与样品之间的距离；A 是样品的面积。

实际上从不同角度对织物的回归反射 R' 值进行测定时，所得结果是不同的。R' 值存在一个分布，这个分布恰恰反映了各种织物的回归反射特性，也是鉴别某种织物是否适合回归反射特殊用途的依据。为了更完整地掌握织物的反射功能，要考虑入射角和观察角两个参数，入射角是入射光线与回归反射织物平面的法线之间的夹角，观察角是回归反射光线（即观察者的眼睛与织物之间的连线）与入射光线之间的夹角。观察角是由两个距离决定的，一个是车灯光源和受光器（驾驶员眼睛）之间的距离，另一个是光源和受光器反射平面之间的距离。前一个距离因车型的大小有所不同，但与后一个距离相比总是很小的，因而观察角度都很小，一般在2°以下。

一般情况下，眼睛和光源的距离越短，回归反射织物看起来越亮，因为回归反射织物只是把来自光源的光线送回原处，它的反射光与观察者所处的位置无关。假设观察者和回归反射物体的距离是100m（相当于球场的长度），大卡车驾驶员眼睛和车灯的距离为2m，其观察角约1.15°；而赛车驾驶员眼睛距离车灯只有0.5m，相应的观察角为0.9°，对所观察的物体要比卡车驾驶员看到的明亮得多。这两位驾驶员越是接近反射物体，看到物体的明亮度差异越大。实际上夜间驾驶员发现夜行人的观察角远远超过海岸巡逻队员，这些队员在夜间搜索海面上的受难者或其他物体，用的是300万支烛光的光源，观察100km以外的物体，观察角仅有0.01°。因此，公路夜行人所用的回归反射织物必须具有较宽的观察角，而海上使用的回归反射织物应该具有狭小的观察角。

入射角的影响也十分重要。当光源在目标的正面时，几乎所有的回归反射织物会有最大的回归反射效率，当光源偏向一侧，入射角逐渐变大时，反射强度逐渐降低。如果能在30°~40°的入射角范围内表现出有效的回归反射光，反射功能属于良好。不同种类的回归反射织物，回归反射系数因入射角度不同有一个分布，这种分布决定了它们的用途。对于公路旁边的平面标示牌，光线对其入射角的变化很小，适合使用回归反射强度分布比较窄的材料；对于缀在夜行人外衣上的回归反射织物，因为人处在运动中，车灯光线的入射角变化很大，它的回归反射强度必须要有较宽的分布。

参考文献

[1] NISHIMATSU T, SOWA K, SEKIGUCHI S, et al. Measurement of active tactual motion in judging hand of materials of fabrics [J]. Sen-i Gakkaishi, 1998, 54: 452-458.

[2] IZUMI K, AKIYAMA R, KINOSHITA M, et al. Surface roughness and slipping resistance of shingosen fabrics [J]. Sen-i Gakkaishi, 1999, 55 (10): 455-463.

[3] PAC M J, BUENO M-A, KASMI S E. Warm-cool feeling relative to tribological properties of fabrics [J]. Textile Research Joural, 2001, 71 (9), 806-812.

[4] LI X J, LI T S, YANG S R, et al. Study of the tribological properties of Kevlar fabric [J]. Tribology, 1999, 19 (1): 23-27.

[5] 姚穆. 纺织材料学 [M]. 2版. 北京：中国纺织出版社，1990.

[6] 于伟东. 纺织材料学 [M]. 2版. 北京：中国纺织出版社，2019.

［7］王府梅．服装面料的性能设计［M］．上海：东华大学出版社，2000．

［8］汤华．真丝织物风格的特点及其构成［J］．蚕学通讯，2001，21（3）：59-63．

［9］李维贤，铁兰叶，师严明，等．皱纹整理对真丝织物穿着舒适性的影响（二）［J］．纺织学报，2002，23（6）：28-30，3．

［10］吕柏祥，李伟光，艾哈麦德．织物表面摩擦性能测定［J］．纺织学报，1996，17（1）：37-39，4．

［11］张毅，陈红．用绞盘法测定织物表面摩擦性能探讨［J］．天津纺织工学院学报，1998，17（4）：87-91．

［12］陈之戈，陈雁，杨旭红．织物表面特征与评价［J］．苏州丝绸工学院学报，1999，19（5）：7-11．

［13］王华，颜钢锋，张瑞林．图像处理技术在纺织品检测中的应用［J］．浙江工程学院学报，2003，20（3）：189-192．

［14］周建萍，陈晟．KES织物风格仪测试指标的分析及应用［J］．现代纺织技术，2005，13（6）：37-40．

［15］王其，冯勋伟．形成差动毛细效应的条件研究［J］．东华大学学报（自然科学版），2002，28（3）：34-36，39．

［16］姚穆，施楣梧，蒋素婵．织物湿传导理论与实际的研究　第一报：织物的湿传导过程与结构的研究［J］．西北纺织工学院学报，2001，15（2）：1-8．

［17］姚穆，施楣梧．织物湿传导理论与实际的研究　第二报：织物湿传导理论方程的研究［J］．西北纺织工学院学报，2001，15（2）：9-14．

［18］ZHOU H, WANG H X, NIU H T, et al. Superphobicity/philicity Janus fabrics with switchable, spontaneous, directional transport ability to water and oil fluids［J］. Scientific Reports, 2013, 3: 2964.

［19］王涛．水滴在润湿梯度及各向异性表面润湿行为的研究［D］．东营：中国石油大学（华东），2016．

［20］MAO N, PENG H, QUAN Z Z, et al. Wettability control in tree structure-based 1D fiber assemblies for moisture wicking functionality［J］. ACS Applied Materials & Interfaces, 2019, 11（47）: 44682-44690.

［21］FAN J T, CHENG X Y. Heat and moisture transfer with sorption and phase change through clothing assemblies［J］. Textile Research Journal, 2005, 75（3）: 187-196.

［22］郑园园．纺织品吸湿速干性能参数研究［J］．纺织科学研究，2023，34（9）：54-59．

［23］姜逊，何超平．吸湿速干纺织品蒸发速率测试方法的改进［J］．产业用纺织品，2017，35（5）：40-41，43．

［24］陶凤仪，乔明伟，王姗姗，等．单向导湿机织物的设计及其性能研究［J］．丝绸，2021，58（7）：110-116．

［25］SONG Y, CHEN X, XU K L, et al. Green and scalable fabrication of nonwoven composites featured with anisotropic water penetration［J］. ACS Sustainable Chemistry & Engineering, 2019, 7（24）: 19679-19685.

［26］TANG Y, YAN J, XIAO W, et al. Stretchable, durable and asymmetrically wettable nanofiber composites with unidirectional water transportation capability for temperature sensing［J］. Journal of Colloid and Interface Science, 2023, 641: 893-902.

［27］SUN F X, CHEN Z Q, ZHU L C, et al. Directional trans-planar and different In-plane water transfer properties of composite structured bifacial fabrics modified by a facile three-step plasma treatment［J］. Coatings, 2017, 7（8）: 132.

［28］WANG H X, DING J, DAI L M, et al. Directional water-transfer through fabrics induced by asymmetric wettability［J］. Journal of Materials Chemistry, 2010, 20（37）: 7938-7940.

第七章　织物的力学性能与风格

第一节　织物的拉伸性能

7-1

沿一定长度的织物两端背向施加一对作用力，使织物伸长变形直至破坏，在此过程中织物所表现出来的力与变形的关系就是织物的拉伸性能，通过这种关系可以获得织物的强度、韧性、弹性、刚柔性、破坏所需能量等参数。织物的拉伸方式分强负荷拉伸、小负荷拉伸两种情况，一般都属于小负荷拉伸。

一、拉伸性能的测试和表征

织物拉伸试验在织物强力机上进行，根据试样条件有扯边纱条样法、剪切条样法与抓样法等。扯边纱条样法所得试验结果相对比较稳定，误差较小，所用试验材料比较节省。抓样法的试样准备较容易和快速，并且试验状态较接近实际使用情况，所得强度与伸长率略高。

（1）试样尺寸（表 7-1）。

表 7-1　织物拉伸强力测试试样尺寸

织物类型	裁剪长度/mm	工作长度/mm	裁剪宽度/mm	工作宽度/mm
棉、棉型化纤、中长化纤织物	300~330	200	60	50
毛、毛型化纤织物	250	100	60	50
针织物	200	100	50	50

（2）测试试样的数目。经、纬向各 5 条。

（3）预加张力。按试样单位面积质量而定。

（4）下夹钳的下降速度。根据试样情况要设置合适的下降速度，下降速度太快，试验所得强度偏大。

（5）断裂时间。试样的平均断裂时间为（20±5）s。

织物拉伸时存在横向收缩（针织物尤其明显），试样垂直的边沿产生倾斜，使其在钳口处产生剪切应力，相对于其他位置容易出现应力集中，造成试样在钳口处撕裂，影响试验结果的准确性，这种情况对于化纤针织物外衣试样则更为明显。为减少这种影响一般采用剪切条样法进行测试，而且对部分针织品、缩绒制品、毡品、非织造布、涂层织物及其他不易扯边纱的织物采用剪切条样法也比较合适。为了改善这种情况，可以采用梯形或环形试条。

织物拉伸表征指标有三种，即：①终极指标，即断裂强度和断裂伸长；②过程曲线，即拉伸曲线，从拉伸曲线上可以求得多个指标；③面积指标，如拉伸功，反映了织物的拉伸韧性。

断裂强度是评定织物内在质量的主要指标之一，而且常用来评定织物日晒、洗涤、磨损以及各种整理后对织物内在质量的影响。通常分别沿织物的经向（直、横向）或纬向（机器方向、幅宽方向）来测定强度与伸长率，有时也沿其他方向测定，因为在很多应用场合如衣服的某些部位是在织物不同方向上承受着张力。织物拉伸试验一般应在恒温恒湿条件下进行。

二、机织物的断裂机理

当机织物在拉伸强力仪上测试时，试样中受拉伸系统纱线同时受到拉伸力的作用，而另一系统纱线则起着摩擦阻碍的作用。当拉伸负荷作用在受拉伸系统纱线上时，受拉伸系统纱线由弯曲状态逐渐伸直，屈曲波高减小，由于织物的结构特征，从而对另一非受拉伸系统纱线产生挤压力，促使非受拉伸系统的纱线弯曲状态更为显著，其屈曲波高增加，这也是织物拉伸时产生横向收缩的根本原因。在此过程中，两个系统纱线的相互接触面上摩擦阻力增强。在这种情况下，织物的断裂过程可以看成是单向复合材料的拉伸破坏。

纱线存在粗细不匀和一些细节缺陷，织物受拉伸方向纱线中不可避免地存在随机缺陷，在拉伸载荷作用下，其中最薄弱处将先达到断裂应力而形成纱线断裂。当某一纱线在"最弱"处断裂后，必然引起局部应力重新分布，它可使邻近的横向纱线的摩擦束缚减弱，此时断纱两侧的纱线将承受更大的过应力，断裂持续发生，出现第二根、第三根等多根纱线的断裂，多根断纱连贯后在织物内形成断口。

断口沿纵横两个方向随机稳定地扩大，直至某一临界尺寸（相继断裂的纱线数目达到某一临界值，无效长度也逐渐扩大到某值），便构成了随机扩大临界核，这时，因为核外纱线的过应力已大于纱线本身的平均强度，所以纱线断裂几乎必然发生（即断口失稳扩展）。

实际上，当织物濒临最终破坏时，一些损伤源已可能形成了各式各样的断口，只要至少一个断口扩展成随机临界核，快速破坏就不可避免。

三、拉伸断裂强度物理模型

（一）强度的基本关系

织物的强度与纱线强度密切相关，与织物中单位长度所排列的纱线根数即经纬纱密度有关。因此织物强度可以简化为以下基本关系：

$$Q_j = \frac{1}{2} P_j \times F_{yj} \times k_j \tag{7-1}$$

$$Q_w = \frac{1}{2} P_w \times F_{yw} \times k_w \tag{7-2}$$

式中：Q_j、Q_w 分别代表织物经纬向断裂强力（N）；P_j、P_w 为经纬纱密度（根/10cm）；F_{yj}、

149

F_{yw} 为经纬单纱强力（N）；k_j、k_w 为经纬纱强度利用系数。

$$k_j = \frac{Q_j}{A_j + (c-7)^2} \tag{7-3}$$

$$k_w = \frac{Q_w}{A_w + (c-9)^2} \tag{7-4}$$

式中：A_j、A_w 为常数；c 为交织系数（$\times 10^{-3}$）。

（二）强度的影响因素

织物经向或纬向断裂强力的大小主要由经、纬纱的强力和经纬纱的密度决定。在织物经纬纱原料、纱号和密度一定的条件下，不同的织物组织对织物经纬向强力的影响并不显著。织物的经纬向紧度和织缩率与织物经纬向断裂强力之间的关系程度，可以分别采用经纬纱强度利用系数进行表示。

例如，织物的经向紧度大，织物的紧密程度增加，织物的结构相高，经纱的屈曲程度大，这些性能都能使织物的经纱强力利用系数和经向断裂伸长率有所增加。棉府绸属于经向单向紧密结构织物，设经纬纱的强力利用系数分别为 k_1 和 k_2：

$$k_1 = 1.2563 + 0.0077\varepsilon_j - 0.0165\varepsilon_w \tag{7-5}$$
$$k_2 = 0.7564 + 0.0076\varepsilon_j - 0.0044\varepsilon_w \tag{7-6}$$

由以上两式，可以表达棉府绸织物的经纬纱强力利用系数与织物经纬向紧度（ε_j、ε_w）之间的线性回归关系。

表 7-2 用以说明不同组织对织物断裂强力的影响趋势。表内各种组织的织物采用方形结构，经纬纱均为 840 旦❶锦纶长丝，经纬密度等于 110 根/10cm，以平纹织物的经向断裂强力作为对其他组织织物经纬向断裂强力的基准，从而得出各种组织织物的断裂强力增减百分率。

表 7-2　织物强力与织物组织的关系

断裂强力	平纹/%	1/3 纬重平/%	2/2 纬重平/%	2/2 经重平/%	1/3 破斜纹/%
经	100	99	96	96	102
纬	95	54.4	93.2	99	100
$m=$经/纬	1.05	1.82	1.03	0.97	1.02
断裂强力	2/2 破斜纹/%	1/3 斜纹/%	2/2 斜纹/%	2/2 方平/%	3/3 方平/%
经	102	99	101	96	113
纬	91.9	96.1	92.7	94.1	110.8
$m=$经/纬	1.11	1.03	1.09	1.02	1.02

由表 7-2 中 m 值的大小可知，经纬交织差异大的组织即使在方形结构条件下，织物组织

---

❶ 1 旦 $= \frac{1}{9}$ tex。

对织物断裂强力的影响也十分显著；对于经纬交织情况相同或接近相同的组织，在方形结构条件下，织物组织对织物的断裂强力有一定影响，但并不十分显著。

强度利用系数 k 与交织系数的关系是抛物线的原因是相反因素在不同时期处于不同地位，交织系数 c 与经纬纱密度、浮长（组织）、纱线特数等因素有关。当经密变稀、浮长变长，挤紧程度变松，经纬纱相互间的压力和摩擦力变小，织物的强度就会下降。

纱线强度利用系数 k 有可能大于1。织物结构松、浮长长、纱线特数小时，织物强度下降，交织系数下降，k 下降。当交织系数超过一定值时，经纬密度大，纱线特数大，组织紧密，疲劳是引起纱线损伤的主要因素，内应力不平衡恶化，经向强度下降，而纬纱强度利用系数 k_w 在很宽范围内大于1。

捻度也会影响纱线强度利用系数值，当捻度增加时 k 将减小；当捻度减小时，k 将会增加。原因是捻度小时，纱线强度不会很大，纤维间产生的摩擦力不会很大，织物中交织纱线间的压力及摩擦力使纱线不能滑动，从而使 k 增加。合股反捻有可能使 k 值减小，因为单纱中被削弱的不合理现象在合股反捻中得到改善和提高。在织物中能使纱线强度利用系数的上升空间变小，所以 k 变小。

四、断裂伸长率

（一）断裂伸长率的组成

织物的拉伸断裂伸长率由两部分组成：纱线屈曲波高的伸直和纱线自身断裂的伸长。普通棉纱在9%~13%，棉布在35%~70%，其中相当大一部分是由纱线伸直形成的。织物在某一状态下可以被单向挤紧，当织物中一系统达到某一紧度，使另一系统被挤紧后再也不能伸直，织物越松越易伸直。由此，如果织物的交织系数已知，就能估算出织物的可能伸长率。

（二）断裂伸长率的影响因素

经纬纱细度比 N_j/N_w 反映了织物中经纬纱的粗细配置，直接影响织物的平衡状态和纱线的屈曲波高，从而影响着织物中纱线的伸长。经纬纱密度比 P_j/P_w 直接影响纱线在织物中相互之间的弯曲配置，最终也影响着纱线的伸长率。织物交织系数反映了织物的紧密程度，当织物具有一定紧度时有利于纱线对织物伸长率的贡献。织物的交织系数用 c 表示，即：

$$c = P_j P_w \cdot \frac{N_j + N_w}{2N_j N_w} \cdot \frac{t_j + t_w}{2R_j R_w} \qquad (7-7)$$

式中：P_j、P_w 分别为经纬纱密度（根/10cm）；N_j、N_w 分别为经纬纱公制支数；t_j、t_w 分别为经纬纱的交织次数；R_j、R_w 分别为经纬纱根数。

（三）横向变形

织物被纵向拉伸时，横向有可能出现尺寸变窄现象，这就是束腰。原因是一系统纱线拉伸伸直时，另一系统的纱弯曲更厉害并单向挤紧，从而使尺寸变小，在拉伸试样中部的尺寸变小更加明显，从而出现束腰现象。织物在结构相1、9时不会产生束腰现象。我们知道：$h_j + h_w = d_j + d_w =$ 常数，当 h_j 减小时，h_w 必须增大，在摩擦力的作用下使纬向尺寸缩短，宽度变窄。这种现象对试验测试会产生影响：

（1）拉伸过程中横向变形的产生将影响强度测试结果。由于横向变形使受拉纱线系统中部分纱线产生倾斜，所测强力只是纱线强力值的分力之和，同时由于受拉纱线系统纱线的倾斜使边纱松脱，从而减少了受力纱线；使测试结果偏小。靠近夹口边缘存在剪应力。有些织物不能采用条样法的根本原因就在此。

（2）拉伸过程中横向变形的产生将影响伸长测试结果。往往没有足够伸长，试样就被拉断。

第二节　织物的撕裂性能

7-2

一、撕裂机理

撕裂破坏一般可以归纳为五种方式，即梯形撕裂、单缝撕裂、双缝撕裂、冲击撕裂和钩裂。不同的撕裂破坏方式其撕裂机理也存在一些差异。

撕裂破坏主要是靠撕裂三角形区域的局部应力场作用。织物在被撕裂时，裂口处纱线形成一个受力三角形，三角形的三边分别由两个单舌中的纱线和另一系统纱线组成。当试样被撕时，两个单舌中纱线逐渐上下分开，三角形中另一系统纱线开始与两个单舌中纱线产生相对滑移，两个单舌中边缘纱线逐渐靠拢，使另一系统纱线受到拉伸作用并使受力纱线逐渐增多，构成一个底边受力大、向里纱线受力逐渐减小的空间三角形受力区域。当三角形底边的第一根纱线变形至断裂伸长时，这根纱线立即断裂，从而获得了某一撕裂负荷的极大值；这时除第一根纱线外，在受力三角形内和第一根纱线相邻的其他横向纱线也担负着部分载荷，但随着与第一根纱线的位置渐远而逐渐减小，所以撕裂强度的某一极大值远比单纱强度大。

对于变形能力较大的针织物和非织造布来说，由于撕裂应力集中区的扩大，撕裂的不同时性明显减弱，从而转向大面积的拉伸，故较少进行撕裂的评价。下面以梯形撕裂和单缝撕裂为例介绍织物的撕裂性能。

二、梯形撕裂

梯形法的试验原理是将有梯形夹持线印记的织物试样，在梯形短边正中部位，先剪开一定长度的切口，然后将试样沿夹持线置于强力试验机的上下夹钳内。随着强力试验机下夹钳的逐渐下降，短边处的各根纱线开始相继受力，并沿切口线向梯形的长边方向渐次地传递张力而断裂，直至试样全部撕裂。

梯形法撕裂中同样存在纱线受力三角形，但该受力三角形是由受拉伸系统纱线的伸直和变形产生的。随着拉伸时负荷的增加，有切口梯形短边处形成受力紧边，其中的纱线首先受拉伸直，切口边沿的第一根纱线变形最大，负担较大的载荷，和它相邻的纱线负担部分的载荷，且负担的载荷随着与第一根纱线距离的增大而逐渐减小，直到受力三角形顶点处的纱线，它还未受到拉伸而变形，负担的载荷为零。当第一根纱线到达断裂伸长率时就宣告断裂，出现一个负荷峰值，于是下一根纱线变为切口处的第一根纱线，承受较大的变形，撕拉至断裂时又出现另一个负荷峰值，受力三角形的顶点不断向前扩展，直至织物撕破。

梯形法撕裂曲线如图7-1所示，与拉伸曲线有相似之处，存在一个最大撕裂力。

梯形法的试验结果反映了织物的坚韧性和耐穿耐用性。梯形撕裂的强度可用断裂力学模型进行分析，与织物拉伸有相似之处，但有区别，主要表现在以下几个方面：

（1）梯形法撕裂实际是撕口在织物中稳定扩展的过程（一般不会出现不稳定扩展）。

（2）撕口扩展时，一般只会出现一根纱线断裂，这时$P(\sigma) = F(\sigma)$（撕裂强度等单纱断裂强度）。根据破坏准则，可以求出远场纱线承担的应力σ_f^b。

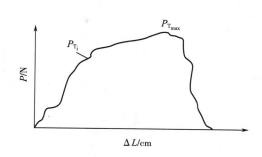

图7-1 梯形法撕裂曲线

（3）对撕裂强度有贡献的也只有受力三角形中的纱线，因此撕裂强度应是受力三角形中余下纱线数与所承担应力σ_f^b的乘积。

利用梯形法撕裂时，断裂纱线是受拉伸系统的纱线，即试样沿经向拉伸时是经纱断裂，沿纬向拉伸时是纬纱断裂，拉伸力方向与断裂纱线的方向一致。与单缝法相比，梯形法的测试结果波动较小。

三、单缝撕裂

当试样被拉伸时，随着负荷增加，纵向受拉系统纱线上下分开，其屈曲逐渐消失而趋伸直，并在横向的非受拉系统纱线上滑动，滑动时经纬纱交织点处产生了切向滑动阻力并使横向纱线逐渐靠拢，形成一个近似三角形的撕破口，称为空间受力三角形（区）。在滑动过程中横向非受拉系统纱线上的载荷迅速增大，伸长变形也急剧增加，受力三角形底边上第一根横向纱线的变形最大，承受的载荷也最大，其余纱线承受的载荷随离第一根纱线距离的增大而逐渐减小。当撕拉到第一根横向纱线达到断裂伸长率时，即宣告断裂出现，形成撕破过程中的第一个负荷峰值，于是下一根横向纱线开始成为受力三角形的底边，撕拉到断裂时又出现第二个负荷峰值，如此继续，横向纱线依次由外向内逐根断裂，最后使织物撕破。

由此可见，单缝法撕裂时，断裂的纱线是非受拉系统的纱线，即试样沿经向拉伸时是纬纱断裂，沿纬向拉伸时是经纱断裂。

（一）撕裂曲线与表征

单缝撕裂与捋滑有关，捋滑是指一系统纱线沿另一系统做相对位移。在最后的挤紧结构中，两个系统纱线间的摩擦力大于纱线的强力，相对位移很难实现。撕裂强度是撕裂三角区中几根纱线所受力的总和。服装用织物的受力根数很少超过六根，拉伸强度达到490～588N（50～60kgf）时，撕裂强力只有19.6～29.4N（2～3kgf），而且受力纱线的受力情况悬殊，逐根被拉断。

单舌法撕裂曲线如图7-2所示，从曲线上可得到一些指标：

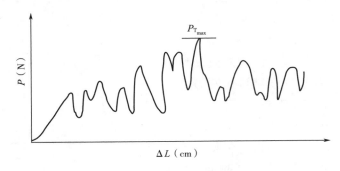

图 7-2　单舌法撕裂曲线

（1）峰值平均值：$Q_s = \sum_{i=1}^{n} Q_i/n$（$Q_s$ 为撕裂强度，n 为受力纱线的根数）；

（2）总平均值，即曲线的平均值；

（3）总撕裂功，即曲线下的面积；

（4）断裂区的撕裂功。

（二）基本关系

对于织物的撕裂强力，认为与纱线的强度、受力三角形中承担载荷的纱线根数以及三角形中纱线的强度利用系数有关。可以用以下两个方程进行描述：

$$Q_{sj} = n_j F_{yj}/2 \cdot k_{sj} \tag{7-8}$$

$$Q_{sw} = n_w F_{yw}/2 \cdot k_{sw} \tag{7-9}$$

式中：Q_{sj}、Q_{sw} 分别为经纱、纬纱撕裂强度；n_j、n_w 分别为撕裂三角形中受力的经纱或纬纱根数；F_{yj}、F_{yw} 分别为断裂的单根经纱或纬纱所受的力；k_{sj}、k_{sw} 为纱线强度利用系数。

如果考虑纱线的排列密度，可以得到理论方程：

$$Q_{sj} = \frac{F_{yj}^2 \varepsilon_j}{2T_j} \cdot \frac{P_j}{P_w} \cdot k_{sj} \tag{7-10}$$

$$Q_{sw} = \frac{F_{yw}^2 \varepsilon_w}{2T_w} \cdot \frac{P_j}{P_w} \cdot k_{sw} \tag{7-11}$$

式中：T_j、T_w 为经纬纱一个交织点的交织阻力；ε_j、ε_w 为经纬纱纱线伸长；P_j、P_w 为纱线的排列密度。

（三）撕裂的影响因素

（1）摩擦系数。纱线之间的摩擦系数大，滑动困难，受力纱线根数少；纱线之间摩擦系数小，易滑动，受力纱线根数多，这也是长丝织物不易撕裂的原因。

（2）经纬纱排列密度的配置。经纬纱排列密度的理想配置是相对比较均衡。当撕裂经纱时，纬密大，对经纱的束缚多，不利于经纱的滑移，受力纱线根数少；纬密小，对经纱的束缚少，有利于经纱的滑移，受力纱线根数多。同理可以分析对纬纱的撕裂。

（3）经纬纱弯曲的配置。经纬纱弯曲的理想配置也是经纬纱的弯曲相对均衡。对于高结构相织物，经纱弯曲较多，有利于经向撕裂强度；而对于低结构相织物，则纬纱弯曲多一些，有利于纬向撕裂强度。

（4）经纬纱粗细的配置。经纬纱粗细的理想配置是相对均衡。其作用的发挥体现在其对纱线屈曲波高的影响，也与密度配置有关。

（5）纱线的断裂伸长。纱线的断裂伸长能力大会增加撕裂三角形中受力的经纱或纬纱根数。

（6）挤紧程度。总体来说，织物越松撕裂强度越大；织物越紧撕裂强度将减小。这也是卡其织物为什么撕裂强度小的原因。

织物撕裂强力的大小，在一定程度上正比于织物拉伸断裂强度和断裂伸长的大小。在织物不过分紧密的条件下，凡是能够增加织物强力和断裂伸长的因素，都能提高织物的撕裂强力。例如高结构相的织物，经纱缩率大，当撕裂经纱时，屈曲经纱在断裂前的长度伸长，能扩大织物上承受外力的区域，从而提高织物经向的撕裂强力。织物经（纬）向撕裂强力的大小主要取决于经纬纱的单强和撕裂时受力区域的大小。例如紧密的织物，织缩小或断裂伸长率小的纱线，当织物内的纱线受到撕裂时，由于受力区域的狭小而产生应力集中，使该系统纱线的撕裂强力下降。

（四）撕裂与织物组织

表7-3中数据取自原料、经纬纱号和密度保持相同的各种组织的方形结构织物，用以说明织物的单缝撕裂强力与织物组织之间的关系，并以平纹织物的撕裂强力作为相互比较的基础。

表7-3中除平纹织物外，任一列的第三行数值 m 为任一组织物的经向撕裂强力与纬向撕裂强力之比。

表7-3　撕裂强力与织物组织之间的关系

织物类型	平纹/%	1/3 纬重平/%	2/2 纬重平/%	2/2 经重平/%	1/3 破斜纹/%
经向撕裂强力	100	167	242	138	160
纬向撕裂强力	105.3	136.9	142.4	226.2	158.4
m=经向撕裂强力/纬向撕裂强力	0.95	1.22	1.70	0.61	1.01
织物类型	2/2 破斜纹/%	1/3 斜纹/%	2/2 斜纹/%	2/2 方平/%	3/3 方平/%
经向撕裂强力	135	165	156	215	245
纬向撕裂强力	125	157.1	160.8	219.4	158
m=经向撕裂强力/纬向撕裂强力	1.08	1.05	0.97	0.98	1.55

由表中数据可以获得下列概念：

（1）平纹织物的撕裂强力最小，方平组织织物的撕裂强力较大，即松组织织物，其撕裂强力大。

（2）在方平组织织物中，随着平均浮长的增加，经纬纱撕裂强力的差异程度增大。

（3）织物组织对织物经纬纱的撕裂强力影响显著，因而对于需要满足撕裂强力要求的织物，宜采用 2/2 方平组织。

第三节　织物的顶破性能

7-3

一、顶破性能的提出

顶破是鉴于以下两种原因提出来的表达织物耐用性的方法之一。

（1）实际应用中有这种破坏形式或力的作用形式，如手套、袜子、袖子肘关节处、裤子的膝关节等，降落伞、减速伞等也是这种作用。有必要研究这种力的作用方式。

（2）替代拉伸破坏的测试。有些织物在测定其拉伸断裂强度及拉伸变形时，由于横向收缩过大，在钳口处剪应力集中而沿钳口撕裂，致使测定值不能反映它的实际强度，针织物表现尤为明显。因此采用其他方法来替代拉伸测试，如顶破和双轴向拉伸等。顶破强力是直接反映针织品受外力顶压作用变形和破裂的耐用性指标。

织物的顶破性能可用两个重要指标描述，即顶破强度和顶破变形。测试方法有钢球式和气压式两种。

二、顶破强度

（一）顶破机理

织物发生顶破时处于一种极端情况：顶压对织物综合作用使得这一位置达到极限载荷，导致纱线断裂，进而在这点形成应力集中，因此造成纱线断裂形成裂纹；裂纹沿织物经向或纬向发展，依次使相邻纱线断裂；同时已断裂的位置裂口不断扩大，钢球逐渐穿过织物平面，最终顶破口形成。

顶破过程中织物的受力是多向的，而一般机织物与针织物的强度和变形是各向异性的，在顶力作用下各向伸长，沿经纬（或直横）两方向张力复合的剪应力，首先在变形最大，强度最薄弱的一点上使纱线断裂，接着沿经向或纬向（直向或横向）撕裂，因而裂口一般是直角形。

张力最大值点在接触点处，危险断面在切点组成的圆周上。机织物在经纬纱交叉点处最易破裂，针织物则不明显，因为横直向强度差一倍，伸长相差大。

从本质来看，织物顶破的强度属于拉伸断裂强度。但它和普通拉伸断裂强度不同，主要在于：第一，它是多向受力而不是单向受力；第二，它在各处的受力并不是均匀传递的。从宏观来看，织物类的片层由圆环形成钳口边缘逐步向中心，辐射力逐步密集，因而在单位密度（单位圆弧长度）中所受力逐步增大。但是在变形后，织物类片层的球冠部分所受拉伸力反而减小。因此，织物片层在各同心圆的比较中，只有在变形后织物片层的球冠于圆锥台交界处附近所受应力才最大。

（二）顶破强力与拉伸强力的换算

顶破强力与织物本身的拉伸性能及试样尺寸有密切关系。作用如图7-3所示。当钢球顶向织物时，织物产生变形，织物对钢球的最大压力即为顶破强力。在对其大小进行计算推导之前先假设：

（1）钢球顶端为半圆球形状，在顶裂过程中，织物与圆球接触处织物能够伸长滑移；

（2）织物任何方向的拉伸曲线近似为直线，即服从虎克定律；

（3）织物是各向异性的，当某一方向的织物达到其固有断裂伸长率时，顶破强力达到最大值。

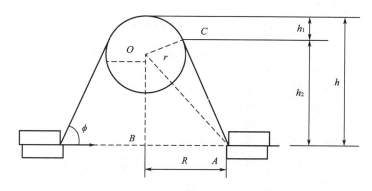

图7-3 钢球法顶破分析

由上述假设可以进行顶破强力与拉伸强力的关系推导。从图7-3可以看出，它们的关系是：$F_s = F_b / \sin\phi$，显示在顶破强度机表盘上的力是沿重力方向的力 F_b 的总和，但织物片层实际所受的拉伸力 F_s 的总和为 $\sum F_s = F_b / \sin\phi$。如上所述，拉伸应力最大值即当 Q_b 为顶破强度时的拉伸破坏应力，将集中在直径为 $2r$ 的圆周附近。当折合拉伸50mm宽的织物条时，拉伸断裂强度 Q_s 为：

$$Q_s = \frac{\sum F_s}{2\pi r} \times 50 = \frac{50}{2\pi r} \times \frac{Q_b}{\sin\phi} \qquad (7-12)$$

同时 $r = r_0 \sin\phi$，这样

$$Q_s = \frac{50}{2\pi r_0} \times \frac{Q_b}{\sin\phi} = K_1 Q_b \qquad (7-13)$$

由此可以考虑从顶破强度 Q_b 折算成拉伸断裂强度的折合值 Q_s。但是用 K_1 值折算的强度只是考虑到顶破高度 h 影响受力仰角 ϕ 的粗糙近似值，与真正的织物单向拉伸断裂强度之间还有一些受到影响的因素没有考虑。当顶破高度 h 较小时，K_1 值偏大，而 h 较大时，K_1 值偏小。此外，以上分析是以织物片层各向同性为基础的。当织物片层本身经向与纬向（直向于横向）的拉伸断裂强度以及伸长有很大差异时，也将出现不同的影响。

三、顶破变形指标

顶破变形可以用顶破高度和顶破面积增加率描述。它是圆环钳口内织物被顶破时试样面积比原来面积的增加率。设圆环内半径为 R，钢球半径为 r_0，中心顶破高度 h。试样在钳口内的原来面积 $S_0 = \pi R^2$。顶起后试样面积为两部分之和，一部分为圆锥台（下半径为 R，上底半径 r，高 h_2）的侧面积 S_2，另一部分为球冠（球半径为 r_0，底半径 r，方形高 h_1）的侧面积 S_1。由图 7-3 可知：

$$h = h_1 + h_2 \tag{7-14}$$

$$\overline{OA} = \sqrt{R^2 + (h - r_0)^2} \tag{7-15}$$

$$\overline{AC} = \sqrt{\overline{OA}^2 - r_0^2} = \sqrt{R^2 + (h - r_0)^2 - r_0^2} \tag{7-16}$$

$$\phi = \angle BAO + \angle OAC = \arctan(\overline{OB}/\overline{AB}) + \arctan(\overline{OC}/\overline{AC}) \tag{7-17}$$

$$\phi = \arctan\left(\frac{h - r_0}{R}\right) + \arctan\left(r_0 / \sqrt{R^2 + (h - r_0)^2 - r_0^2}\right) \tag{7-18}$$

$$r = r_0 \sin\phi \quad h_1 = r_0(1 - \cos\phi) \tag{7-19}$$

$$S_1 = 2\pi r_0 h \tag{7-20}$$

$$S_2 = \pi(R + r) \cdot \overline{AC} = \pi(R + r)\sqrt{R^2 + (h - r_0)^2 - r_0^2} \tag{7-21}$$

$$S = S_1 + S_2 = 2\pi r_0 h_1 + \pi(R + r)\sqrt{R^2 + (h - r_0)^2 - r_0^2} \tag{7-22}$$

顶破面积增加率 ε 为：

$$\varepsilon = \frac{S - S_0}{S_0} \times 100\% \tag{7-23}$$

从上述的推导看，只要给定 R、r_0 值，ε 就只与变形高度 h 有关，这在测试过程中很容易量取得到，如果测得了织物的顶破高度就可以确定织物的顶破面积增加率，可以认为面积增加率是顶破高度的函数：

$$\varepsilon = \varepsilon(h) \tag{7-24}$$

第四节　织物的悬垂性能

7-4

一、悬垂性的基本概念

在自然悬垂性状态下，织物能形成平滑和曲率均匀的曲面，这一特征称为良好的悬垂性。织物的悬垂性关系到织物在使用时能否形成优美的曲线造型以及良好的贴身性。它也是织物视觉风格和美学舒适性的一个重要方面。

根据织物的实际使用状态，常要求织物不仅在静置时要有良好的悬垂性，而且在运动状态下，要有良好的悬垂性，因此人们在研究织物悬垂性时，它有静态悬垂性和动态悬垂性之分。

织物的静态悬垂性是指织物在空间静置时由于织物自重而下垂的形态性能，它是织物的悬垂重力与织物弯曲应力达到平衡值而自然呈现的状态。织物的动态悬垂性是指悬垂曲面在动态状态下的活泼性和波动性。

对于服装和家用纺织品，必须具有良好的悬垂性，特别是窗帘、帷幕、裙料等织物，对悬垂性能要求更高，它不仅要求织物具有良好的静态悬垂性，而且要求织物所形成的曲面具有良好的波动性和活泼性，以便织物在运动状态下呈现出光滑、流畅、潇洒、活泼的曲面造型。

二、悬垂性的测定方法

从悬垂曲面上取出形态风格信息的方法，目前得到应用的有两种：一是在圆盘正上方投射光线，从透过悬垂曲面后形成的阴影面积和阴影形状中建立有关的风格指标。如 YG811 织物悬垂性测定仪，如图 7-4 所示；二是借助等高线方法，通过分析曲面形状特征，建立有关风格的指标，如 LFY-21A 型织物动态悬垂度仪。前者的应用十分广泛，并已有很长的历史。

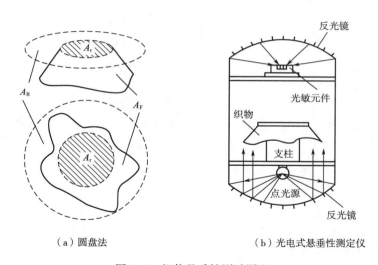

（a）圆盘法　　　　　　（b）光电式悬垂性测定仪

图 7-4　织物悬垂性测试原理

YG811 悬垂测试仪采用伞式方法，将一定面积（A_F）的圆形试样放在一定面积（A_r）的小圆台上，织物因自重沿小圆盘周围下垂，呈均匀折叠的形状，然后从小圆盘上方用平行光线照射试样，得到水平投影图，投影面积为 A_R，利用织物悬垂系数 F，计算织物的悬垂性。织物越柔软，织物的投影面积越比织物本身的面积小，织物呈较深的凹凸轮廓，均匀地下垂而构成半径较小的圆弧折裥；反之，随着织物刚度的增强，悬垂性较差，织物构成大而突出的折裥，投影面积接近于织物面积。

LFY-21A 型电脑织物动态悬垂度仪采用红外光电扫描方法，对悬垂试样的曲面投影面积，纵横分割、逐点扫描，并通过数据处理直接输出所需的悬垂指标。仪器的支持台可分别以慢速（6r/min）和快速（24r/min）回转，以模拟静态和动态，并以静动态下投影面积的变化率来反映悬垂曲面的活泼性，用来评价织物在动态下使用的悬垂美感。

三、表征织物悬垂性的指标

1. 悬垂系数 F 和悬垂凸条数

$$F = \frac{A_F - A_r}{A_R - A_r} \times 100\% \qquad (7-25)$$

式中：A_F、A_R 和 A_r 分别为试样面积、试样投影面积和试样台的圆盘面积。

悬垂系数 F 越小，悬垂性越好，表明织物越柔软。悬垂系数又可分平面悬垂系数和侧面悬垂系数。悬垂凸条数越多，表明织物的成褶能力越强，线条越丰富。如果织物的平方米克重较高，形成的悬垂系数小、悬垂凸条数多的织物就有重感，织物的线条看上去也比较庄重。

除此之外，悬垂凸条数分布的均匀程度对织物的风格有很大影响，可以用不对称度来描述这一特征：

$$\phi = (\phi_{max} - \phi_{min})\lambda/2\pi \times 100\% \qquad (7-26)$$

悬垂不对称度 ϕ 数值越小，对称性越好。

以上三个参数 A_R、λ、ϕ 是从悬垂圆的垂直投影图上读出的。从该悬垂圆下垂曲面的侧面投影图上同样可以取出许多表征织物形态风格的信息，这里介绍两个用等高线法取出的参数：

$$\theta = \tan^{-1}(L/h) \qquad (7-27)$$

式中：θ 为悬垂角，h 和 L 分别为凸条处悬垂面下垂的高度和伸长的幅度。

悬垂角表征织物下垂的角度。此外，由于织物的重量，刚度不同，并不一定悬垂系数较小的织物，悬垂角一定也小。因此需引入线条宽度系数 ξ，该数值越小，表示垂线条的弯曲程度越显著。

$$\xi = A_R/\theta \qquad (7-28)$$

2. 悬垂比

在悬垂试样正投影圆面上，沿织物经纬向量取最大投影尺寸 L_B 和 L_A，其比值即称悬垂比，用以比较织物经纬向悬垂性能的差异。

$$K_F = L_B/L_A \qquad (7-29)$$

对服装用织物，一般要求 $K_F > 1$，对于裙料织物，要求 $K_F \approx 1$。

3. 形状系数

一般悬垂的曲面形态要求波曲的形状和分布应均匀，无死棱角，因此将悬垂试样的正投影圆的轮廓线，从极坐标转化为直角坐标，测定波曲的波长 λ，波高 H 和波曲的曲率半径 r，则形状系数

$$S.F. = \lambda/H \qquad (7-30)$$

形状系数 $S.F.$ 值越大，悬垂曲面越不美。

4. 美感系数

$$A \cdot C = F \times \left(\frac{6}{R_m}\right) \times \left[1 - \frac{1}{(n+1)^2}\right] \times 100 \qquad (7-31)$$

式中：F 为悬垂系数；R_m 为投影轮廓曲线的平均半径；n 为波纹数。

美感系数 $A.C.$ 值越大，悬垂形态越美。

5. 活泼率

$$L.P. = \frac{F_s - F_d}{1 - F_s} \times 100\% \qquad (7-32)$$

式中：F_s 为静态悬垂系数，F_d 为动态悬垂系数。

活泼率 $L.P.$ 值越大，悬垂曲面的活泼性越好。

6. 波纹数

波纹数 n 越多，悬垂性越好。一般认为，民用服装的波纹数达到 6 才算美，而舞台帷幕、裙料等织物则应达到 7~8 以上。结构均匀，刚柔适中，弹性好，平方米重量较大的织物，例如金丝绒、纯凡立丁等都具有较多而均匀的波纹。

综上所述，前两个指标可以反映织物悬垂程度的大小，后四个指标可反映织物悬垂形态。

第五节　织物的风格

7-5

一、织物风格的概念

织物风格是指织物本身固有的物理机械性能作用于人的感官所产生的效应，是对织物各种性能的综合评价，是织物质量的现代评价术语总称。风格是一种感觉效果，构成这一效果的刺激主要来自视觉、触觉和其他的肌肉运动系统。

按感觉器官分，织物风格包括触觉与视觉两方面的效应。触觉效应主要是指织物与人手和皮肤间接触时的感觉，视觉主要涉及织物光泽是否柔和悦目、颜色是否鲜艳、花型是否美观、呢面是否平整、边道是否平直等。

按内容分织物风格有广义与狭义之分。通常把人体对织物的触觉和视觉所产生的综合效应称为广义风格，而把用手触摸织物时的感觉称为狭义风格，在这个意义上狭义风格与织物的手感可以通用。织物的手感是织物某些力学性能对人的手掌所引起的刺激的综合反应，是织物品质评定的重要内容，它与织物外观特征密切相关，直接影响穿着性能。人们在选购织物时，常常根据织物的手感来衡量织物的质量优劣，织物实物质量的主要考核内容之一就是织物的手感。

尽管织物的风格内容十分广泛，但是从材料科学的角度来分析，主要还是讨论织物质地的风格，它们包含以下 5 方面的感觉效果。

（1）手感。手感主要是指手在平行及垂直于织物平面上接触移动时，所获得的一种触觉效果，由此可以获得诸如粗糙、滑糯、滑爽、松软、厚实和压缩弹性等方面的信息，有时也可以通过手感间接获得诸如柔软和弯曲弹性等与形态效果有关的信息。

（2）形感。形感主要是指从织物在特定成型条件下（例如悬垂）形成的线条和造型上所获得的一种视觉效果，由此可以获得有关材料的造型线、造型能力、成褶性、贴身性以及线条的细腻性、对称性等风格信息，依据形感获得的信息具有直观性。

（3）光泽感。光泽感是指由光泽所形成的一种视觉效果。光泽感与光泽的差异主要表现在前者除了由反射光强弱所形成的视觉效果外（而这正是光泽所表达的内容），还有因为反射光的方向分布及反射光组分结构差别所引起的感觉效果。用来描述这种感觉效果的风格语言很丰富，如极光、肥光、膘光、柔和光，金属光和电光等。

（4）图像感。图像感是指由织物表面织纹图像所引起的一种视觉效果。印制在织物表面的纹样虽然也是图像的一种类型，但由于现在只讨论织物质地的风格，所以这里所说的图像感，只限于由织物表面织纹所引起的视觉效果，常说的绉效应、皱纹、纹路线、细腻织纹、粗犷织纹等，都是描述这种感觉效果的风格语言。

（5）声感。声感是指织物与织物间摩擦时所产生的声响效果。特别是在高密度的长丝织物上，这种效果常会对风格带来不利的影响，但经特殊处理的蚕丝在摩擦时所发生的丝鸣现象，常被作为蚕丝一种特有的风格优势，为消费者所重视。

如能对织物同时作出上述五方面的描述，应当能获得比较理想的效果，但这在目前存在着实施上的困难。织物的手感和风格在内容上有重叠和包含的关系，但两者毕竟还有区别，不同国家地区的人赋予它们不同的含义，因此在实践中常根据评价的实际需要，尽力简化评价的内容。比较常用的方法就是扩大手感评价的内容，用手在触摸和握持织物时的综合感觉来取代一部分其他的感觉效果，如通过手感间接获得有关形态风格和舒适性方面的感觉效果，美国材料试验协会曾提出通过手感可以获得与以下八个单项性能有关的感觉效果。

可挠性：推断织物是否易于弯曲或者是否硬挺。

延伸性：推断织物可拉伸变形的程度。

压缩性：推断织物在压缩时是松软或是坚实。

回弹性：推断织物变形后的可恢复程度。

体积重量：推断织物的厚重程度和松紧程度。

表面轮廓特征：推断织物表面的凹凸与平整状况。

表面摩擦：推断织物表面滑动阻力的特点。

传热性：推断织物凉爽、温暖的效果。

该例表明，手感可以概括的风格内容虽然十分广泛，但也有许多信息是它所无法取代的，还要开发与其他信息有关的风格评价体系。

不同品种和不同用途的织物对手感和风格的要求存在差异，在用手触摸织物时，一般外衣类织物要求具有毛型感，内衣类织物要求有柔软的棉型感，夏季用织物最好具有轻薄的丝绸感与凉爽感，冬季用织物则要求有厚实的丰满感。化纤类织物根据不同的用途，希望具有各种天然纤维所固有的风格。对于毛织物，不同的品种对毛型感的要求也不完全相同。

中厚花呢：富于弹性、手感丰满厚实。

华达呢：滑糯、活络、丰满、有身骨和弹性。

凡立丁类：滑爽、活络、有身骨、弹性足。

啥味呢：滑糯、细腻、丰满、有身骨。

麦尔登：紧密富有弹性，身骨挺而不板、柔润不糙。

派力斯：滑糙、挺阔、活络、弹性足。

二、织物风格的基本内容

一般认为织物风格的基本内容有：

（1）坚牢方面。强度、耐磨。

（2）色泽方面。颜色、光泽。

（3）手感。拉、压、弯、剪、摩擦、弹性、滑糙、厚薄、轻重、蓬松、丰满、软硬。

（4）外形。保形、挺括、抗皱、悬垂。

（5）洗涤。洗可穿（易洗、快干、免烫）（wash and wear）、随便穿（easy and wear）、防污。

（6）美观。织纹、颗粒、花型。

（7）卫生方面。透气、吸汗、防腐、防臭、无害。

（8）舒适方面。凉、暖、透湿、防风，不刺扎皮肤。

（9）覆盖性方面。透光性、能见度。

（10）其他方面。憎水、防雨、抗静电、防蛀、防燃。

三、织物风格的评价方法

织物风格的评价方法有两种形式，即主观评定法和客观评定法。前者是依靠感觉器官获得的信息，对织物的风格水平做出评价；后者是通过仪器获取与织物有关的物理量或者几何量，然后应用感官评价建立起来的量化标准，对织物的风格做出评价。这两种评价方法的目标虽然相同，但意义是不同的。

由于风格是一种感觉效果，用感觉量去描绘是最直接的，即用主观评价方法去进行评价是合乎逻辑的，但这种方法带有人为的因素，而且只能得到风格的相对优劣结论，因此在实施上有较大的困难。客观评价方法是利用物理量、几何量去描绘风格，没有感觉信息在计量、存储和转移上的困难，但物理量（或者几何量）和感觉量是属于不同评价性质的它们之间不存在可确定的数量关系，需要解决相互间转换的问题，所以在实施中就有同一风格内容却可用组合不同的物理量加以表征的情况，这对应不同的风格（客观）评价体系。

（一）主观评价法

1. 评价术语

风格的主观评价法是直接通过人的感觉来进行评价的。在进行感官评价时要选择适当的评价术语，常用的评价风格用语有滑糯，滑爽，有身骨，有筋骨，挺括，活络，板结，丰满，冷，暖等。每个术语都有其一定的含义。风格评价应有统一的专门术语，不能因人因物而异。有25对标准评价术语：

①heavy 重　light 轻　　　　　②thick 厚　thin 薄

③full（丰满）　lean 干扁　　　④deep 深厚（身骨好）

⑤bulky 蓬松　sleazy 瘦薄　superfacial 浅薄（身骨差）

⑥stiff 挺括　pliable 疲烂　　　⑦hard 硬　soft 柔软

⑧boardy 刚　limp 糯　　　　　⑨koshi 回弹性好　not koshi 弹性差

⑩dry 干燥　numeri 黏腻（脂蜡感）　⑪refreshing 爽快　stuff 闷气

⑫rich 油润　poor 枯燥　　　　⑬delicate 精细，优雅　active 活泼，粗犷

⑭spring 活泼　dead 呆板，死板　⑮homely 朴实，实在　smart 花哨（华而不实）

⑯glorious 华丽　plainly 单调　⑰superior 华贵（高档）　inferior 粗陋（低档）

⑱smooth 光滑　rough 粗糙　　⑲lustrous 晶明，有光泽　lusterless 晦淡

⑳light 亮　dark 暗　　　　　㉑beautiful 美丽，漂亮　ugly 丑陋，难看

㉒fuzzy 模糊，毛茸　clear 光洁　㉓familiar 亲切　unfamiliar 不亲切（格格不入）

㉔warm 暖　cool 凉　　　　　㉕合身 snug　宽松 loose

2. 主观评价的方法

织物风格的主观评定方法具有简便、快速的优点，缺点是带有人为因素，可靠性常因人而异。如果是有实践经验的人并具有丰富的判断能力，便能对风格做出较正确的评定，如能设法对人为因素加以控制，这种评价方法还是具有实用价值的。而控制的主要办法就是制定严格规范的实施计划，对每个环节都科学地进行管理。

（1）试样。需保证用于比较试样应是处于同一状态中的试样。

（2）评定的环境。要有统一的评定环境和能够保证评定效果的环境设施。

（3）检查人员。应要求每一个检查人员都有必备的专业知识和良好的身体素质，每次评价时，检查员的数量需按评价规则的要求配置。

（4）评定方式。常用的是秩位法和成对比较法。

（5）评定的基准。风格评价应明确稳定的评定基础，形成标准：捏、摸、抓、看。

①一捏：三指捏住呢面（正面朝上，中指在呢下，拇指、食指在呢面上），将呢面交叉搓动，确定滑爽度、弹性、身骨等。

②二摸：呢面贴手心，拇指在上，其他四指在呢面下，在局部织物的正反面反复摩擦，确定厚薄、软硬、松紧、滑糯等。

③三抓：将局面呢面捏成一团，有轻有重，抓抓放放，反复多次，确定弹性、活络、挺糯和软硬等。

④四看：从呢面局部到全幅，仔细观察，确定呢面光泽、条干、边道、花型、颜色、斜纹贡子等。

3. 主观评价的结果处理

成对比较法是将试样逐个提对的进行比较，然后再借助约定的比较方法进行，能节省劳力和时间，但当试样较多时就会带来评定的困难。

SD（Semantic Differenced）方法也称语言意义评定法，它将评论的内容分为各种不同的

语言概念，取出这些概念及其对立概念的用语，并分别放在 SD 表的两端，在两者之间，按不同的语义范围划分成 5~7 个评价尺度，每个尺度都可给出一个稳定的分数等级，最后将每个对象在不同语言概念上的得分相加，就可以取得经过数值化处理的评价结果。这是一种用风格概念语言量化感觉量的感官评价。

图 7-5 是对两种不同试样进行感官评价的 SD 表。评价中选用了 9 种风格的概念用语，也就是说要从九个方面进行风格评价，在两个对立的概念用语之间划分出七个语义范围（即非常，颇，稍稍，既不这样也不那样，稍稍，颇，非常）代表着 7 个分数等级。每位检验人员都可以根据自己的感觉，对试样打出如图 7-5 所示的分数线。从分数线上既可以直观看出试样间的风格差异，也可以根据尺度值概略地分辨出这种差别的程度。

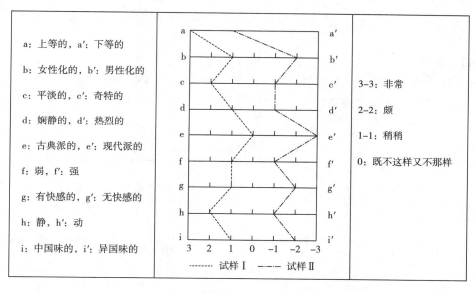

图 7-5　感官评价的 SD 表

秩位法评价：秩位法就是把所有等待评价的试样向执行评价者展示，由他们根据刺激的大小，也就是感觉效果的好坏排出试样的优劣秩序。其具体做法是：先由数名检验人员按各自的感觉效果对织物风格水平作出判断，并由数值量（打分）来表示这种水平的大小，然后再将各个检验人员对各种织物打出的分数相加得到总分数，最后再根据总秩位对这些织物风格的优劣水平作出相对比较。为了了解检验人员之间的评定的一致性程度，可用数学统计中的秩位一致性系数 W 来检查。

$$W = 12S/m^2(n^3 - n) \tag{7-33}$$

式中：$S = \sum_{i=1}^{n}(T_i - \overline{T})^2$；$m$ 为检验人员数；n 为织物试样数，T_i 表示检验人员的打分，$\overline{T}$ 为打分的平均值。

一致性系数 W 在 0~1，$W=1$，表示各检验人员之间的评定结果完全一致，$W=0$ 表示评定结果完全不一致。

(二) 客观评价法

进行客观评价有两个目的，一为消除织物风格评价中人为因素的影响，二为实现对风格特征的定量评价。风格既然是织物的物理机械性质对人的感觉器官所引起刺激的综合反映，如果选择适当的物理参数和模拟方法，则可以通过仪器测定有关的物理机械性质来表示织物的风格特征。

客观评价通过仪器检测实现，就是根据织物在官能检测和应用中的力学性质特征，采用相应的模拟方式，对织物的风格进行客观评价。目前风格客观评价方法有以下几种类型。一类是通过组合多种典型力学行为产生的物理数据进行量化评价，包括以织物在多种典型力学状态（如拉伸、剪切、弯曲、压缩）下的信息作为基础进行评价（如 KES 系统）、以织物在多种复合受力状态（如弯曲—剪切，弯曲—摩擦）下的行为信息为基础进行评价（如 YG821 系统）两种；另一类是以单一复合变形行为所产生的物理数据进行量化评价（如槽孔法系统）。

1. KES 系统

KES 系统认为手感主要与 6 种特性有关，即拉伸特性、弯曲特性、剪切特性、压缩与厚度特性、摩擦特性、重量。并从以上 6 种物理特性中归纳出 16 种物理指标，作为描述基本风格的物理量 x_i。16 种物理指标见表 7-4。

表 7-4　风格的物理内容

项目		试验方法	指标	评定内容
弯曲		纯弯曲（一定曲率弯曲与回复）	滞后矩，弯曲刚性	评定产品的活泼性与刚柔性
表面性能	摩擦	"金属指纹"与织物相对摩擦	动静摩擦系数，变异系数	织物的光滑，粗糙程度和霜脆性
	粗糙度	$\phi 0.5 \times 5$ 钢丝与织物相对滑动	厚度平均偏差	检验织物表面的凹凸不平程度
压缩		单层织物定负荷压缩	表观厚度，稳定厚度，压缩率，压缩弹性	检测产品的厚实，蓬松，丰满程度
拉伸		定负荷伸张与回复	拉伸弹性，拉伸功，伸长率及非线性度	织物变形的难易程度及其回复能力
剪切		垂直布轴拉伸	剪切滞后度剪切刚度	检测织物畸变的难易程度及回复能力，比较适合于针织物
重量				

（1）基本风格与物理特性之间的关系。各基本风格值（由主观评价获得）和各物理特性（客观评价测试而得）之间的关系都可以用相似的数学形式来表达，即：

$$y_i = C_{0j} + \sum_1^{16} C_{ij} \frac{x_i - \bar{x}_i}{\sigma_i} \tag{7-34}$$

式中：y_j 为基本风格（$j=1$，2，$\cdots$，k，为基本风格的序号）；C_{0j}、C_{ij} 为常数项；x_i 为测得的物理特征值，共 16 种（$i=1$，2，$\cdots$，16，为物理特征的序号）；$\bar{x}_i$ 和 σ_i 分别为标准试样的物理特性值（平均值）和标准偏差。

（2）总风格水平与基本风格水平之间的关系。KES 系统认为，不同用途的面料在风格方面的不同要求，主要表现在它所包含的基本风格的内容不同和各基本风格在总风格中的数量不同上。如男用冬季西服面料，其所包含的基本风格是硬挺度、滑爽性和丰满度；而男用夏季服装面料除了包含以上 3 项基本风格外，还应加上弯曲刚性。对于女装外衣面料，其基本风格应有 6 个方面，即硬挺度、弯曲刚性、回弹柔软性、丰满性、滑爽性、丝鸣；如果是内衣面料，所包含的基本风格便又有不同。

该系统用来说明总风格值（THV，主观评价所得）和基本风格值 [y_j，按照式（7-35）计算所得] 关系的数学表达式是：

$$THV = Z_0 + \sum_{j=1}^{k} Z_j \qquad (7-35)$$

$$Z_j = Z_{j1}\left(\frac{y_j - \bar{y_j}}{\sigma_{j1}}\right) + Z_{j2}\left(\frac{y_j^2 - \bar{y_j}^2}{\sigma_{j2}}\right) \qquad (7-36)$$

式中：Z_0 对既定用途的衣料而言是常数；Z_{j1}、Z_{j2} 为标准试样的基本风格值的平均值及其基本风格值平方的平均值，对既定用途的衣料而言是常数。σ_{j1}、σ_{j2} 为标准试样基本风格值的标准偏差和基本风格值平方的标准偏差，常数。

2. YG821 系统

YG821 系统的逻辑模式和 KES 系统基本相同，也是通过各种物理性能数据来量化织物的风格，区别在于所选择的物理特性不是单一的力学状态，而多数是复合形式，这些变形取自织物实际服用状态，能够反映实际穿着效果。该系统共取 5 种受力状态，提出了 13 项物理性能指标。

（1）弯曲变形。系统所取不是纯弯曲的变形形式，但也可说明一些有关弯曲的特征，这主要表现在它的弯曲滞后曲线中，共采用了 4 个参数：

①弯曲刚性 S_B。这是指曲线中部线性区域的曲线斜率，即 S_B 越大，表示织物的弯曲刚性越大，手感刚硬，反之则柔软。

②活泼率 L_p。因为曲线的滞后程度和织物的活泼率有关，滞后值越大越活泼，即 L_p 值越大，表示织物的手感越灵活，弹跳感越好。反之则手感呆滞，外形保持能力差。

③弯曲刚性指数 S_{BI}。这是一个相对指标，适用于在不同品种，不同规格的织物间进行的弯曲性能的比较。

④最大抗弯力 P_{max}。其意义和 S_B 相同。

（2）起拱变形。系统所取的是一种模拟织物的在肘、膝部织物变形的状态，属非典型的复合变形状态，它实质上说明的是较长片段织物在一定伸长变形条件下变形回复的能力，和活泼率 L_p 之间有一定的联系。

（3）表面摩擦。该系统采用织物与织物摩擦的指标：静摩擦系数与动摩擦系数的变异系数，由于试验方法的限制，所测试数据中还包含了织物表面平整度的宏观影响。

将两块同一表面的试样的叠合在一起，在一定的正压力和速度的条件下，测定从水平方向牵引试样滑动过程中的摩擦力变化。摩擦力变化曲线如图 7-6 所示，由此计算动摩擦系数 μ_d、静摩擦系数 μ_s 和动摩擦变异系数 CV_μ 等指标。

$$\mu_d = \sum_1^n f_i / nN \tag{7-37}$$

$$\mu_s = f_{max} / N \tag{7-38}$$

$$CV_\mu = \sqrt{\frac{\sum_1^n f_i^2 - n\bar{f}^2}{(n-1)\bar{f}^2}} \tag{7-39}$$

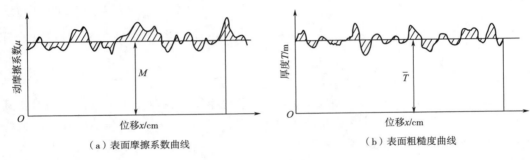

（a）表面摩擦系数曲线　　　　　　（b）表面粗糙度曲线

图 7-6　表面摩擦特性

动摩擦系数 μ_d 值小，表示织物手感光滑，反之则有粗糙感。静摩擦系数与动摩擦变异系数有类似含义，动摩擦系数变异系数 CV_μ 值与组成织物的纱线条干均匀度、硬软程度、屈曲波高差、针织物线圈凸凹高差和表面毛羽多少等因素有关。一般 CV_μ 大，在服用中有麻织物的爽脆感，适用于夏季衣料。

（4）交织阻力。交织阻力是指从一定的织物试样中抽出一根纱线所出现的最大摩擦阻力。该阻力和纱线的弯曲性能及纱线间摩擦有关。交织阻力大，织物手感比较板结，有较好的抗剪切变形能力，在剪切应力的作用下，织物组织不易发生畸变。

纱线表面的粗糙程度、织物结构的稀密以及织物的后整理工艺均会影响织物中纱线间的摩擦阻力。实验装置如图 7-7（a）所示，根据测量的交织阻力曲线，取得最大峰值 P_{max} 即交织阻力 [图 7-7（b）]。

交织阻力大，表示织物内纱线间摩擦阻力大，则织物在受外力而发生弯曲变形时，在纱线交织点上产生微量的相对移动较困难，手感比较板结。此外对于长丝织物，当经纬密度较稀，长丝表面较光滑时，织物表面受摩擦后容易呈现局部稀隙，一般称为披裂。当交织阻力小于一定范围时，可以预测该长丝织物在使用中容易发生披裂。披裂实质上是织物发生剪切变形而引起的织物组织畸形。因此交织阻力的大小一方面可以用来衡量织物的板结程度，另一方面也反映了织物抵抗剪切变形的能力。

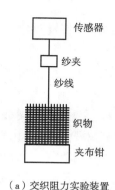
（a）交织阻力实验装置

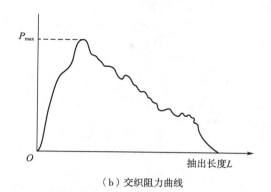
（b）交织阻力曲线

图 7-7 交织阻力实验装置与交织阻力曲线

（5）压缩变形。这是一种典型力学状态，主要采用了三种厚度指标，即表观厚度 T_0、稳定厚度 T_s 和释压后的回复厚度 T_{fr}，这三个指标以及在此基础上形成的其他指标与织物的丰满性和蓬松性有关。通过在同一试样上先后试加轻重两种压强，测得表面厚度 T_0，稳定厚度 T_s 和除去负荷后的回复厚度 T_{fr}，计算织物的蓬松率 B、压缩弹性率 R_E、全压缩弹性率 R_{CE} 与比容 SV。

$$B = \frac{T_{fr} - T_s}{T_s} \times 100\% \qquad (7-40)$$

$$R_E = \frac{T_{fr} - T_s}{T_0 - T_s} \times 100\% \qquad (7-41)$$

$$R_{CE} = \frac{T_{fr} - T_s}{T_0} \times 100\% \qquad (7-42)$$

$$S_V = \frac{T_0}{G} \times 10^3 (\text{cm}^2/\text{g}) \qquad (7-43)$$

对于一定规格的织物，表现厚度 T_0 值大，表示织物越蓬松丰厚，稳定厚度 T_s 值大，表示织物较厚实；蓬松率 B 值大，表示织物蓬松性好，压缩弹性 R_E 大，表示织物在服用过程中丰厚性有较好的保持能力；全压缩弹性率 R_{CE} 大，表示织物手感较丰满；比容 S_V 值大，表示织物比较蓬松或组织较稀疏，或者两者兼有。

对于怎样利用这 13 项物理性能指标评定织物的风格，YG821 系统与 KES 系统不同，YG821 系统不像 KES 系统那样通过多元线性回归的方法建立表征这些物理性能指标风格间关系，而是采用在新的指标值的基础上结合感官评价的方法，借助评价语言对织物风格做出判断，比如在描述织物的挺括性、丰满性和滑爽性时，这些物理指标值是这样来利用的：

挺括性：L_p 与 S_B 均大，表示织物手感挺括；L_p 低而 S_B 与 P_{max} 大，则表示手感板结；L_p 与 S_B 均小，则表示疲软。

丰满性：T_0 值大，表示织物蓬松丰满；T_s 值大，表示织物比较厚实；B 值大，表示织物蓬松性好；R_E 值大，则表示织物的丰厚性有较好的保持能力；R_{CE} 值大，表示织物手感丰满；

比容 SV 值大，则表示织物蓬松或稀疏。

滑爽性：μ_d 与 μ_s 值小，表示织物手感光滑，反之粗糙；CV_μ 较大时，织物有爽脆感；μ_d 低而 CV_μ 较大时，织物手感滑爽。

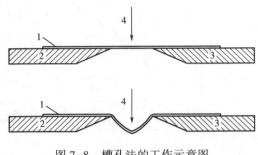

图 7-8　槽孔法的工作示意图

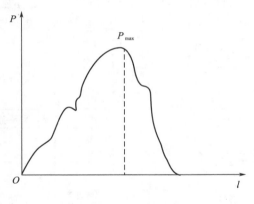

图 7-9　槽孔法的负荷—伸长曲线

3. 槽孔法系统

槽孔法的工作示意图如图 7-8 所示。测定时，将织物试样 1 放在由金属板 2、3 所形成的试样架上。试样架安装在电子强力仪的升降横梁上，在两金属板间构成一槽孔，位于槽孔的上方有一压刀 4。压力与电子强力仪的传感器相连接，并以匀速度向下运动，把织物逐渐推向槽孔，所需的力由传感器产生信号上传记录仪。

当织物受力通过槽孔时，有两个因素影响其运动，即织物的硬挺度与表面摩擦特性。一块硬挺的织物比柔软的织物通过插孔时所受的阻力大，一块粗糙的织物通过槽孔时在槽孔边缘上所受到的摩擦比光滑的织物大。织物的刚柔性及表面摩擦性在一定程度上代表着织物的手感。由此作出负荷—伸长曲线，如图 7-9 所示。

测定开始阶段，织物在压力作用下发生弯曲，此时织物在槽孔边缘上还没有开始显著滑动。这时的力主要是抗弯力。因此曲线的开始部分主要反映抗弯性能。压力继续下行织物就开始滑动，摩擦因素明显增加而抗弯力逐渐减小，这时反映的是织物弯曲性能与表面摩擦的综合效益。当织物明显伸出槽孔时，织物的抗弯力很小，摩擦力在负荷中占绝大比例。根据曲线可取曲线初始部分表示织物的硬挺度，斜率越高，表示织物越挺硬。曲线的峰值即最大负荷 P_{max} 主要表示织物表面的粗糙程度，P_{max} 越大表示织物表面越粗糙。

（三）主客观评价的统一

主观评价解决了风格评价的水平问题，但主观有余而量化不足；客观评价解决了风格评价的数字化问题，量化充足但综合性欠缺。两者是用不同方法对同一客观对象进行评价，其结果应该是统一的，探索两者之间的关系实现两者统一有其必要性。风格的评价终究会以主观评价为最终评判，借鉴客观评价的数据结果以规避主观评价的主观性是实现主观评价和客观评价统一的目标。

为了达成风格评价的主客观统一，一般分两步完成：一是根据大量分类应用试样的主观评价结果建立客观评价的标准，标准一旦建成不需要每次进行标准建立，可以补充数据；二是以建立的标准为依据，根据客观评价结果对试样进行评价，确定试样的风格水平。

1. 基于主客观统一的风格评价标准构建流程

风格评价标准一般按照图 7-10 的流程进行构建：

（1）由有风格感官评价经验的专家组成专家组。专家组成：国手、时装设计师、化纤公司的专家和非职业女性。

（2）收集具有典型用途（如女用夏季内衣料，男用秋季西服布料等）的服装材料构成标准试样组（库）。

（3）由专家组对上述试样组（库）进行感官评价，给出它们的风格秩位。

（4）对上述试样进行物理性能测试，得出各物理性能的表征值。

（5）根据专家组的感官评价结果，找出各物理性能表征值和感官评价结果间的数学关系，形成按用途区分的各类面料的客观评价标准。

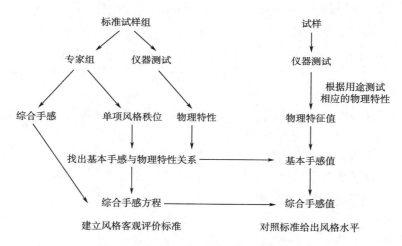

图 7-10　织物风格评价标准构建与应用

2. 风格评价标准须明确的内容

（1）明确规定每种用途的面料应具备的风格要求。每个方面的风格要求构成一个基本风格。例如男用冬服面料，根据其用途要求，必须具备硬挺度、滑爽性和丰满性的风格特点，每个特点构成一个基本风格。

（2）明确规定每种基本风格要具备的物理特性，并且说明各物理特征值与基本风格间关系的数学表达式，基本风格的水平用基本风格值来表示。

（3）服装面料总的风格水平用总风格值表示。总风格值和各基本风格值之间的关系也可以用数学表达式来表示。当然，该式也可用来说明各种基本风格在表现服装面料总风格中的地位和作用的大小。

3. 对照风格标准给出试样的风格水平

（1）根据试样的典型用途，明确面料所适用的评价标准。

（2）根据该标准所要求的基本风格，测试其所对应的物理特性。

（3）依据评价标准以及测试所得的物理特性，计算基本风格值。

（4）根据基本风格值和评价标准计算总风格值，即得知该试样的综合风格水平。

由此可见，对风格进行评价的本质，实际上就是用物理量去量化感觉量的过程。

四、风格评价的应用

对织物风格的评定，首先根据织物的用途进行分类，按其类型、品种、规格进行分组，然后根据仪器测量结果对组内各织物进行分析对比，排列出组内织物风格的优劣次序，并说明织物的风格特性。

作为春秋季和冬季服装面料，通常以挺括、丰满、滑糯、弹性、身骨作为质量的衡量依据，夏季衣料则着重于挺括、轻盈、滑爽。就仪器测得的各个指标而言，虽然分别具有不同含义，但有些指标可能涉及两个风格概念，有的风格概念需要几个指标结合在一起进行描述，因而就要根据织物风格特征要求，选择具有相关性的主要指标来综合评定。

综合评定方法之一是按照织物的弯曲、表面摩擦、压缩等内容进行序列性比较，从而得到相应的风格评语。就挺括而言，主要涉及弯曲性能，当活泼率与弯曲刚性两者数值均大时表示织物挺括；如果活泼率低而弯曲刚性大则表示织物板结；活泼率与弯曲刚性两者均小时则织物柔软而发烂。就丰满而言，几乎与所有压缩性能指标有关；对于滑爽而言，就涉及表面性能，当动摩擦系数低而动摩擦系数变异系数较大时表现为织物滑爽；对于滑糯则涉及弯曲、表面摩擦与压缩性能，当弯曲刚性小，活泼率大，动摩擦系数小，织物稳定厚度较大时，则织物表面为滑糯；当弯曲刚性、动摩擦系数、稳定厚度数值较小时则织物滑腻。在各类织物中，普遍以活泼率高、动摩擦系数低、压缩弹性高为好。不同品种织物可以根据组织的结构特点，分别侧重选择有关的性能进行比较。例如，粗纺呢可偏重选择弯曲与压缩性能的有关指标进行评定。

综合评定的另一种方法是计算综合手感（THV），这种方法由日本的川端孝雄、丹羽雅子等提出，先由熟练的检验人员对大量织物进行感官检测，分别对织物的硬挺、滑糯、丰满、蓬松程度进行评分，对每种织物进行基本手感值与综合手感值的定量定性评定。用 KES 系列织物风格测试各种织物的各项力学性能，并用多元线性回归分析方法进行数据分析，获得仪器所测力学性能指标与基本手感值之间以及基本手感值与综合手感值之间的回归方程。在评定织物手感时用 KES 系列手感仪测出织物各项力学性能指标，代入回归方程，可以算出基本手感值与综合手感值，由此来判定织物的手感特征。

综合手感值实现了对织物手感特征的量化描述，即便如此，具有相同综合手感值的织物其手感特征可能存在差异，因为相同的综合手感值可以由不同的基本手感值构成，因此综合手感值只能表示织物手感特征的大致范围，不能度量各基本手感（即硬挺、滑糯、丰满、蓬松）的构成差别，为了补偿这个缺点，要结合基本手感一起考虑综合手感，并附以织物标准供核对参考。此外，由于受到不同的地区、民族、风俗习惯的影响，即使同一织物在国家与国家之间在评定结果上也存在较大的差别，例如日本评等员过分偏爱滑爽手感，就与其他国家的评定结果有明显差别。

参考文献

[1] NISHIMATSU T, SOWA K, SEKIGUCHI S, et al. Measurement of active tactual motion in judging hand of materials of fabrics [J]. Sen-i Gakkaishi, 1998, 54: 452-458.

[2] 姚穆. "织物结构与性能"讲义 [M]. 西安: 西北纺织工学院, 1982.

[3] 姚穆. 纺织材料学 [M]. 2版. 北京: 中国纺织出版社, 1990.

[4] 于伟东. 纺织材料学 [M]. 2版. 北京: 中国纺织出版社, 2019.

[5] 李育民, 陈黎曦, 蒋素婵, 等. 试论织物和针织物的顶破面积增加率和顶破强度折算系数 [J]. 针织工业, 1983 (5): 1-5.

[6] 王府梅. 服装面料的性能设计 [M]. 上海: 东华大学出版社, 2000.

[7] 周建萍, 陈晟. KES织物风格仪测试指标的分析及应用 [J]. 现代纺织技术, 2005, 13 (6): 37-40.

第八章　织物的透通性与传递性

所谓透通性，是指物质流穿过织物时所表现出来的性能，阻挡性与透通性是一组相对的概念。物质流可分为质量流和能量流，质量流具体包括透气性（气阻）、透水性（防水性）、透湿性（湿阻）等。能量流包括导热性（热阻）、导电性（电阻）、透声性（隔音性、声阻）、透光性（遮光性）等。

不同用途的织物都不同程度地涉及透通性的各个方面：

（1）服装用织物的卫生、舒适与保健方面的功能就涉及透气性、导热性等方面；女裙用织物、夏服用织物就涉及透光与遮光，同时也涉及防紫外线或紫外光线透过性等；冬服的保暖则与织物的红外透过性有关。

（2）产业用织物在很多方面涉及透通性，如过滤、除尘、透水防水（雨衣、运动衣）、膜分离技术、海水淡化（允许水分子通过，而不允许比水分子更大的分子或离子物质通过）、铀浓缩、污染清除技术、人工肾脏（空心黏胶纤维）；装饰用织物也涉及透通性，如窗帘布，要求具有一定的透光性和方向性遮光性。

由此可见，对织物透通性的各个方面进行深入了解和研究是很有必要的。

第一节　织物的透气性

8-1

空气通过织物的能力称为织物的透气性，它直接影响到织物的服用性能。如夏天用的织物需要有较好的透气性，而冬天的外衣透气性应该较小，以保证衣服有良好的防风性能，防止热量的散发。对于国防及工业上的某些织物，透气性具有重要的意义，如降落伞要求透气性较高，蓬帆布除应具有坚牢耐用性外也应有良好的透气性。所谓透气性是指在织物的两侧界面间存在空气压力差时，空气从织物的气孔通过的性能。织物按透气性可分为下述三类：

易透气性：是指材料在比较微弱的压力差下，也可以发挥透气性能的材料，如纤维制品中普通组织的织物。

难透气性：是指材料必须在比较大的压力差下才能发挥透气性能的材料，如皮革制品、纸张及变形纤维制品等。

不透气性：是指材料完全没有透气功能，如橡胶制品、涂油制品、乙烯类制品等。

三者并无明显界限，纤维制品中帆布属于难透气性；较薄的皮革类属于较易透气性。在纤维制品中，一般的棉制品、麻制品、丝制品的透气性比较大，羊毛制品与这些比起来透气性小得多。

一、织物透气性模型

（一）织物透气性的基本概念

设织物两侧空气压力分别为 p_1 和 p_2，且 $p_2>p_1$，则空气自高压一侧向低压一侧透过织物流动。通过织物空气流量的大小与织物两侧压力差（p_2-p_1）和织物的透气性有关。若使织物两侧压力差保持恒定，则通过织物的空气流量就仅由织物的透气性所决定。织物透气性越好，单位时间通过的空气量越多；织物透气性越差，单位时间通过的空气量就越少。因此，在保持织物两侧压力差一定的条件下，测定单位时间通过织物的空气流量，就可推求出织物的透气性。

我国实验标准规定，织物两端压力差为 49Pa（50mmH₂O），织物透气性以 $L/(m^2 \cdot s)$ 表示，即在织物两侧压力差为 49Pa 的条件下，每平方米织物每秒可通过多少升的空气量。

织物的透气性理论模型是指在织物两侧界面间（织物表面实质是凸起点的公切面，毛羽不是其实质凸起点），在有一定压差（Δp）的条件下，从织物单位面积中在单位时间内通过的空气体积 Q $[m^3/(s \cdot m^2)]$。如图 8-1 所示，透气性的理论模型有如下条件：

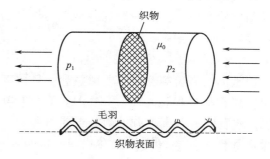

图 8-1　透气性的理论模型

（1）有边界的管子；

（2）空气进行单向流动；

（3）空间有限；

（4）出现一个宏观的层流，层流的流量为 $B_{\Delta p}$；

（5）$p_2>p_1$，四周边界无摩擦损耗。

那么

$$B_{\Delta p} = Q/S = \mu_0 \tag{8-1}$$

式中：S 为织物面积。

从式（8-1）可知，宏观层流的流量从实质看就是流速。在有界的宏观层流空间中不计边界摩擦时，也就是把整个气流场看作有界的均匀流场（保持 $B_{\Delta p}=\mu$），不考虑微区界面阻力，则宏观层流的平均线速度就是在该压差条件下的透气性。

（二）阻力的内容

从织物角度来说，阻力是织物自身对空气流通的阻碍，宏观均匀层流条件下不存在加速度，此时压力差=阻力和。阻力包含两个方面的基本内容。

1. 织物孔洞（布眼）边界的黏附层流阻力

纤维的表面张力形成固体表面膜，堆积若干气体分子，这些气体分子是不能自由移动的，从而使靠近布眼边缘时空气流速为零，而孔眼中心流速大（就像河中心流速总比河岸边的流速大一样），这样就形成了黏附层流阻力，即黏滞阻力。在速度小、织物松、孔眼大时，表现突出。根据流体力学理论，该黏滞阻力计算如下：

$$F = \eta A \frac{\mu}{l} \tag{8-2}$$

式中：F 为流体的黏滞阻力；η 为流体的黏滞系数；A 为管道的横截面积；μ 为流体流速；l 为所在点离边缘的距离。

从上式可知，越靠近布眼边缘，速度越慢，越靠近布眼中心，速度越快。那么织物的黏滞阻力 Δp_1 可表达为：

$$\Delta p_1 = a\mu \qquad (8-3)$$

式中：a 为常数，$a = \eta A/l = k\gamma/(1 - \varepsilon)$。其中 k 为常数；γ 为表面张力；ε 为孔隙率。

2. 惯性阻力

惯性阻力为气流在前进过程中加速、减速所消耗的能量，这是由织物交织孔隙结构决定的，织物交织孔隙的缩小、膨胀、旋转、倾斜等原因会造成的局部阻力的变化。惯性阻力 Δp_2 可以表达为：

$$\Delta p_2 = \lambda \frac{\rho\mu^2}{2g} = b\mu^2 \qquad (8-4)$$

式中：$b = \lambda\rho/(2g)$；λ 为局部阻力系数；ρ 为流体的密度；g 为重力加速度。

这样，在一定压差下，空气流过布眼时所受到的阻力为上述两种阻力之和。

$$\Delta p = \Delta p_1 + \Delta p_2 = a\mu + b\mu^2 \qquad (8-5)$$

上述方程是从基本原理做出的基本推论。当 μ 小时，$a\mu$ 作用大，μ 大时，$b\mu^2$ 作用大。在层流条件下，阻力的具体状态为 $\Delta p = a\mu$，a 的主要影响因素是温度，温度高，黏度小，黏度对 a 的影响是线性的。

二、织物透气性测试

（一）透气量

织物透气性是织物两面存在压差的情况下织物透过空气的性能，织物透气量是织物两面在规定的压差下，单位时间内流过织物单位面积的空气体积 Q，其单位是 $L/(m^2 \cdot s)$。

压差是空气流动的条件，只有在被测织物两面保持一定的压力差，空气才能透过织物而流动，因此织物透气量总是与压力差关联的。显然，织物的透气量是相对于某一压差而定的，没有压差就没有 Q，习惯上我们称织物两面压力差 Δp_0 为定压值，一般情况下，大多数织物并非都在高压差或变压差条件下工作，若能够规定一个合宜的压差标准，并在这个标准压差下量取它们的透气量值，就可以描述织物在一般情况下的透气性，得到的数据也是具有可比性的。

（二）织物的压差—透气量曲线

对于某一织物在特定压力下其透气量是确定的，但该织物的透气量会随测定压差的变化而变化，因此，特定压差下的织物透气量只能反映特定条件下的织物透气性，而不能概括织物透气性能的全貌，因此以某一压力差为标准来衡量织物的透气性是不全面的，某些特殊条件下使用的织物必须按其工作压差来测量其透气量，对于那些在复杂的压差条件下工作的织物，应通过测量描绘压差—透气量曲线。根据试验，各种织物在不同压差下的透气量变化均呈幂函数关系，并可用以下关系式表示：

$$Q = a\Delta p^b \tag{8-6}$$

式中：Q 为织物的透气量；Δp 为织物两面的压力差；a、b 为反映织物透气性能的常数。

织物的压差—透气量曲线描述的是织物在不同压差条件下透气量的变化规律，它给出的是 Δp 与 Q 的对应关系，是对织物透气性全面的描述。如图 8-2 是 A、B 两种织物的压差—透气量曲线，尽管两种织物的透气量均随压差的变化而变化，但变化的程度各不相同。织物在低 Δp 下其 Q 值较小，但若增大 Δp，其 Q 值就明显增大；两种在低 Δp 下 Q 值相同或接近的织物，在高 Δp 下其值可能会有明显的差异；两种在低 Δp 下 Q 值不同的织物，在高 Δp 下其 Q 值的大小关系可能发生颠倒。

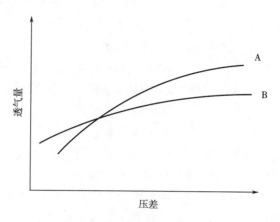

图 8-2　织物的压差—透气量曲线

织物透气性取决于织物的经纬纱线间以及纤维间孔隙的数量与大小，即与经纬密度，经纬纱线特数、纱线捻度有关，此外还与纤维性质、纱线结构、织物厚度和体积重量等因素有关。锦丝绸的透气量还可采用轧光工艺来控制，即加热、加压，迫使纤维排列紧密，减小间隙，以达到减小织物透气量的目的。

对于救生伞伞衣织物，不但需要在特定条件下（例如 5mm 水柱压差）具有特定的透气量，而且需要在不同压差下具有特定的透气量变化。即小压差下的透气量以小为宜，但随着压差的增大，透气量的增加应尽可能大。

三、织物透气性应用

（一）救生伞的使用场景

由于救生伞是在飞机失事的应急情况下被迫使用的，因此救生伞不能像其他降落伞那样可以事先确定工作条件。降落伞在整个工作过程中，伞衣的内外压差均要经受一个由大到小的变化。开伞阶段，由于伞衣上作用一个很大的动压，伞衣内外的压力差较大；而稳定下降阶段，伞衣上作用的动压锐减，伞衣内外的压力差也就明显下降。救生伞必须考虑可能出现的各种情况，使同一救生伞能够在多种恶劣条件下使用。其中高空高速和低空低速即为二种比较典型的应急救生情况。

高空高速下救生，主要问题是巨大的动载。为此，要求伞衣织物的透气量以大为宜。透气量大，则气流易于从伞衣织物中逸出，有利于减少开伞时的冲击载荷，使伞衣受到的冲击减少，提高伞的稳定性，并能延长伞衣的空气张满时间，降低过载。低空低速下开伞，主要矛盾是开伞时间过短，稳定下降时间不足，为此，要求伞衣织物的透气量以小为宜。透气量小，则气流不易从伞衣织物中逸出，伞衣即能迅速充气涨满，由此而缩短开伞时间，增进开伞的可靠性，减少下降速度，保证救生伞的开伞高度，保证人员安全着陆。

高空高速和低空低速两种情形对透气性的要求往往是相互矛盾的，对前者有利之处，一般不利于后者。因此救生伞伞衣织物的透气量既要根据救生伞的特定要求，考虑其主要矛盾的主要方面，也要考虑两种相反情况的要求，寻求最有利的设计策略。

（二）救生伞伞衣织物的设计

针对救生伞在两种特殊情况下对伞衣织物的透气量要求的矛盾性，可以采用两种不同性能的织物来适应两种不同使用条件，但这不是救生伞的设计原则，实际使用中也难以实施。因此，必须采用同一种织物来折衷和统一两种矛盾要求。织物的透气量是影响降落伞性能的重要指标之一，直接影响降落伞的性能，对降落伞的阻力系数、稳定性、开伞动载和开伞特性有明显的影响。测量透气量所选用的压差标准，概括起来有两种主张：一是主张采用降落伞稳定下降段的伞衣内外压差［即相当于 0.508～1.27cm（0.2～0.5 英寸）水柱压力］量度织物透气量；另一主张是采用降落伞开伞期间的伞衣内外压差［即相当于 25.4cm（10 英寸）水柱压力］量度织物透气量，但这仍是不全面的。为了说明该设计原则，实际使用中需要从织物透气性的基本特点对伞衣织物加以设计。

（1）伞衣织物透气量是决定伞衣能否张满（也就是说能不能开伞）的因素之一。因为每种降落伞伞衣都具有其充满极限速度（伞衣能够张满时的物伞系统的最大速度）。若伞衣运动速度（相对空气）大于充满极限速度，这时进入伞衣内的空气量等于流出空气量，伞衣内外的压力差不大，伞衣织物透气过大，则伞衣不会张满。相反，若伞衣运动速度小于充满极限速度，则伞衣能够张满。由于各种织物透气量不同，透气量越大，伞衣的充满极限速度就越小。

（2）伞衣阻力系数与织物透气量的关系。当织物透气量增大时，伞衣阻力系数随着压力差的降低而减小，也就是阻力会减小。在其他条件完全相同时，如要保证同样的着陆速度，则需加大阻力面积。

（3）增大织物的透气量是减小开伞过程中作用于伞衣上的动力载荷的方法之一。织物的透气量越大，伞衣充满的时间就越长，制动路程也越长，从而充满过程中作用于伞衣上的动力载荷也就越小。用增大伞衣织物透气量的方法减小动力载荷也有一定的限度，若伞衣透气量大到一定程度，会引起伞衣阻力系数的减小。为了保证规定的着陆速度，就必须相应地增大伞衣面积，伞衣的重量和体积亦随之增大。故利用增大织物透气量的方法减小作用于伞衣上的动力载荷时，应予全面权衡。

（4）很多形状伞衣的稳定性要靠织物透气量来保证，织物的透气量越大，伞的稳定性越好。

综上所述，伞衣的透气量小，则伞衣所受阻力大，开伞性能好，但相应地带来开伞冲击载荷大，下降稳定性差等缺点。因此，根据各种降落伞性能不同的要求，需要选择不同透气量的织物制造伞衣。

救生伞衣织物的透气性对气动性能，如开伞可靠冲击载荷、稳定性和下降速度等方面都具有重要影响。救生伞伞衣织物的透气量一般要根据救生伞的伞衣结构和性能要求而定。方形伞衣大都采用中等到大透气量的织物，而圆形伞衣则采用小透气量织物。由于降落伞理论尚难对织物透气性与降落伞的气动性能之间做出定量的计算和解释，织物透气性能的基本规律也尚需进一步探索，因此，设计时很难对伞衣织物提出定量的依据，而只能一般地提出定性的要求，具体数据往往是在大量试验后才能确定。

（三）　高空高速和低空低速性能要求的统一

从以上论述可以看出，救生伞在高空高速和低空低速使用条件下对伞衣织物相互矛盾的透气量要求是可以统一的。实际上，在提及高空高速和低空低速两种条件下的透气量要求时，都忽略了反映透气量的基本条件压力差，显然高空高速下开伞，伞衣压力差大，低空低速下开伞，伞衣压力差小，二者的基本条件具有很大的差异。为此只要选择在压差改变时透气量具有较大变化的伞衣织物，就能使救生伞适应多种情况，把相互矛盾的使用条件统一在一起。

早在 20 世纪 50 年代初期，救生伞设计中即提出了研制变透气量织物的要求。其实，变透气量这一名词是不够确切的，因为随着压差的变化，任何伞衣的透气量都是变化的，只是由于织物性质不同，即织物常数不同，压差增加后的织物透气量变化也各不相同，显然，对于救生伞伞衣，希望一定量的压差改变后，能够出现尽可能大的透气量变化。

从织物透气量变化规律可知，压差增加不仅意味着空气流速的增加，也意味着织物的伸张变形增加，并由此而使织物的孔隙面积增大，伞衣织物的透气量增加，即可以在开伞冲击力作用下，通过控制织物的变形增加伞衣织物的透气量。开伞速度大，张应力大，织物变形也大，织物纱线间的孔隙面积增大，透气量也随之增大。常规织物的这种变化范围较小，远不能满足高速救生伞的要求，于是，具有高弹性变形的弹性伞衣织物就应运而生。

从 20 世纪 60 年代开始，国外对弹性织物在救生伞上的应用开展了广泛研究。经编针织物利用针织物的良好结构变形实现救生伞伞衣的大范围透气量变化，能够在大速度下成功地延长开伞时间，减少开伞的动载，但易于撕裂，小压差下也难以获得较小的透气量，致使救生伞下降速度过快和低空开伞性能受到影响，由此该织物的发展受到阻碍。在机织物的纬向采用弹性纱织成弹性织物，使织物具有单向高弹性特点。弹性织物的主要特点是透气量变化范围大，即在低压差（1.27cm 水柱）下具有与常规降落伞相仿的透气量，而在高压下透气量要比常规伞衣织物大得多。因此弹性织物的主要作用在于明显减少降落伞的开伞动载，从而保证在大速度下正常使用，作为救生伞的伞衣材料具有明显的优点，但弹性织物重量较大，抗撕裂和耐光性能均比较差，仍有待进一步完善和改进。

第二节　织物的透水性与防水拒水性

8-2

不管是在应用领域还是在生活中，纺织品与水的关系都非常密切。水可以通过织物的孔隙从一面达到另一面，这就是透水性；水也可能无法从织物的一面穿透达到另一面，这就是防水性；也可能水珠滴落织物表面，而织物表面不沾水，这就是拒水性。这三种性能都有特定的应用场合，对织物非常重要。防水织物的开发和使用在欧美和日本等先进国家已有二十多年的历史，随着人们对织物功能的要求越来越高，也因为人类生存环境的不断变化，使得这一类织物更具有巨大的开发潜力。在开发研究防水性织物的同时，也带动了防水性能测试的研究和发展。

一、织物透水性

1. 水分子透过织物的方式

（1）由于纤维对水分子的吸收，使水分子通过纤维体积内部而达到织物另一面；

（2）由于毛细管的作用，织物内部的纱线润湿使水分子渗透到另一面；

（3）由于水压强迫水分子通过织物孔隙。

2. 织物透水性与透气性的区别

织物透水主要是第三种方式，织物透水性的基本特征与透气性相似，不同有两点：

（1）基本上液体属不可压缩性流体。在几十个大气压力下体积变化很小；

（2）黏度大，要比气体大 3~4 个数量级。黏度受温度的影响大。水在 4℃ 时密度最大，水都是以缔合形式存在的，所以黏度也变大。

3. 透水性基本方程

$$\Delta p = a\mu + b\mu^2 \tag{8-7}$$

式中：a、b 与透气性中的 a、b 存在很大区别，a 值大，随温度变化大，需固定温度，b 值较小。

针对上述方程，只有在低速水流时，曲线才显示出弯曲。在 0~400mm 水柱的压力下，基本上呈直线，第一项比第二项大得多，把第二项略去误差不大。

二、织物防水性

为防雨水，自古就有对织物进行防水整理的技术。防水性能是指织物外侧的水不会穿透织物而浸到内侧，又叫表面抗湿性。防水透湿织物是高档面料中较重要的一类，按整理后织物表面性能的不同，防水性存在两种情况：

一类是防水但不透气的整理。通过在织物表面均匀涂覆一层不透水、不溶于水的涂层，把织物孔隙堵塞，阻止水蒸气和空气通过织物，这种整理也称为涂层整理（防水整理）。织物用聚氨酯树脂、聚丙烯醇树脂、橡胶、桐油等涂层处理后，耐水性能、防水性能强，但不透水不透气，手感硬，长时间穿这种服装，服装内部的空气中将包含大量水汽，呈闷湿状态，会引起不舒适感，故涂层整理不适用于服装用品，一般适用于工业用布或户外用品。

另一类则是能够透气的防水整理。织物的网眼不被阻塞，将能避开水珠的物质涂在织物上，纤维不沾湿，能够保持良好的透气性和外观，但防水性不够充分，当织物网眼比较大时，水会通过网眼进入。所谓防水透湿就是在较低水压下织物不被水润湿，但人体散发的汗液以水汽形式透过织物传导到外界，水汽不在人体表面和织物之间凝聚，人体感觉不到"发闷"现象。

防水透湿织物用途很多，如户外服装面料有外套、棉袄、夹克、风衣、防寒抗湿服等；家居装饰面料有桌巾、沙发布料、浴帘等；雨具类有雨衣、雨伞布、雨棚布等；特种服装有医护人员的工作服、手术服、化学防护衣、军用服装、消防服、浸水作业服、酸碱防护服等；高密度的涤棉、春亚纺和锦涤桃皮绒等织物经涂层、防水、磨毛等特种整理加工，广泛应用于滑雪羽绒服、警用风雨衣、箱包及其他各种防雨用具。此外还有露天货站或汽车运输用篷盖布、铁路敞篷车用篷盖布等。

防水透湿性织物的应用场合无处不在，因此研制防水透湿性能好的织物成为纺织领域的热门研究内容之一，同时相关检测设备的研制也显得尤其重要。织物耐水压性能测试是非常规项目检测，但随着防水等特种整理纺织品市场需求的增长及技术要求的提高，纺织品耐水压性能测试越来越受到重视。从防水效果来讲，期望通过防水整理后，织物应有较强的防水性，同时要有良好的耐洗涤性及透气性，整理后纤维不受损伤、手感不变等。

三、织物拒水性

织物经过整理后，也可以达到类似于荷叶的不沾水效果，这种整理就是拒水整理。通过整理改变了织物的表面性能，使纤维表面由亲水性转为疏水性，使织物不易被润湿，水落到织物表面时，因水的凝聚力比水对织物的附着力大，水受表面张力作用呈水滴状，织物倾斜时水滴可滚落。拒水整理就是增大织物表面对水的接触角而发挥其拒水作用，拒水性和防水性一样是雨衣、雨伞、外衣所期望的性能。当织物只是短时间被水体冲击时主要考虑其拒水性。

织物的润湿是使水分在织物表面迅速铺展，而拒水的目的正好相反，要求纤维不润湿或很少润湿。力图使水滴在织物表面上不铺展、不润湿，仍然保持水滴状态。

拒水性与织物的表面性质有关，织物表面抵抗液体润湿和渗透的能力取决于织物材料的化学结构、表面几何形状、粗糙度及纱线毛羽等因素。织物的表面状态可以用接触角 θ 来描述，当 $\theta > 90°$ 时，液体不润湿固体表面；当 $\theta < 90°$ 时，若固体表面张力大于液体表面张力，则液体润湿固体表面。

润湿与拒水取决于固体和液体的表面张力，拒水整理剂均具有较大接触角或表面张力较低。织物经拒水整理后，其表面张力降低，接触角增大，从而达到拒水效果。疏水纤维有拒水性，亲水性纤维有湿润性，各种纤维材料对水接触角的数据差异很大，大致排列顺序为：黏胶<棉≈腈纶<锦纶<羊毛<涤纶<丙纶。从纤维对水接触角的排列顺序可以说明黏胶的润湿性较好，涤纶的润湿性很差。

一般来讲，表面状态粗糙的比光滑的接触角大，所以具有拒水性。织物表面的毛绒分布均匀，纤维尖端不纠结在一起的织物拒水效果好。

四、织物透水防水测试

织物透水性和防水性的测试方法，大体分为实地测试、模拟测试和实验室测试 3 类。

实地测试是在实际应用场合定期测试织物的透水性和防水性，数据一般比较准确，但花费较大，时间较长。

模拟测试是用各种模拟天气环境和人体运动状态来测试织物的透水性与防水性。需要在环境控制室中进行，要有人工雨塔，可把水从 10m 高处以 450L/（m·h）的流量如暴雨般地泄向人体模型，直径约为 5mm 的水滴从顶部 2000 个孔中喷出，其速度约为 40km/h，这种测试手段与前者相比时间短，但花费很高。

实验室测试花费少时间短，能够得到相对结果，较为实用。透水性与防水性的实验室测试方法主要有恒压法、变压法、喷淋法（或沾水法）和浸没法。

（一）恒压法

恒压法是在织物的一侧施加静水压，测量在此静压下的出水量或出水点时间，或测量在一定出水量时的静压值，主要有水流法和透水量仪。

（1）水流法。把织物嵌在水流管中，然后把水不断地流入水流管中，水通过织物流入容器中。同时通过溢流管保持织物两面的压差固定（Δh 水柱）。这样通过保持相对稳定的水压，可以根据在一定时间内流入容器中的水量来衡量织物的透水能力。对于滤布等，用单位面积、单位时间内的透水量来表征，如图 8-3（a）所示；对于防水性织物，如雨衣布等，测量试样另一面出现水滴所需要的时间或经一定时间后观察另一面所出现水珠的数量，如图 8-3（b）所示。

（2）透水量仪法。透水量仪就是对水流法的一种改进。测定 100mm² 的织物单位时间内透过的水量。透水量仪也存在一些缺点，由于测试试样面积太大，使织物在压力作用下产生拱起，织物变形，孔洞胀大，对测试结果影响很大，需要改进。

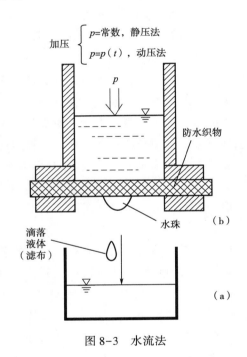

图 8-3　水流法

（二）变压法

变压法主要包括静水压法和水蓝法。

（1）静水压法。静水压法是一种由里向外的实验方法，就是将织物固定在密闭容器的一面，在标准大气压的条件下充水并在织物试样的一面施以等速增加的水压 $p = p（t）$，直到另一面被水渗透而显出一定数量水珠，观察并记录在多大的水压下织物的背面渗出水珠，此时测得的水的压力就是静水压。这种实验方法主要模拟低压防渗漏（雨衣、背囊布）和高压防渗漏（水龙带使用环境为 2 个标准大气压）两种情况。织物所承受的静水压值越大其防水性能就越好。一般用耐水压高度（水柱）描述，即透过织物冒出三滴水珠（在夹持面上漏出的水不算）时所需的水柱高度。解放军军服冬大衣要求耐 2m 高水柱，美国在 20 世纪 80 年代提出外衣织物要求耐80mm水柱，聚四氟乙烯薄膜耐1m水柱，东丽公司的聚氨酯膜拉伸2倍还能耐2m水柱。

针对静水压法进行织物的防水性能的测试，国内按照GB 4744—1984标准制造了YG812型水压仪来测试防水指标。随着科技的进步和人们要求的提高，根据标准GB/T 4744—1997《纺织品　抗渗水性测定　静水压试验》和FZ/T 01004—1991《涂层织物　抗渗水性测定　静水压试验》又制造了国产YG（B）812D-20型数字式织物渗水性测定仪，如图8-4所示。

该仪器用于测定经过防水处理的各种织物的抗渗水性，如帆布、油布、帐篷布、苫布、防雨服装布及土工布材料等，测试范围为500Pa~2000kPa。

图8-4　YG（B）812D-20型数字式
织物渗水性测定仪

静压法通过测试在多少压力下有水渗入来测试织物的防水性，而淋水实验是通过测试干、湿面积比来测试织物的防水性的。

（2）水蓝法。水蓝法是历史上采用的最简略的方法，把一定体积的水倒入用织物扎成的水蓝，记录冒出三滴水珠的时间。此法误差很大，终点不易判断。

（三）喷淋法（或沾水法）

喷淋法是一种由外向内的试验方法，就是从一定的高度和角度向待测织物连续喷水，测定浸透时间或吸收的水量或观察试样的水渍形态等，通过五个级别的评定，确定防水效率。模拟织物暴露于雨中的状态，也称防雨性能试验，即沾水试验。

喷淋试验采用AATCC标准。在特定条件下将水喷洒在绷紧的织物表面，从而产生与织物防水防润湿相关联的润湿痕迹，通过比较润湿痕迹与标准图片，评估织物的防水能力。样本必须具有180mm×180mm的尺寸，测试前必须在（21±1）℃，RH（相对湿度）（65±2）%条件下放置4h。用一个直径为152mm的金属圈将样本拴在样本固定器上，使样本产生一个平滑无皱纹的待测表面。

如图8-5所示为喷淋实验的淋水实验台，将装有样本的固定器放置在测试仪上，调节其位置使喷水形成的痕迹与金属圈的中间一致，对斜纹、斜纹类华达呢，珠地和类似棱纹类纹路的方向与水流出样本的方向斜向交叉。在烧杯不触动喷水装置的情况下将250mL，温度为（27±1）℃的去离子水用25~30s喷洒在样本上，若喷水时间过长或较短，都需检查喷水嘴是否堵塞及扩大。喷完水后用手握着金属圈的一端，用小锤敲圈的另一端一次，旋转180°再重复一次。敲完后立即与标准等级图比较，评估被水沾湿的痕迹，与之最接近的标准图表的级数就是其相应的级数。AATCC标准等级图如图8-6所示，图8-7所示测试样本的沾湿情况与标准等级图对比确定防水等级。

图 8-5　淋水实验台

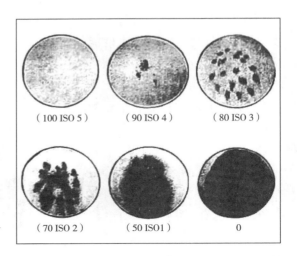

图 8-6　AATCC 标准等级图表

（a）样本一

（b）样本二

（c）样本三

图 8-7　测试样本

AATCC 22：1996《纺织织物防水性试验：喷淋试验》防水标准见表 8-1。

表 8-1　AATCC 22：1996 织物防水性能判定标准

等级	分值	描述
0 级（ISO 0）	0 分	表面背面全部湿润
1 级（ISO 1）	50 分	表面全部湿润
2 级（ISO 2）	70 分	局部湿润（织物湿润状态通常呈小而个别的湿润）
3 级（ISO 3）	80 分	表面呈小水滴状之湿润
4 级（ISO 4）	90 分	表面没湿但附着有小水滴
5 级（ISO 5）	100 分	表面即没湿也没有附着小水滴

织物防水性等级是通过主观对比法评定的，就是在一定光照条件下评定者用实验样品与标准样品照片对比获得评价。显然其结果会受评定者心理状态和生理状况影响，也会因评判者的疲劳而产生误检，使判别产生偏差，评定误差大，一致性不好，效率不高。为克服这种主观因素的干扰，寻找一种客观有效的评定方法是有必要的。

（四）浸没法

浸没法就是测定织物在水中浸渍一定时间后的增重率，同时还测织物进水和出水的接触角。这种测试方法比较简单、方便。好的防雨布是不沾水的。

五、防水性的测试标准

目前国内外测试织物防水性能的标准主要有以下几种：

中国国家标准：GB/T 4745—2012《纺织品　防水性能的检测和评价　沾水法》、GB/T 4744—2013《纺织品　防水性能的检测和评价　静水压法》、GB/T 14577—1993《织物拒水性测定　邦迪斯门淋雨法》。

中国行业标准：FZ/T 01004—2008《涂层织物　抗渗水性的测定》。

国际标准：ISO 811：1981《纺织织物抗渗水性测定　静水压试验》。

美国纺织化学家和染色家协会标准：AATCC 70—2015e2《拒水性　动态吸水性测试》、AATCC 22—2017e《拒水性：喷淋试验》、AATCC 35—2018《拒水性：淋雨测试》、AATCC 42—2017e《拒水性：冲击渗水性测试》、AATCC 127—2017e《抗水性　静水压法》。

美国标准：ASTM D751：1995《涂层织物　抗水性测定》、ASTM D3393：2021《涂层织物防水性标准说明》。

德国标准：EN 20811：1992《纺织品－耐水渗透性的测定　静水压试验》、EN 24920：1992《纺织品　织物耐表面浸湿性的测定（喷雾试验）》。

但是这些标准的测试方法都是靠人工来完成的。AATCC标准的缺点是对于深色织物来说，图片标准不是十分令人满意的，因此主要依据文字描述来评级。

第三节　织物的透湿性

8-3

一、织物透湿途径

织物的湿汽透通性是服装用和工业用织物的重要性能之一，但大多表达指标偏重于液态水在织物中的传输问题，且在分析中附属于热平衡测算。事实上，人体皮肤汗腺的汗液释放活动，在一般生理环境中并不停止，在代谢水平低下时，汗液在汗腺孔内或汗腺孔附近蒸发成水汽。皮肤上不显润湿状态，称为无感出汗；在代谢水平高时，汗液以液态水形态遍及皮肤表面，甚至流淌，称为有感出汗。前者对服装穿着舒适性也有影响但尚不剧烈，后者不仅影响热平衡，而且影响皮肤触觉系统和服装穿着的舒适性，特别是在冷环境中有感出汗后，某些织物的内衣使人感到"激冷"（冰凉的感觉），在重体力劳动、运动训练或高温作用条件下，现有服装均不能令人满意，尚未涉及其湿传导理论基础和广泛试验。

皮肤表面无感出汗时，汗液在汗腺孔附近甚至在汗腺孔内即蒸发成水汽，整个皮肤表面看不到汗液。这时，通过服装的湿传递的初始状态是水汽；皮肤表面有感出汗时，汗液分布在皮肤表面上，这时通过服装湿传递的初始状态是液态水。显然两者通过织物的湿传递通道不完全相同，图 8-8 和图 8-9 分别给出了无感出汗时和有感出汗时主要的湿传递途径。

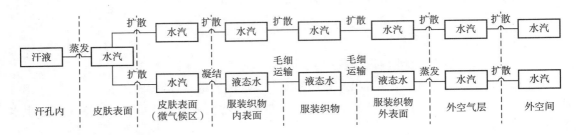

图 8-8　无感出汗时的湿传递通道

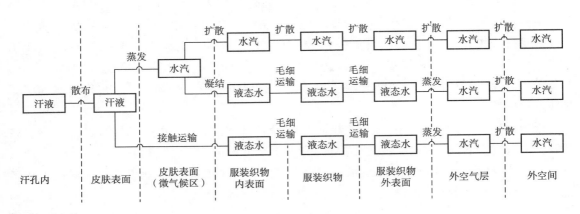

图 8-9　有感出汗时的湿传递通道

由图 8-8、图 8-9 可知，人体皮肤出汗经织物传递到环境中的通道主要有三种类型：

（1）汗液在微气候区中蒸发成水汽，气态水经织物中纱线间、纤维间和纤维内的缝隙孔洞扩散到外部空间。

（2）汗液在微气候区蒸发成水汽后，气态水在织物内表面纤维中孔洞和纤维表面凝结成液态水，经纤维内和纤维间缝隙孔洞毛细输送到织物外表面，再重新蒸发成水汽扩散至外部空间。

（3）汗液以液态水方式直接与织物表面接触，通过织物中的缝隙孔洞毛细运输到织物外表面，蒸发成水汽扩散至外部空间。

人体在无感出汗和排汗初始状态为气态水，因此它的湿传递以第一类及第二类为主要方式。人体在有感出汗时汗液和汗气同时存在，微气候区湿度较高，因而汗水的传递以第二类及第三类为主要方式。各种方式运输水量的比例，视出汗速率、织物品种结构、环境条件等变化而不同。例如，当织物具有一定的吸湿能力和放湿能力时，皮肤出汗后微气候区的相对湿度很高，服装材料吸收水汽，并经纤维内的缝隙孔洞向相对湿度较低的周围环境扩散放湿，虽然吸湿性纤维的扩散系数比非吸湿性纤维要大很多，但是同空气相比，吸湿纤维的扩散系数要小好几个数量级，因此水汽经纤维内的缝隙孔洞扩散，其量很小，纤维材料本身所传递的水蒸气量与织物所透过的水蒸气量相比是很小的，这意味着水蒸气时沿纤维表面传递，尤其是通过织物的空气层进行传递。当服装被汗水浸润时，液态汗水由于纤维的毛细管作用，被传递到服装的外表面，再向周围环境蒸发，一般织物液态水传输速度大于液面蒸发速度，当人体运动时，由于衣下空气层内空气的强制对流作用，使液面蒸发速率加快，这部分的量较大，毛细运输向外排放为主要方式。

织物中毛细管作用传递液态水的能力引起人们极大的关注。虽然织物的芯吸能力差异很大，但并非所有这些差异都会引起舒适感的差别。首先，人体穿着试验研究表明，特别是在冷天穿着时，织物内的含水量很少能达到引起芯吸作用的程度。虽然皮肤上蒸发的水分完全可能会在较冷的织物层上凝结，但是还不足以充满织物内的毛细管而形成连续的毛细管道，构成输液的结构方式。相反，对于热天穿用的服装织物，芯吸作用可以促使织物快干，在含湿量较高时，可以促进散热，因而十分重要。

二、织物的湿传导理论

传递的水分（液、汽）按其传递原理可以分成三种：一是水汽通过织物中纤维及纱线间微孔的扩散，二是纤维自身吸湿（有一部分也是微孔吸附作用）并在水汽压较低的一侧蒸发，三是织物内各种毛细管吸收水分向水汽压低的一侧传递和蒸发。

1. 水面上液态水的蒸发

在液面水平的情况下，液面上的蒸发蒸汽分压（饱和蒸汽压）取决于水的温度 T（K）。当空气中实际水蒸气分压不饱和时，在液面附近空气层间将形成水蒸气梯度。通过扩散使液态水蒸发成蒸汽。此时，液态水蒸发速度受液面空气层水蒸气扩散条件的制约，湿气流流量可表示成：

$$q = -D \frac{M}{RTl} \left\{ p_0 \exp\left[-\frac{\Delta H}{R}\left(\frac{1}{T} - \frac{1}{373.16} \right) \right] - p \right\} \tag{8-8}$$

式中：q 为蒸发速度（湿流量）[kg/(m²·s)]；p_0 为大气压力（Pa）；p 为水蒸气分压（Pa）；ΔH 为相变能，即水的蒸发潜热（J/kg）；l 为有效扩散厚度（m）；R 为气体常数，$R = 8.3144 J/(K·mol)$。

2. 水蒸气扩散方程

在湿空气中，当空气中水蒸气浓度（或水蒸气分压）不匀而呈现梯度时，水蒸气分子将按热力学第二定律由浓度高（或水蒸气分压高）的区域扩散到浓度低（或水蒸气分压低）的区域。在稳定扩散状态下，根据菲克第一扩散定律，有：

$$\frac{\mathrm{d}Q}{\mathrm{d}A\mathrm{d}t} = -D\frac{\mathrm{d}C}{\mathrm{d}x} \tag{8-9}$$

式中：Q 为扩散的水蒸气的质量（kg）；A 为扩散的横截面积（m^2）；t 为扩散的时间（s）；$\mathrm{d}C/\mathrm{d}x$ 为水蒸气浓度梯度（kg/m^4）；D 为扩散系数。

按混合气体的状态方程，在气压不高、浓度不大及不计水分子极性、空间形态不对称等条件下，可近似认为：

$$p = CRT/M \tag{8-10}$$

式中：p 为水蒸气分压（Pa）；C 为水蒸气浓度（kg/m^3）；T 为温度（K）；R 为气体常数，$R = 8.3144 J/(K \cdot mol)$；$M$ 为水的摩尔质量（g/mol）。

在服装实际穿用中，皮肤汗水（特别是有感出汗）蒸发成水蒸气并向外扩散，近皮肤处水蒸气浓度几乎在饱和状态，水蒸气分压达到饱和蒸汽压；而服装外面的大气中，水蒸气浓度较低，分压也较低，呈一维梯度，即一维扩散状态。实际梯度分布，如图 8-10 所示。

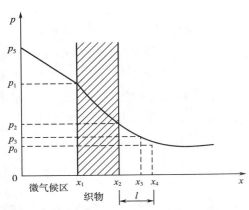

p_5—水蒸气的饱和蒸汽分压　　p_0—服装外空间的水蒸气分压

图 8-10　微气候区水汽压力分布

湿流量 $q[kg/(m^2 \cdot s)] = \dfrac{\mathrm{d}Q}{\mathrm{d}A\mathrm{d}t}$，可以表达如下：

$$q = -\frac{DM}{RT}\frac{\mathrm{d}p}{\mathrm{d}x} \tag{8-11}$$

式中：$\mathrm{d}p/\mathrm{d}x$ 为水蒸气分压梯度（Pa/m）。

在微气候区中，$p(x)$ 呈直线，$\mathrm{d}p/\mathrm{d}x = -D_1$ 是常数，在服装外靠近织物外表面的小区域中（$x_1 \sim x_2$），$p(x)$ 也呈直线，$\mathrm{d}p/\mathrm{d}x = -D_2$ 也是常数，并且 $D_1 = D_2$。但随着离织物外表面距离增加，曲线渐呈弯曲。在这一区域中，靠近织物外表面处空气呈静止状态，故其状态与微气候区相似。但距离较远处空气已不是静止状态，有对流出现。故湿流量 q 恒定时，随着对流增加，扩散系数 D 将会增大。

3. 液态水毛细运输方程

一般流体力学研究的对象是在外力场形成能量梯度（如位能梯度或压力差）条件下流体的运输，但织物中毛细管内液态水的运输可以在没有外力场条件下完成。当毛细管处在水平位置时，虽然没有外力场的势能差，但受毛细管弯曲面附加力的作用，能自动引导液体流动，即芯吸效应。

按泊稷叶定律（Poiseuilles Law），由毛细附加压力引起的液态水流动的流量为：

$$q = \pi r^3 \frac{\gamma_{LG}}{4\eta L}\cos\theta_y \tag{8-12}$$

式中：q 为液体流量（m^3/s）；γ_{LG} 为液体表面张力（N/m），20℃水的表面张力为

0.0725N/m；r 为毛细管当量半径（m）；η 为黏滞系数（Pa·s）；θ_y 为固液润湿角（°）；L 为毛细管长度（m）。

由此可求得液态水毛细运输的线速度 v（m/s）：

$$v = \frac{q}{\pi r^2} = \frac{\gamma_{LG}}{4\eta L}r\cos\theta_y \tag{8-13}$$

比较大的缝隙和孔洞有较高的运输速度和较高的流量（表8-2）。

表8-2　各种孔径细管中水的流速和流量

孔径 r/m	线速度 v/（m/s）	流量 q/（m³/s）
10^{-3}	0.521	1.64×10^{-6}
10^{-4}	0.052	1.64×10^{-9}
10^{-5}	0.005	1.64×10^{-12}
10^{-6}	5.2×10^{-4}	1.64×10^{-15}
10^{-7}	5.2×10^{-5}	1.64×10^{-18}
10^{-8}	5.2×10^{-6}	1.64×10^{-21}
10^{-9}	5.2×10^{-7}	1.64×10^{-24}

4. 水蒸气在织物中的凝结和蒸发条件

当空气中含有水分时，纤维织物就会从湿空气中吸收水分子。由于热力学原因，在湿空气中水蒸气分压达到一定值时，水分将会在织物的缝隙孔洞所形成的毛细管中凝结成液态水并放出热量。反之，当空气中水蒸气分压低于一定值时，液态水将蒸发成水蒸气并吸收热量。由凯尔文·季赛列夫方程式（Kelvin-Kiseleyev equation）可知，在一定温度 T 和水汽分压 p 条件下，毛细管半径 $r<r_{KR}$ 时，可发生凝结。r_{KR} 为圆管形的临界半径（凯尔文半径）。

$$r_{KR} = \frac{2\gamma_{LG}}{RT}\frac{V_{GM}}{\ln(p/p_s)}\cos\theta_y \tag{8-14}$$

式中：V_{GM} 为气体的摩尔体积，在一个大气压时为 $22.413837\times10^{-3}\text{m}^3/\text{mol}$；$R$ 为气体常数，$R=8.3144\text{J}/(\text{K·mol})$；$p_s$ 为温度 T 时的饱和水汽压。

当毛细管为平行平板时，其临界半径 r_{KR}（平行平板间距的一半）为：

$$r_{KR} = \frac{\gamma_{LG}}{RT}\frac{V_{GM}}{\ln(p/p_s)}\cos\theta_y \tag{8-15}$$

可见对于水汽的凝结而言，圆管毛细孔比缝隙易于凝结。只要毛细孔径足够小，在较低的水汽分压下仍可发生凝结。同理可知当毛细管半径 $r > r_{KR}$ 时，圆管形毛细管内的液态水才能发生蒸发。按定义 p/p_s 实际上是空气的相对湿度 φ，即 $\varphi = p/p_s\times100\%$。因此，给定空气温度及相对湿度条件下，按公式可以计算出水蒸气凝结和液态水蒸发的条件。各种空气温湿度条件下蒸发凝结的毛细管临界半径见表 8-3。

表 8-3 各种空气温湿度条件蒸发凝结的毛细管临界半径 （μm）

φ	r_{KR} （20℃）	r_{KR} （20℃）	r_{KR} （30℃）	r_{KR} （30℃）	r_{KR} （40℃）	r_{KR} （40℃）
99	114.89	57.45	108.80	54.40	103.10	57.55
95	22.50	11.30	21.32	10.66	20.20	10.10
90	11.00	5.50	10.38	5.19	9.83	4.92
85	7.11	3.55	6.73	3.36	6.38	3.19
80	5.17	2.59	4.90	2.45	4.64	2.32
75	4.01	2.01	3.80	1.90	3.60	1.80
70	3.24	1.62	3.07	1.53	2.91	1.45
65	2.68	1.34	2.54	1.27	2.41	1.20
60	2.26	1.13	2.14	1.07	2.03	1.01
55	1.93	0.97	1.83	0.91	1.73	0.87
50	1.67	0.83	1.53	0.79	1.49	0.75
45	1.45	0.72	1.37	0.69	1.30	0.65
40	1.26	0.63	1.19	0.60	1.13	0.57
35	1.10	0.55	1.04	0.52	0.99	0.49
30	0.96	0.48	0.91	0.45	0.86	0.43

三、透湿的影响因素

织物透湿能力可以用湿阻表示，在织物两侧存在水蒸气浓度差（或水蒸气分压差）时，水分通过织物时受到的阻力称为织物湿阻。如下式表示：

$$R = \Delta C / q \tag{8-16}$$

式中：R 为织物湿阻；q 为透湿速度（湿流量）[kg/（$m^2 \cdot s$）]；ΔC 为水蒸气浓度差（kg/m^3）。稳定扩散状态下，湿阻越大，透湿能力或透湿速度越小。

1. 纤维的温湿条件

霍利斯对经亲水处理的涤纶织物和未经处理的涤纶织物进行对比试验，结果表明，在低湿条件下，水蒸气的传递与织物内纤维种类关系不明显。只有在高湿条件下经亲水性处理过的涤纶织物的透湿性能才明显优于未经亲水处理的涤纶织物。美国、日本等国家的研究人员对织物及服装进行了类似的测试工作，得到了相同的结论。

在实际低湿条件下，由于纤维本身吸湿量较少，而且空气的扩散系数比纤维大很多，水汽通过织物间的孔隙向水汽分压较低的一侧扩散，说明水汽在织物中的传递与纤维种类关系不大。这时织物的厚度和孔隙率或织物结构是决定织物透湿的主要因素。

另外，纤维的吸湿还同温度有关。在吸湿过程中，纤维吸湿后要放出一定的热量，使纤维集合体的温度有所升高，纤维内部的水汽分压升高，减小了纤维内部同外部水分浓度的梯度，使纤维吸湿速度和扩散透湿速度减慢。纤维的扩散系数会随温度的升高而呈指数增大，在吸湿时这种增加更为明显，因此温、湿度的增加会使织物内纤维的传湿能力加强。从吸湿或放湿的速度来看，一般表现为开始较快，随吸湿或放湿的增加而逐渐减慢，最终达到吸湿平衡。但达到平衡所需时间则与纤维自身的吸湿能力和纤维集合体的松紧程度有关。此外，吸湿后纤维的导热系数将增大。

纤维自身吸湿导致的透湿作用十分复杂，目前尚未有很完善的理论来定量描述。

2. 织物厚度与孔隙率

织物的厚度与其湿阻有近似线性关系。一般织物厚度越厚，湿阻越大。这是因为织物厚度越厚，水汽通过织物间的孔隙所走路径越长。另外，织物孔隙率的变化对织物湿阻的影响是明显的。

3. 纤维的种类与填充率

在高湿或织物结构较紧密的情况下，水汽不再只是经过织物中的孔隙传递，而是由纤维自身进行传递，此时纤维的种类成为影响织物传递的重要因素。一方面纤维自身吸湿产生溶胀，使织物更加紧密，织物的透气性减弱，依靠孔隙扩散传湿作用减小；另一方面与织物的截面积相比，纤维的表面积是一个相当大数量级的量，所以纤维表面的传湿作用成为主要方面。

纤维吸湿量很大时，水分通过纤维表面扩散即毛细管产生的芯吸作用得到了加强，成为织物传湿的主要方面，织物孔隙率减少引起的扩散透湿减少成为次要矛盾。因此当织物内纤维回潮率达到一定的程度时，尽管孔隙率减少使织物内由空气介质的传湿量减少，但由于纤维自身的传湿的增加，湿阻还是有可能减少。

无论是纤维自身传湿，还是毛细管产生的芯吸传湿，都与纤维的亲水性和纤维表面性能密切相关。在紧密度较低的条件下各种纤维织物的湿阻区别不大，当密度因子 ≥ 0.4 时，对纤维表面不光滑、纤维界面不规则、吸湿性好的纤维，如棉、羊毛而言，随纤维集合体填充率增大，织物湿阻增大幅度较小，织物湿阻与填充率之间线性关系良好。但对锦纶、氯纶、玻璃纤维等化学纤维而言，当填充率较大（孔隙率较小、容重较大）时，如填充率大于 39% 或者孔隙率小于 61%、织物容重大于 0.98g/cm³（对玻璃纤维织物）时，织物透湿性将随容重、填充率的增大（或孔隙率的减小）而急剧上升。因此，吸湿性好的棉、羊毛等纤维织物的湿阻明显低于非吸湿性纤维织物的湿阻，也就是说纤维亲水性对织物传湿性的影响是由织物的紧密度来决定的。

因此，对结构较为松散、孔隙率较高的织物，在空气相对湿度较低的情况下，无论其纤维是否吸湿，透湿以通过纤维间、纱线间缝隙的扩散为主；而受纤维种类影响的程度很小。在空气相对湿度较高的情况下，对吸湿性好的纤维织成的紧密织物，纤维吸湿膨胀后，使纤维间缝隙减小，扩散的比例减小，扩散透湿的比例减小，纤维内的毛细管透湿比例增大，毛细透湿成为传湿的主要方面。

4. 织物后整理

涂层或浸渍等后整理会增加织物的湿阻。因为它增加了水汽通过织物的路径或堵塞了织物的孔隙。然而，亲水整理会使织物的透湿性增加。拒水整理一般不影响织物的透湿性。

5. 其他因素

一般织物液态水传输速度大于液面蒸发速度，织物内侧有较小的缝隙孔洞使之易于凝结成液态水向外输送，形成差动毛细效应，外侧有较大缝隙空洞使之易于满足蒸发条件，有利于散湿。

织物表面液态水的蒸发能力与织物厚度、孔隙率等关系不密切，但与织物表面凹凸形态，特别是表面凹坑的尺寸和深度有密切关系，在一般情况下，凹坑开口面积越大，曲率半径越大，蒸发效率越高。凹坑的细节、风速、温差等也对织物表面液态水的蒸发有明显的影响。

第四节　织物的导热性

8-4

一、导热性的概念

热传递性能是纺织材料的重要性能之一，材料的热传递性能与其内部的组织结构有关。纺织材料是一种各向异性材料，这也直接影响织物的传热通道，对于不同的织物按其组织结构可以粗略地分为结构基本均匀的纤维集合体（如毛毡，结构相对均匀，纤维基本做无规取向）和结构相对不匀的纤维集合体（如机织物、针织物等）。

热流是以声子方式在纤维及其集合体中进行传递的。纤维是一种有机高聚物，由线性大分子链组成，且主要沿纤维轴向排列，线性大分子链质点间以共价键相连，其性质与晶体热传递相同，而相邻大分子链横向之间，依靠分子间的碰撞交换能量，实现热传递。其间将产生声子格波和晶面散射，进而产生热阻。川端季雄对羊毛等多种纤维进行了测试，发现纤维的横向热阻 R_τ 恒大于轴向热阻 R_1，R_τ/R_1 在 2.91~41.67，因为羊毛纤维大分子链间有二硫键相连，横向热阻比较小（$R_\tau = 6.061 m^2 \cdot ℃/W$，$R_1 = 2.083 m^2 \cdot ℃/W$），所以 R_τ/R_1 比值较小，为 2.91。由此可见，织物传热具有各向异性的特点，纤维的横向热阻大于轴向热阻且相差较大，热流在纤维中主要沿轴向传递。

二、导热的表征与测试

（一）表征指标

描述织物的导热性有四个常用的指标：

（1）热导率。在材料的平行界面间具有单位温差，在单位面积上单位时间内流过的热量就是材料的热导率〔$W/(m^2 \cdot ℃ \cdot s)$〕。

（2）热阻。是热导率的倒数，单位为 $(m^2 \cdot ℃ \cdot s)/W$，热欧姆，依靠布朗运动碰撞传递能量，与能量流、质量流有密不可分的关系。

（3）相当（折合）静止空气层厚度 mm。

（4）克罗（clo）值。1clo = 0.155 热欧姆（非标准定义），对于 clo 值是这样定义的：在空气流速小于 0.3m/s，室温 30℃，人体体核温度 36℃，体表温度 33℃ 的环境下，人裸体感到舒适。人穿上衣服后，把环境温度降至 21℃ 时，人感到同等舒适的衣服量就叫一个 clo 值。clo 值是针对服装来说的，而非对织物，不同热阻的织物能够做出相同 clo 值的服装。

（二）测试方法

织物热阻（thermal resistance）的测定方法很多，一般可概括为三类：

（1）恒温法（constant temperature method）或护热平板法。等温热体的一面放置测试的织物，热体的其他各面均有良好的绝热，测定保持热体恒温所需要的能量。

（2）冷却速率法或自然降温法（rate of cooling or warning method）。除放置测试织物的一面外，热体其余各面均良好绝热，或者用测试织物将热体完全包覆，让热体自然冷却，根据冷却速率可确定织物的热传导能力。

（3）平板法（dish method）或热流计法（heat flow meter method）。将所测的织物夹在热源和冷源两平板之间（冷源是一种吸热装置，要求材料应具有高的导热性和热容），热源和冷源保持不同的温度，用薄的圆平板热流传感器测定热流。根据已知的热阻可以进一步测出一系列透过夹入层的热阻。如果通过一系列夹入层的任一层温差为已知，则该夹入层的热阻能被计算出来。

（4）热波（thermal waves）传播测定法。又称热脉冲法（heat pule technique），是安斯特罗姆（Angstrom）最早提出的冷却速率法的推广应用，但这种方法未能为莫里斯（Moris）所接受。该方法与单脉冲测量有关，已用于测定含有空气的多组分结构材料（multi-component structures）。在这一方法中，温度梯度会引起一系列热波通过测试样品，根据热波的衰减可以计算通过样品的热流，进而计算得到样品的热阻。该方法和其他几种方法结合起来，可用于含湿服装材料的测试中。

三、织物含湿与导热性的关系

（一）干燥织物的导热

热量依靠传导、辐射、对流在纤维材料中传递。对于孔隙率不大的一般纤维材料来说，对流几乎可以忽略不计，热量传递方式主要为热传导和热辐射。纤维材料的导热系数有多种表达方式，织物导热性主要与纤维的导热系数、填充率、取向、形状、各向异性、纤维的相互接触有关。

博加提（Bogaty）等假定织物由垂直于其表面的纤维和平行于表面的纤维构成，而后者构成与纤维同质的平板层。如果平行于织物表面的纤维比例为 p_p，则下式表示垂直于织物面的有效导热系数 K_v。

$$K_v = (1 - p_p)[k_f f + k_a(1 - f)] + \frac{p_p}{(1 - f)/k_a + f/k_f} \tag{8-17}$$

式中：k_f、k_a 分别为纤维和空气的导热系数 [W/(m·℃)]；f 为织物中纤维的含量（%）。

用下式表示其集合体的有效导热系数。

$$K_v = \left[\frac{1-f}{k_a} + \frac{f}{k_f}\right]^{-1} + 4k_f f^3 \qquad (8-18)$$

式 (8-18) 中右边第二项表示纤维接触部位的热传导。杜林奈夫 (Dulynev) 将无规纤维集合体假定为纤维相互连结的骨架结构，其有效导热系数 K_e 如下式。

$$K_e = k_f\left[c^2 + v(1-c)^2 + \frac{2vc(1-c)}{vc} + (1-c)\right] \qquad (8-19)$$

$$v = K_{ae}/K_e \qquad (8-20)$$

$$c = 0.5 + A\cos(\Phi/3) \qquad (8-21)$$

式中：K_{ae} 包括传导、对流、辐射的空气有效导热系数。A 和 Φ 的值按以下方式确定：当 $0 \leqslant \varepsilon$（孔隙率）$\leqslant 0.5$ 时，$A = -1$，$\Phi = \cos^{-1}(1-2\varepsilon)$；当 $0.5 \leqslant \varepsilon \leqslant 1$ 时，$A = 1$，$\Phi = \cos^{-1}(2\varepsilon - 1)$。

此外，机织物主要由相互垂直排列的经向与纬向两种纤维层重叠构成，又考虑了纤维的弯曲、各向异性、接触等性能，提出了表示垂直于织物面与面内纱线方向的有效导热系数的公式。

从斯皮克曼 (Speakman) 和钱伯林 (Chamberlain) 对纤维类型、织物密度、厚度与隔热性能之间的关系进行研究以来，其他研究者仅利用他们的数据资料更明确地阐明了热阻和织物密度之间的关系。

由于新型纤维热导率大幅度地变化，以及非织造材料制造技术取得了进一步的进展，现在可以制成极低密度的絮片。在整个织物有效的范围内，其厚度和隔热性能呈正比，有学者提出了由厚度推算织物热传导的方程式，例如：

$$\Gamma = 1/(3.0t_{0.1} + 0.63) \qquad (8-22)$$

式中：Γ 为热传导系数 [cal/(℃·s·cm²)]；$t_{0.1}$ 是在 0.1 磅/英寸² (psi❶) 压力下材料的厚度 (英寸❷)。

上述方程是斯奇费 (Schiefer) 及其合作者对各种不同的毛毯材料所得的实验结果。里斯 (Rees) 测试了各种服装织物，得到了另一个方程式：

$$\Gamma = 1/(1.38t_{0.1} + 0.252) \qquad (8-23)$$

新型纤维种类的不断增加以及对织物的进一步研究表明，织物结构中纤维排列的混乱度不够高，因此不符合之前所确定的热阻和厚度之间的关系。为此，提出了平纹织物表面和垂直织物表面的纤维排列分布的新模型，这对解释织物隔热性能有一定的作用。纤维—空气组合体的热传导率可由下式给出：

$$K = x(V_f K_f + V_a K_a) + y\frac{V_f K_a}{V_a K_f + V_f K_a} \qquad (8-24)$$

式中：x、y 分别表示组合体平行及垂直于热传递方向纤维的百分含量；K_f、K_a 分别表示纤维

---

❶ 1psi = 6.895kPa。

❷ 1英寸 = 2.54cm。

和空气的热传导率；V_f、V_a 分别表示纤维集合体中纤维和空气所占体积分数。

泡沫塑料和组合材料也可用来做服装材料，其隔热能力也和其厚度呈线性关系，但直线的斜率稍有不同。

对于热辐射，纤维材料内的纤维间辐射传热量与纤维的辐射系数、纤维间的角度关系、纤维间的温度差以及平均绝对湿度的 3 次方大致呈比例。然而纤维的容积比 f 越大，辐射到达的距离越短，温度差越小。纤维的直径 d 越大，角度关系越大，因此可用下式表示由辐射产生的有效导热系数 K_{er}。

$$K_{er} = \alpha \sigma T_m^3 \frac{d}{f} \qquad (8-25)$$

式中：σ 为史蒂芬-波尔兹曼（Steffen-Bolzman）常数；T_m 为平均绝对温度（K）；α 是由纤维容积比、辐射系数、形态、排列状态、温度等决定的系数；f 为织物中纤维的含量；d 为纤维直径。

哈格等用下式表示夹有纤维层的辐射率为 ε_1、ε_2，间距为 D 的两块平板由辐射产生的导热系数。

$$K_{er} = \frac{4\sigma T_m^3 D \dfrac{d}{f}}{D + \dfrac{d}{f}\left(\dfrac{1}{2\varepsilon_1} + \dfrac{1}{2\varepsilon_2} - 1\right)} \qquad (8-26)$$

当 ε_1、ε_2 值相当大，$D \gg d/f$ 时，上式可简化为：

$$K_{er} = 4\sigma T_m^3 \frac{d}{f}$$

佛朔尔（Verschoor）等假定间隔 L_f 的纤维层与热流垂直排列，热辐射入各纤维层中，仅 β 被该层所吸收时，K_{er} 可用下式表示。

$$K_{er} = -\frac{3.14}{\beta^2}\sigma T_m^3 \frac{d}{f} \qquad (8-27)$$

在 $f = 0.0474$ 的薄层玻璃纤维中，$1/\beta^2$ 在 150 ℉时的测定值为 1.9，在 300 ℉时的测定值为 2.5，此时 $\alpha = 3.14/\beta^2$。

（二）含湿织物的导热

许多研究工作者都试图评价含湿对服装材料隔热能力的特殊影响。所研究材料的含湿量变化范围要符合人体实际穿着服装的含湿量的可能范围。霍克（Hook）等是最早认识到湿影响的研究者之一，湿织物中热传递受到含湿的影响，特别当大面积皮肤与之接触时，穿着者就感到凉。

霍尔（Hall）和波尔特（Polite）测定了服装中滞留的汗水对隔热性能的直接影响，也研究了在正常的服装压力范围内，压缩作用所引起的隔热性能的变化。例如，伍德科克（Wood Cock）和迪伊（Dee）研究潮湿的服装层，得出结论：干的织物潮湿后，其隔热性显著下降，但是吸湿织物较之拒（非吸）湿性织物出现的降温周期要短些，棉、毛内衣都有这种特性。同时湿的织物接近热源比隔离热源时会产生更大的散热量。

后来，伍德科克（Wood Cock）测定了人体出汗时服装隔热性能的变化，发现这一变化比预期的要小得多，他把这归结为服装穿着试验中含湿量较低。霍利斯（Hollies）测定了同一含湿量范围内服装织物的实际热阻，在考虑纤维排列相同的前提下，发现织物隔热能力的下降与含湿量呈正比。比热传导率（specific conductivity）计算方程为：

$$K_3 = (1 - V_w)K + V_w K_w \tag{8-28}$$

式中：K_3 是纤维—空气—水组合系统的比热传导率；K 为空气干燥时整个组合系统的热传导率；K_w 是在此相同的组合系统中水的有效比热传导率；V_w 为在整个系统中水所占的体积（容积）分数（$V_w + V_f + V_a = 1$），V_f 与 V_a 分别为纤维和空气在系统中的体积分数。

推导上述方程式的前提条件是：系统中的水分含在纤维材料内，或者附着在纤维表面上，于是，纤维以平行的方式构成一束传导部件，进而对系统总的热传导产生影响。织物材料在受压 0.01~1.0psi 时，含水量≤15%的条件下，式（8-28）对棉、尼龙、聚丙烯腈、羊毛以及毛和这些纤维的混纺织物（如哔叽、针织内衣和衬衣织物等）都是适用的。美国陆军纳蒂克（Natick）研究所对内衣织物作了进一步试验，结果表明，织物内部隔热能力的下降幅度比根据水蒸气的比热传导率推算的结果还要大。他们认为这是水蒸气易于在纤维表面凝结成液膜的缘故，这与霍利斯（Hollies）为解释这现象而提出的机理一致。

第五节　织物的静电性能

8-5

产业用纺织品的使用条件非常苛刻，因为在高温、低温、高速条件下产生静电严重，导致各种灾害频繁发生。产业用纺织品由静电引起的灾害是多种多样的，例如因运输带来静电而引起搬运物的粘连，因滤布带静电引起粉尘爆炸或过滤性能下降，因电容器带静电而引起电击等。

一、静电的产生与消失

通常静电现象是电荷的发生过程（电荷移动、电荷分离）和消失过程（电荷松弛）复杂交错而产生的现象，但为了研究影响静电的主要因素，需要分开考虑这两个过程。

有关高分子化合物质在接触中产生的电荷移动机理，虽然尚未弄清，但考虑分布于表面上的取代基等高分子化合物、纺织品的填料或染料、吸附水分等因素所决定的表面能级的存在，基于接触物体相互间的费米能级差引起的电子移动，以及由温差、介电常数差而引起的离子移动等被认为是产生静电的机理。因此认为静电的正负与静电量，除受聚合物化学结构影响以外，还受杂质、摩擦系数、摩擦强度、摩擦面积等复杂因素的影响。根据经验调整条件，可取得各种材料的静电序位，能够在某种程度上预测静电符号与静电量。

在分离过程中，分离所需能量变成了静电能，因而带电体的电位逐步上升。在此过程中由于放电及漏电，一部分电荷消失，可观察到静电就是发生电荷与消失电荷的差，即残留电荷。带电体完全被分离后，残留下来的电荷高于某能级时，带电体接近导体就会引起放电，这种放电与分离过程中的放电有区别，称作接近过程中的放电。

总之，在电荷消失过程中存在漏电与放电，漏电特性主要取决于表面电阻，放电特性主要取决于带电体与接近导体的曲率半径和相互间的几何条件。

二、纤维制品的抗静电法

对应于上述静电产生与消失的过程，织物的抗静电法可分为抑制静电产生及促进电荷消失两种途径（图8-11）。其中静电产生的抑制，虽然一直通过改变化学配料或表面特性的方法来调整静电序，但因受湿度及污染的影响使其感应特性因物质而异，因此不能成为通用的方法。现采用漏电或放电作为促进电荷消失的方法。

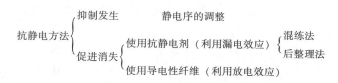

图8-11　纤维制品的抗静电方法

1. 利用漏电效应

纤维制品的表面固有电阻通常为 $10^{13} \sim 10^{20} \, \Omega$，如能将电阻降到 $10^{10} \, \Omega$ 以下，则静电性变化极小。通常静电电位 V_x 与电阻值 R_x 之间的关系式为：

$$V_x = V_0 \exp(-t/R_x C_x) \tag{8-29}$$

式中：V_0 为最大静电电位；C_x 为带电体的静电容；t 为时间。

平面绝缘体离地体相当远时，其静电容量推测为 $10^{-10} \sim 10^{-13} \, \mathrm{F/m^2}$。从上式可知，时间常数限定在 1s（通常考虑的时间范围）以下，则必须将 R_x 限定在 $10^{10} \sim 10^{13} \, \Omega$ 以下。降低纤维制品表面电阻的方式有以下两种：

（1）织物在后整理中增加抗静电剂（后整理方法）。在后整理中将吸湿性阴离子、阳离子或非离子系表面活性剂或亲水性高分子黏附在织物上。

（2）预先在聚合物中混练加入抗静电剂而后进行纺丝（混练法）。将含耐热性较高的抗静电剂和聚合物共混纺丝，制得抗静电纤维。目前实用的主要在尼龙中共混入聚烷撑醚类的纤维，这些抗静电剂必须在纤维中形成直径 $0.5\,\mu m$，长 $20 \sim 40\,\mu m$ 的棒状分散体才起到抗静电的作用，该分散体形成短路，降低了纤维的电阻。

2. 利用放电效应

在织物中混入少量的导电性纤维，通过放电效应消除静电。将有机导电纤维（长纤维）以一定比例混入织物中，金属纤维（短纤维）混入经纱或纬纱，或均匀地混入这二者之中。也有将金属纤维混纺纱以一定间隔织入织物中，不论哪一种导电纤维，混入量为 $0.05\% \sim 1\%$ 即可。导电纤维抗静电的实质是电晕放电，即导电纤维接近导体时，带电体与细线之间形成电场，该电场在导电纤维的周围集中而成强电场，形成局部的离子活化区域。在导电纤维周围产生的正负两种离子中，负离子移向带电体而中和，正离子经导电纤维漏到接地体。其结果相当于带电体的静电荷通过空气放电漏到接地体，即导电纤维靠带电体本身的电场，引起自身放电。

三、静电的评价方法

（1）表面电阻。织物试样表面放置同心圆金属电极，在电极间测定表面电阻。

（2）摩擦静电压。将织物放置在衬垫织物上，与另一衬垫织物摩擦后，用绝缘棒将被测织物从衬垫织物上剥离，测定试样织物的静电位或电荷量。将试样织物贴在旋转鼓上，在恒速旋转下，用有张力的摩擦织物进行摩擦，测定一定时间后的静电压。

（3）漏电速度。用金属夹板夹住织物试样的上下两端，并给以高电压，带电后，将金属夹板接地，测定其半衰期。贴有织物试样的旋转圆板，在旋转的同时，用针电极放电，测定放电中断后的半衰期。

（4）缠附试验。将金属板上的织物试样摩擦后，与平面呈 70° 放置，从金属板上剥离一次织物试样，将剥离后的织物试样缠附在金属板上，测定其靠自重从金属板上剥离开的时间。

四、静电释放

抗静电的最大目标之一为抑制放电引起的着火。带静电织物的放电由分离过程与接近过程而引起。解析分离过程的放电特性比较困难，但可以间接地推测为与接近过程中的放电相似。此时影响放电特性因素之一为分离时织物的曲率半径 R。

接近过程中的放电特性与织物的电荷种类和接近导体的曲率半径有关。用各种半径的金属球或金属线以等速靠近带极限静电量（相当于 $50 \sim 60 kV$）的织物时，因织物的电荷种类和金属球（线）的直径大小不同而发生不同程度的放电。此时放出的脉冲电量随金属球直径的增大而增大，带负电荷的织物（正电晕）比带正电的织物（负电晕）的脉冲电量大。这与带负电荷的织物比带正电荷的易着火的试验结果一致。金属球间的放电就是发生火花放电，其放电能量 E 用下式表示：

$$E = \frac{1}{2}CV^2 \tag{8-30}$$

式中：C 为带电体的接地容量（F）；V 为带电体的电位（V）。

利用金属球间的放电，求得各种可燃性混合气体的最小着火能。绝缘物的放电为间断的、局部的，因此不能像金属间放电那样简单地计算能量。通过放电引起着火和爆炸的实验表明，从绝缘体放电引起的着火对应于上述最小着火能，当最小着火能为 0.3mJ 的丙烷与空气的混合气体接近直径 19mm 以上金属球时引起放电着火，当最小着火能为 0.2mJ 的氢与空气的混合气体接近直径 3mm 以上金属球时引起放电着火（正电晕）。球电极直径越大，着火概率越高，当金属球直径达到 60mm 时，着火几乎扩大到金属球间放电爆炸极限的气压值。相反地，静电体间直径极小导体的放电则不能着火，认为用金属球直径 50μm 以下导电性施行的抗静电法，其安全性较高。

第六节　织物的透光性与遮蔽性

光线能否顺利地从织物的一面达到另一面就是织物的透光性，也可理解为人眼隔着织物看目标，织物对视觉的影响。视觉遮蔽性是纺织品光学性能的一个组成部分。当物体被织物所遮盖时，会使其能见度下降，这种情况有时是人们所希望的（如窗帘），有时是人们所不希望的（如面纱等），甚至有时还有特殊要求。就纺织品的使用要求而言，有些需要纺织品有良好的透视效果（如舞台上设置背景的帷幕及某些服装），而有些则需要纺织品有良好的视觉遮蔽性（例如夏季轻薄面料、泳装面料），还有一些甚至要求有单向可视性能（如汽车窗帘、房间用窗帘等）。

一、透光性与遮蔽性原理

光线照射在织物表面，部分光线将透过织物，织物的透光形式包括布孔的直接透射、单层透射（布孔里的毛羽，垂直透射，理论上可达到92%，但纤维只是半透明体，实际上很少超过50%）、多层透射（光线透过多层纤维，一层一层地过去，一部分被吸收，可能发生多级反射和透射）、衍射透射（产生衍射，出现牛顿环，色散）。很窄的入射光线垂直入射，能直接透射的光很少，多时能达到4%，少时只有2.5%，除非织物特别疏松（孔眼大），单丝的单层织物或网，透光率可达20%～30%。当透射光较弱时能观察到衍射光与透射光有干涉现象，当光线发生色散、衍射时，从正面看透射光可见衍射条纹，沿经纬方向出现相当明显的七色点。

织物的遮蔽性常用于军事伪装。光线照射物体时其中一部分被反射、透射，另一部分被吸收。被反射、吸收的光线越多，织物的遮蔽性越好，透射的光线越多，遮蔽性越差。

在环境光源散射下，光线照射到纺织品上，一部分光线被纺织品表面反射、一部分光线被纺织品实体吸收，另一部分光线透射到内衣和身体。透射的光线再反射回外界（并再次受到纺织品内侧的反射及纺织品的吸收），传到观察者的眼睛（物理环节）；再由观察者眼底视网膜产生视神经电信号通过膝状体到达大脑半球皮质（生理环节），并在大脑按认知经验做出判断（心理环节）。

对于具备正常视力及智力的观察者，要观察清楚、分辨细节，应满足下述条件：

（1）被观察物体的细节对人眼所成张角 θ 不小于人眼的最小分辨角 θ_r，即 $\theta \geqslant \theta_r$；

（2）被观察物的明亮部分发出的光线经纺织品衰减后对人眼的照度 e_0 不小于人眼所能感受的临界照度 e_{cr}，即 $e_0 \geqslant e_{cr}$；

（3）被观察物的明亮部分发出的光线经纺织品衰减后对人眼的照度 e_0 大于纺织品表面的反射光对人眼的照度 e_f，即 $e_0 \geqslant e_f$；

（4）被观察物经纺织品遮挡后，其明亮部分对人眼的照度 e_0 和阴暗部分对人眼的照度 e_b 之比即反差率 κ 不小于人眼所能分辨的临界反差率 κ_{cr}，即 $\kappa \geqslant \kappa_{cr}$；

（5）被观察物明亮部分发出的光线经过纺织品的微小尺寸缝隙孔洞后的光线因衍射和干涉对被观察物形貌的畸变作用小到可忽略不计。

提高织物遮蔽性的思路是减弱有效信息（减小携带有效信息的光线的强度、并增加光学畸变）反馈，增加干扰信号的强度。具体方法是：增强纺织品（正面及反面）对光线的反射率，增强纺织品对光线的吸收率及光学畸变程度，增强对观察者人眼的直射光强。

二、透光性与遮蔽性的评价

目前，关于纺织品视觉遮蔽性能的测试评价尚不成熟。海军白色衬衣面料采用了在标准 D65 光源下试样遮在 GB/T 250—2008《纺织品　色牢度试验　评定变色用灰色样卡》规定的 1 级色差灰卡上评判色差等级的方法来简便评价，其物理概念及定量精度均不理想，但比较简便易行，有利于军需产品验收时的检验操作。这种方法可以将面料的视觉遮蔽效果分为 4 级 9 档。目前，海军官兵使用的白色衬衣面料可达到 4 级水平。根据纺织品的视觉遮蔽性能的基本概念，有 3 个指标可以对织物的遮蔽性做出评价。

1. 能见度

织物遮蔽性能的好坏，可用织物能见度（或遮盖度）衡量。能见度是一个气象学的常用术语，也在军事上使用，能见度为透过织物观察对象的分辨能力。通常用可分辨距离（或物体的尺寸）表示，所以能见度又是指物体能够被清楚地识别的最大距离。不同用途的织物对能见度的要求不一样。窗帘、汽车车窗反光膜的要求是内能见外，但外不能见内。有人曾采用视力表作为定量工具来判断不同遮蔽物在不同条件下的可分辨等级，作为研究手段有一定的可行性，但作为测试评价手段，存在实施复杂、带有主观判断的人为误差等缺陷；也可采用类似于描图纸透明性的测试方法，通过观察试样后的固定粗细的黑色线条的清晰程度来反映其遮蔽性能，但同样存在主观判断的人为误差，以及定量精度不足等问题。因此织物的能见度有主观能见度的特点，是指"物体信息"透过织物达到人的视网膜神经后引起大脑反应，然后做出对物体形态分辨程度的主观判断。

2. 透明度

透明度是薄膜、纸张、涂层类材料的透视性能评价指标，也应用于水质评价和宝石光学性能评价。作为纸张材料的不透明度的测试方法，是纸张以黑体为衬底时的光反射率 R_0 与纸张以足够厚的、与试样相同的材料为衬底时的光反射率 R 的比值来评价，也可以用计算机测配色仪测量衬垫黑色衬底后的试样明度值来表征。需要说明的是，如果采用透光率来评价样品的视觉遮蔽效果，可能会因为透光率只反映光能量的透通能力，而未反映光学畸变的程度（即几何光学的成像准确程度），造成较大的误差。

3. 雾度

常用于表达烟幕、水雾的遮蔽能力。采用光电法，在烟幕（或水幕）一侧设置光电探测器，一侧设置固定光源，测量光强变化并考虑人眼视觉对比阈值，定义评价指标。这一方法也只测量了光能的透通性能。

有人提出采用白度计或分光光度计测量织物的视觉遮蔽性能，这种方法有较好的效果，上述常规设备有较高的测量精度，并排除了主观人为误差，而且有利于分析不同频率下的遮蔽特性，对指导设计更有意义。

三、透光性与遮蔽性的影响因素

（一）透光与遮蔽的物理成因

影响织物遮蔽性的内因：纤维结构和光学性能、织物结构和光学性能、织物厚度。

1. 纤维结构和光学性能

单纤维的结构均匀性和细度是导致反射界面多少的一个主要因素。对于没有添加高折射率粉体的纤维材料，结晶度高，特别是晶粒较小时，纤维呈乳白色，本身就不透明；而低结晶度的高分子材料通常呈现为透明状态。

在纤维具有大量孔洞时，大量存在于纤维与空气之间的界面，增加了纤维的反射机会，故有利于提高纤维的遮蔽性能。当单纤维细度较细，需要更多根数的单纤维组成复丝时，织物中的纤维间界面更多，也具有更好的视觉遮蔽效果。在纤维中添加 TiO_2 等高折射率消光粉体时，在纤维内部也增设了反射界面，故有更好的遮蔽效果。

单纤维的截面积影响入射光的出射方向，可能导致光学畸变的增加，故虽然不同截面形状的纤维赋予同规格织物相同的透光率（透射能量相同），但会造成透明度的差异，通过异形纤维织物辨认相同图像时，比圆截面纤维织物更容易失真，即提高了遮蔽性能。例如，圆形、三叶形和十字形截面的纤维，在其他条件相同时，十字形截面折射光方向变化频率更高，更能扰乱投射光成像。

由米氏散射理论可知，消光粉体的折射率与纤维基材的折射率相差较大时，有较好的消光效果；对于不同波长的光波，有不同的最佳粉体尺寸。

2. 织物结构和光学性能

任何织物均存在缝隙孔洞，而缝隙孔洞部分一般不具备对光线的衰减作用。因此，织物在具有较高的覆盖系数时可获得较好的遮蔽效果；织物正面如果施加金属涂层等强反射层，可对光线实施有效反射，降低入射光强，特别是可以对观察者增加不携带有效信息（内衣及躯体信息）的干扰光线强度，有利于提高遮蔽效能。

因此，为获得良好的遮盖性能，从织物角度看，可减小织物的孔洞，提高织物表面反射率；从环境角度看，可增大织物的照度，使物体远离观察者时织物靠近观察者。

3. 织物厚度

织物厚度也是影响视觉遮蔽性能的主要影响因素。显然，薄型面料的可见光透射率高，容易暴露内衣及躯体的形貌。

综上所述，就纤维及其集合体（织物）的光学性能而言，对可见光的吸收率高时，可将入射可见光较多地转化为热能，减少透射光强，有利于提高遮蔽性，因此，深色纺织品有较好的遮蔽性。对反射率而言，织物外侧的反射率高时直接减少入射光强，并对观察者施加较强的干扰光强；织物内侧的反射率高时也降低有效信息的含量，有利于提高遮蔽效果。就纤维而言，高反射率也可降低每一个局部的透射光强，有利于提高视觉遮蔽性能。从材料学角度看，纤维的视觉遮蔽性决定于纤维材料的复折射率及消光系数。从功能性纺织品设计看，纺织品视觉遮蔽性能的内因在于纤维及其集合体对可见光的反射和吸收状态，外因在于环境光源配置导致的有效信息光强与背景干扰光强的对比。

（二）透光与遮蔽的环境影响

影响纺织品视觉遮蔽效果的外因包括环境照明条件、面料湿润程度等使用条件。

当环境照明布置方式偏重于对观察者施加照射，而对被观察部位照射强度较低时，有较好的遮蔽效果。

（1）织物两侧的照度。灯照到织物和灯照到被观察对象上的照度之比，比值不同，能见度大小不同。

（2）织物两侧的反射能力。织物表面反射能力强，不能看见另一面，反射能力差，容易看见另一面。

（3）距离比。透光性的大小与织物到光源间的距离有关，距离越小，透光性越好。设 L 为人到被观察物体之间的距离，L_0 为织物到被观察物体之间的距离，二者之比适中时最好。

（4）其他。透光性与织物本身的反射能力、偏振角、织物本身的覆盖性等有关，还与光源的亮度和特性有关。例如投射光线包括直射光、干涉光、衍射光，这些光线在透射光中所占比例会影响透光性。

在织物湿润时，由于水分替代空气处于纤维之间和织物表面，将原来的空气与纤维之间的折射关系转变成了水与纤维的折射关系，导致了透射率的变化。作为高分子材料的一般纺织纤维，其相对折射率在1.50%左右，水的相对折射率为1.33%，远大于空气的1.00%，当织物被水湿润后，其反射率将从4.00%左右下降到0.36%左右，从而导致织物的视觉遮蔽效果下降。此外，在平方米克重相同时，由多层织物组成的服装系统，因反射面的增加，有更好的视觉遮蔽效果。

四、遮蔽性织物的设计思路

如前所述，影响纺织品视觉遮蔽效果的因素包括纤维结构性能、纱线结构性能、织物结构性能以及使用时的织物层次结构等内因，此外还有环境照明、出汗和水导致的湿润等外因。显然，作为一种要求有良好视觉遮蔽效果的纺织品，其厚度、颜色、织物组织、层次搭配方式等因素是根据使用场合和穿着者的表现要求而定的，不能作为设计中的可变因素，在设计中可以用来调整视觉遮蔽效果的主要因素是纤维的反射特性。

提高纤维的反射能力，理论上应选用高折射率粉体且要合理确定粉体的粒径分布。但是，由于高折射率粉体多数为灰色或其他有色材料，不适合于视觉遮蔽要求最高的白色面料，故通常采用金红石型 TiO_2 粉体。

在纤维规格设计上，应该在兼顾面料手感风格的前提下，采用多孔数的细旦复丝，必要时还可以采用复合纺丝技术，以尽可能增加反射界面，提高形成光线反射的机会。在纱线设计上，应在兼顾面料手感的前提下，适当允许存在一部分毛羽，以便提高在相同结构下织物中的缝隙孔洞的遮光性能。在织物设计中，因尽可能将纱线之间的织物孔眼形成弯曲的孔洞。

例如针织物中的孔洞多为扭曲型，可以在具备良好的通透性的同时，具有较好的视觉遮蔽效果。

参考文献

［1］姚穆．纺织材料学［M］．3版．北京：中国纺织出版社，2009.

［2］于伟东．纺织材料学［M］．2版．北京：中国纺织出版社，2019.

［3］姜怀．纺织材料学［M］．2版．北京：中国纺织出版社，2004.

［4］许应春．机织物结构及服用因素与透气性关系的研究［D］．苏州：苏州大学，2008.

［5］黄时建．功能性后整理对全棉织物透气性的影响［J］．上海纺织科技，2007，35（5）：56-57.

［6］ASTM D737：1996，纺织品透气性测试方法［S］.

［7］国家技术监督局．纺织织物　抗渗水性测定　静水压试验：GB/T 4744—1997［S］．北京：中国标准出版社，1998.

［8］周晓东，朱平，王炳．防水透湿织物的设计机理与应用［J］．染整技术，2006，28（9）：1-4.

［9］陈益人，陈小燕，郑鹏．几种国内外防水透湿织物的性能比较［J］．棉纺织技术，2006，34（2）：17-19.

［10］刘妍．2005年AATCC测试标准的变化简介［J］．纺织导报，2006（4）：46-48，50，102-103.

［11］王建平．国内外纺织标准的发展与应用［J］．印染，2004，30（18）：37-41.

［12］张永波，顾振亚．防水透湿织物性能测试方法综述［J］．针织工业，1999（5）：50-53，4.

［13］陈益人，陈小燕．防水透湿织物耐静水压测试方法比较［J］．上海纺织科技，2005，33（8）：4-7.

［14］狄剑锋．织物拒水拒油整理及其性能检测［J］．上海纺织科技，2003，31（4）：52-54.

［15］施榍梧，来侃，姚穆，等．影响织物视觉遮蔽效果的自身因素［J］．纺织中心期刊，1993，3（3）：34-38.

［16］施榍梧，来侃．织物遮蔽性能的理论与实践研究［C］//第一届防护服及其材料技术研讨会论文集．西安：防护服研究会，1992.

［17］施榍梧，张燕．视觉遮蔽性能良好的合成纤维及其针织物［J］．针织工业，2010（10）：6-8，69.

［18］王妮．纺织品视觉遮蔽性能研究［D］．江苏：江苏阳光集团博士后工作站，2010.

［19］张建春，黄机质，郝新敏．织物防水透湿原理与层压织物生产技术［M］．北京：中国纺织出版社，2003.

第九章　织物的穿着舒适性

第一节　舒适性的基本概念

9-1

一、舒适的定义

《朗文当代英语词典》（*Langman Dictionary of Comtemporary English*）中，将舒适一词解释为 "the state of being free from anxiety, pain or suffering, and of having all one's bodily wants satisfied"（没有疼痛、痛苦、忧虑、人们感到身心满足的一种状态）。事实上，"舒适"一词包含了许多基本概念，有关它的产生、作用机制以及影响因素是相当复杂的。这主要是由于舒适是客观实体与主观意识交互作用的产物，是一种很复杂的物理、生理和心理因素的综合反映。因此，舒适的概念是人、事物、环境或社会作为一个统一体中相互关系引起的个人主观判断。从广义上讲，人在生理上或心理上感到满足的状态即为舒适（相对舒适）；从狭义上讲，人在生理上或心理上处于松弛状态（或非强制状态或非紧急应激状态）时感到满足甚至最大满足的状态，即为舒适（绝对舒适）。

二、舒适感和舒适性

舒适是人在生理上和心理上感到满足的状态。客观物体与人的相互联系可以从两方面来考察：如站在人的角度评价这种联系是否满足本人的生理、心理要求，则是舒适的问题，舒适感是主体的感觉。如果考察引起舒适的物理因素，即考察客观事物在这一联系中是否具有满足人的生理、心理要求的特征，则是客观事物的舒适性问题，客观事物的舒适性是该物体与人发生联系时，能够满足人的生理、心理要求的特征。

（一）人体的舒适感

舒适是人的一种感觉，这种舒服适意的感觉—舒适感是人在与客观事物的相互联系中，由感觉器官感受，经大脑判断产生的主观体验。单纯的客观事物只是以自身的规律存在和发展着，无所谓舒适与否，只有当人与之发生联系时才存在舒适问题。舒适感是主体对客观事物与自身之间关系的判别，而不是对客观事物的本身或客观事物与他人之间关系的判别。如果客观事物的物理特性符合了主体生理和心理的需要，就产生舒适感，这时在生理、心理上均处于满足状态。

人的舒适感有如下基本特性：

（1）评判形式的主观性。舒适感是个人的主观体验和主观判断。判断依据受个体的生命状况、生活经历、习俗爱好等个体特征的影响，判断结果也是以主观的形式表现出来。

（2）评判内容的客观性。舒适问题的研究对象是事物与主体的直接联系特性，这种联系客观存在，对群体而言他们对同一联系的评判总形成一定的分布规律，这种规律也是客观存在的。

（3）测度上的不确定性。个体舒适与否的感觉评价不可能用明晰、确切的量来表达，往往用"很……""较……""不……也不……"等模糊语言来表示不同的感觉等级。这种等级之间的界限是模糊的，重现性也不稳定。不同个体的评价并不一致，而形成一个分布。

（4）感觉器官的重要性。对于以生理要求为主要评判依据的生理舒适感而言，感觉器官是舒适感产生的必备条件。因此，可依据感觉通道的不同对生理舒适感进行分类，如视觉舒适感，肤觉舒适感。

（5）身心反应上的平缓性。一般人在感到舒适时，在生理和心理上往往处于松弛、平静、和缓的状态，血压、脉搏等生理量正常而稳定，身心反应不像"欢快""兴奋""喜悦"等其他持肯定态度的情绪反应那样强烈。

（二）织物的穿着舒适性

织物的穿着舒适性是指织物在服用中与人发生联系时，能满足人的生理、心理要求获得肯定判断的特性。舒适性是与主观事实特性相联系下客体的属性。由于舒适性是客观物体与人的生理、心理因素，并且在一定环境条件下共同作用的结果，如图 9-1 所示，因此它与一般意义上的物质属性相比具有特殊性。

（1）织物的穿着舒适性不是物质的基本属性，而是与物质若干基本属性的不同权重的组合。同一物质具有不同类型的穿着舒适性，不同类型的穿着舒适性对应不同的组合方式。

（2）穿着舒适性与织物的基本属性之间的关系一般不呈现简单的正相关或负相关。往往在基本属性处于适中值时，才得到最好的舒适性。

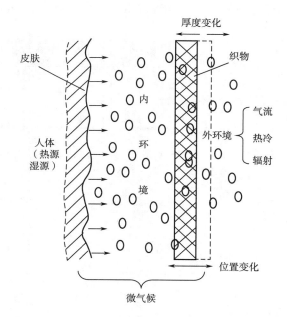

图 9-1　人体—织物—环境的相互作用

（3）织物的穿着舒适性是在与穿着的人相联系时才表现出来，个体的评判以群体主观评判的平均结果为依据，与个体有密切的联系。

（4）织物的穿着舒适性还与穿着的个体及其所处的环境、背景、状态有关，与个体和织物相联系的过程有关。

（三）舒适感产生的条件

舒适是主体对外界物体在某一方面能否使自身处于满意状态的属性判断，它的产生借助于人的大脑（感觉、知觉及思维能力），把外界刺激的感觉信息进行分析综合，然后与大脑已经储存的信息模块（即参比对象）或达到满足的标准和阈值进行对比，从而得出舒适不舒适的判断。

　　一般说来，舒适感的产生要经历物理环节（客观事物作用于人体）、生理环节（从有关感觉的神经末梢到中枢神经低级的神经传递）和心理环节（大脑获得信息并按审美标准作出审美判断），如图9-2和图9-3所示。其中心理环节是产生舒适感的必要环节，在心理环节代表着客观事物与主体之间联系特性的当前输入信息与以往同类经验中感到舒适的审视标准即内存信息模块（或称为舒适模块）加以比较，如相符合，则产生舒适感。这种判断受大脑的信息模块的特征（来源、分类、作用等）制约，也对外界刺激感觉具有极大的依赖性。存储于大脑的舒适模块即审视标准，实际上是审美标准的一部分，是以往经验的积累，因此，尽管舒适是客观存在的，是由事物与主体的直接联系作用产生的，但舒适判断依据源于个体的生理现状（年龄、性别、身体反应的类型、甚至可能涉及种族）、生活经历、文化教育、习俗爱好以及社会环境等因素，受个体特征和环境因素的影响和限制。

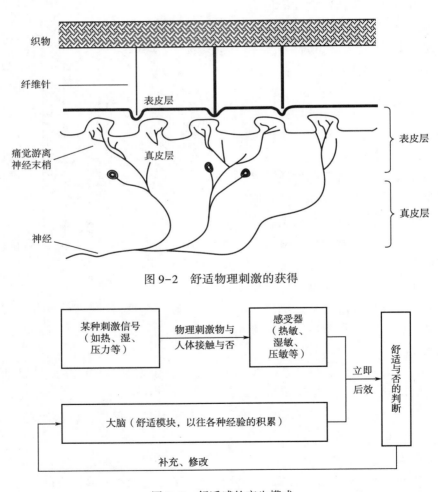

图9-2　舒适物理刺激的获得

图9-3　舒适感的产生模式

三、舒适性的分类和内容

（一）舒适性的分类

由于舒适本身定义尚无明确的外延，故舒适的分类问题像舒适定义问题一样至今尚未统一，为了构建舒适理论的框架，展开对舒适（舒适感和舒适性）的分类研究是很有必要的。许多研究者对舒适的分类问题提出过多种方案。

1. 按舒适感产生的条件分

舒适必须通过人的感觉器官来感知，当人们感到舒适时，往往在生理上和心理上处于松弛、和缓、平静的状态，舒适判断包括了人体生理要求和心理要求两方面的因素。据此，可以将舒适划分为两个基本类别，即生理上的舒适（physiological comfort）和心理上的舒适（psychological comfort）。任何舒适感都不同程度地包含这两方面的内容。

如果生理环节判断中主要以生理因素为评判标准，且有完整的物理和生理环节，则这一类舒适感可称为生理舒适感。生理上的舒适是人体各种感觉器官（眼、耳、鼻、舌、身……）与对象和客观环境接触中，处于平衡、和谐状态，生理感觉特征与潜意识中的储存的信息模块进行比较获得一致的结果，得到生理上的满足，得出舒适的结论（狭义的舒适或绝对的舒适）。显然，生理上的舒适主要按照人体生理要求来对客观事物加以判断从而得出是否舒适的评判，生理舒适感的主要特点是，客观事物直接作用于人体相应的感觉器官，基本上有专一的感觉通道，舒适感的产生有明显的物理环节和生理环节。其形成依据主要以生理上要求的舒适条件是否能满足为标准。

如果舒适判断主要以心理因素为评判标准，且不一定具备物理和生理环节，则称为心理舒适性。心理上的舒适基本上不是生理上的感觉舒适，而是心理上得到了要求和希望的满足，心理舒适感主要以心理满足作为舒适与否的评价标准，虽然有些时候生理上不一定得到满足，甚至正好相反，生理上并不舒适，或者人在潜意识中并不满足甚至不同意，而显意识中同意和希望的东西得到了满足，这时感到的是心理上的舒适。例如，在许多情况下，人们（特别是妇女）穿衣服可能是通过图案、颜色或根据其流行性来选购衣服，而不是为了保暖或穿着有触觉感，更可能是为了使自己和别人看起来更特别而形成舒适愉快，这种心理就表现为穿衣时的心理舒适性。

严格地说，没有绝对的生理舒适和心理舒适，大脑是生理和心理的器官，舒适构建是大脑的机能，是对客观事物的反映，所以任何舒适感都包含生理和心理两方面因素，舒适的评价标准总掺杂着生理标准和心理标准。一个人只有在生理和心理上的各个方面都得到满足，才可能获得整体的舒适感。

2. 按刺激效果分

立即舒适性（immediate comfort）：刺激作用于人体，大脑立刻感知并判断，如粗羊毛衫贴身穿后会立即产生不快的戳扎感或刺扎感。

后效舒适性（post-occupancy comfort）：服装对人体刺激能起到减缓疲劳、避免过敏、辅助治疗、缓解病痛等方面的作用，从而产生舒适。这类舒适不会立即感受到，而是一种时间综合舒适性。其实"后效舒适性"就是服装的某些功能性的体现，它所反映的是服装在某些特殊方面所体现出来的特殊功能性。

3. 按物理刺激的作用方式分

接触舒适性（contact comfort）：刺激物直接与人体接触产生舒适，如接触压力舒适性，即服装的松紧、刺扎、软硬、滑腻、粗糙等因素作用产生的触压方面的舒适性。

非接触舒适性：刺激物不直接与人体接触，而是刺激物的派生物间接作用于人体，如视、嗅觉舒适性等。

4. 按物理刺激的种类分

热舒适性（thermal comfort）：适宜的热刺激如温度变化等作用于人体产生舒适。

湿舒适性（moisture comfort）：适宜的湿刺激如湿度变化信号作用于人体产生舒适。

热湿舒适性（thermal & moisture comfort properties），即人们对服装的保暖、散热或凉爽、吸汗、散湿、防风等功能所要求的舒适性。

压力舒适性（pressure comfort）：人体接受某种范围的压力及变化时产生的舒适。

摩擦舒适性（friction comfort）：刺激物与人体皮肤接触，合适的表面状态如粗糙、滑腻、柔软等和相对运动给人体综合刺激而产生舒适。

电舒适（electrical comfort）：由于皮肤与接触物体发生摩擦，会产生静电，静电会对人体产生刺激，产生不舒适感。

接触温度舒适性（contact temperature comfort）：人体与热体（或冷体）接触时（冷感）暖感在适当条件下会产生舒适感。

接触湿度舒适性（contact moisture comfort）：人体因穿着的服装过干或过湿而产生不舒适。

5. 按人体的状态分

静止舒适性（static comfort）：指人体不做剧烈运动时各种舒适性的总称。

运动舒适性（kinetic function comfort properties）：即服装能够满足人体运动功能的要求，起到贴身、舒展、不妨碍运动的效果，有利于发挥运动员的竞技水平，防止扭伤、挫伤，辅助发挥动力等方面的舒适要求。运动服装不仅使人体生理上感到舒适，而且合理地约束人体，使人体所做的无用功量减少，产生舒适。

6. 根据舒适经由的感觉通道分

视觉舒适、听觉舒适、嗅觉舒适、味觉舒适、运动舒适、肤觉舒适。这是通过服装光泽，发出"丝鸣"声响以及出现的气味分别刺激人的眼睛、耳、鼻子后产生的舒适。

在服装的穿着过程中，任一刺激信号均有一个舒适范围，这一刺激超出其自身限度就会使人感到不舒适，舒适与否是所有这些刺激的综合结果。

（二）织物穿着舒适性的内容

织物的穿着舒适性是站在织物的角度进行考察，是物的舒适性。织物的最终用途之一是穿着服用，因此随着人体对服装的穿用，织物就已进入了"人体—服装—环境"系统当中，并起着重要的作用，它不仅扩大了人类的生存环境，为人类提供了更优越的生存条件，而且在精神上起着装饰美观人体，给人以时新感的作用。提到舒适，实际上就是舒适快意，穿着舒适性就是人体穿上服装后所产生的特有的舒服快意的感觉。具体地说，人体穿上服装后，会感觉到一定强度的各种刺激，中枢神经末梢把这些信息传递给大脑，然后做出主观判断，这种刺激使人体在生理上和心理上达到平衡和满足，从而获得舒适。

　　根据穿着条件和目前国际国内研究的情况，穿着舒适性主要有热湿舒适性、压力舒适性、运动舒适性、接触热舒适性等内容。人们穿着服装除了可给人以服饰美外，其主要目的是保持人体与周围环境之间的能量交换平衡，因为身体与环境恒处于能量质量不断交换之中，人体的舒适感觉取决于人体本身产生的热量和周围环境之间能量交换的平衡。而服装在能量交换中一般是通过热湿传递过程而实现调节作用，因此服装的热湿舒适性是穿着舒适性的内容之一；压力舒适性主要考虑服装、袜、鞋、手套、护腕、护膝、腰带等防护用品对人体产生的压力是否适宜；运动舒适性主要考虑运动服装是否有利于人体运动，动作的完成，是否有助于减缓运动的疲劳，体力是否容易恢复；接触热舒适性考虑皮肤与热体和冷体接触时皮肤温度的变化规律以及引起的一系列生理、心理上的变化。

（三）织物穿着舒适性的主观性

　　第一，织物的穿着舒适性是自我穿着状态的体验，是对服装材料自我穿着感觉的体现，而不是由别人来说是否舒适。美学舒适所讲的是他人对舒适的评价，是通过他人对服装评价的信息来确定自我对服装感觉的舒适与否。

　　第二，织物的穿着舒适性，主要的感觉器官是皮肤，而美学舒适性的主要感觉器官是眼睛，因而将美学舒适性归为服装舒适性中的一类，这是不符合形式逻辑的推理规律的。为此有人提出服装的"美学舒适性"（aesthetic comfort properties）和服装的"视觉舒适性"（comfort in the sense of sight），其理由是因为某些纺织品的舒适程度不易用明确的物理实验检验，以及对同一织物的舒适程度不同个体可能会有不一致的主观看法。在他们看来，评价织物的穿着舒适性起作用的因素是视觉而非触觉，过分强调视觉的心理作用，甚至认为这种美学或视觉舒适性是他人对服装视觉上的评价。笔者认为，这样轻易地将美学和舒适性合二为一，并且将美学舒适性归为服装舒适性中是不合适的。

　　第三，如果将舒适性放在美学方面来研究时，舒适性应属于广义美学范畴。

四、织物穿着舒适性的研究

（一）服装舒适性——人与自然和社会的统一

　　人总是生活在特定的自然环境和社会环境中，而且人是主体，环境是客体。人和环境之间相互依存，相互渗透，即环境影响人，人也影响环境。"人的本质并不是单个人所固有的抽象物。在其现实性上，它是一切社会关系的总和。"从生物学因素来看，自然是人类生命的源泉，人类作为自然的产物及其组成部分，必然受到自然法则的支配和制约，自然界的运动变化直接或间接地影响人体，并表现为与之相应的生理活动和病理变化。因此，服装作为人工生态，是为了适应自然，保护人体，它可以维持特定的气候环境中着装者的生理卫生条件。由于人们有直接的动物性质的行为，人类的生物个性还受到社会因素、文化因素和心理因素的影响。这样，服装作为一种科学和文化，又包含着人的主观心理因素，并熔铸于人的精神生活之中，体现着人的意志、愿望和审美。它反映了社会制度、经济状况、阶级差别、风俗习惯、伦理道德、礼仪观念、知识水平，以及性格、气度、修养、视野和职业。在人的社会生活范围（家庭、学校、文化圈、民族圈、政治经济关系、人际关系）的每一种社会活动和社会关系中，都对人产生一定的作用，产生不同的社会应力，影响每一个人的思想、情感、生理和行为，而这些因素都会对舒适性的理解和要求产生不同的影响。因此单单把服装的舒适性作为服装的物理性能以及这些性能如何改变人体和环境之间的物理作用因子是不够的。笔者认为，服装的舒适性在于人与自然环境、社会环境三者的统一，要从人与自然环境、社会环境，以及服装与人的形体、神志及情感之间的相互关系来加以研究。

（二）织物穿着舒适性研究的发展阶段

对织物穿着舒适性的研究可以追溯到 20 世纪 30 年代，研究过程总体可分为三个阶段：

（1）模拟人体某些部位的传热进行研究。用圆筒模拟人体的胸围、胳膊、腿等部位，外包服装材料，从而确定材料的热阻，后来把这些研究与人体感觉联系起来，以人的生理、物理参数来衡量服装的热传递性能。

（2）暖体假人阶段。服装是给人穿的，离开了人进行的研究是徒劳的，全套服装的热传递性不能片面使用某个部位的模拟和从服装材料的物理性能简单求得，必须联系实际穿着进行研究，这样才能真正反映服装围护的特点，暖体假人就是在这种指导思想下应运而生的，这也是研究服装热围护的一个突出分支。

（3）人工气候室阶段。近年来，研究者们认为"人—服装—环境"是一个有机的整体和系统，系统中各因素是紧密联系的，为了模拟人体实际穿着环境，发明了人工气候室，能人为地创造各种气候环境。由日本东丽公司研制的人工气候室是日本也是当今世界最先进的人工气候室，室内温度（−50~60℃）、湿度（20%~80%）、风速（0.1~30m/s）、日照辐射量（0~10⁵ 勒克斯）、下雨量（0~200mm/h）、下雪量（最大 1m/24h）均可调节，并附有可供人运动的各种装置。如果把人或假人置于其中进行试验，能较为真实地反映人体实际穿着环境和状态，是服装围护研究的一个方向。

（三）服装穿着舒适性的研究方法

织物的穿着舒适性从 21 世纪初开始进行研究，其间众多的研究者采用了各种不同的方法对舒适性的影响因素进行了广泛的研究，有许多经验突破和进展。

1. 研究方法分类

纵观前人的研究工作，所采取的方法大致分为三类：

（1）从影响织物穿着舒适性的物理因素出发，着重于研究服装以及服装材料的功能及物理性能，从而探讨如何改进服装材料的服用性能，以满足人们穿着舒适性的要求。

（2）采用社会调查的方法，得出人们对服装舒适性的影响因素的主观评价。

（3）利用实验心理学和物理学的方法对舒适感进行主观评定实验，力求寻找出人们生理和心理上舒适与材料的物理性能之间的关系。

以上三类方法在对服装穿着舒适性评价中，实际上是按客观的方法、主观的方法和主—客观相关方法进行研究的。

2. 客观方法

客观方法（objective method）进行舒适性评价的基本思路是：仪器测定织物的基本机械性能和其他相关的织物性能，通过适当的数学方法进行处理，转化为评价织物舒适性的物理指标。这种客观评价方法有以下特点：不受人为的主观影响；正确性和可靠性较高；简单方便。因此，这种方法将有可能取代其他评价方法。目前，有许多学者在这方面做了大量工作，但迄今为止仍未有一种合理的、广为人们接受的方法。这其中的一个原因就是难以寻找表达织物舒适性的物理指标。

3. 主观方法

主观评价的方法（subjective method）或称感官评价法（sense evaluation）就是根据织物舒适性的定义，以人的主观感觉为依据，用人的感官作为检查工具来完成对织物穿着舒适性的测量鉴别。

（1）主观评价具体步骤。

①选择一定数量富有经验的专业人员作为被试者。

②通过被试者穿着服装时的皮肤感觉，对所需鉴定的织物进行检验。

③采用形容词对个人的主观感觉进行评分或给出判别描述。

④对结果进行统计分析并给出统计结论。

（2）主观评价存在的问题。这种主观判断是鉴定织物舒适性的基本依据。人们穿着服装正是通过主观感觉而获得织物性能的。因此，就织物是否适宜穿着以及穿着是否舒适而言，感官结论是一种自然贴切且敏锐的结论，也是最富有权威的。但是这种方法不可避免地存在以下问题：

①无法排除主观任意性。由于人感官的局限性以及客观事物的复杂性，由人作为主体来直接测量对象的数量以及数量关系的能力是极其有限的。同时，感官评价所获得的织物舒适性结论受物理，心理、生理因素综合作用的影响。因此，织物舒适性的感官评价是一种很复杂的现象，织物本身所固有的性能与评价结果之间并不严格存在一一对应的单值关系，具有强烈的主观性。对同一织物的判断还取决于评价者的经历、嗜好、情绪、地域、民族等心理、生理和社会因素。故其结果因人而异，局限性很大。大量的研究工作表明，这种主观性无论是消费者还是专业人员概莫能外，区别仅在于程度不同。所以，感官评价并不是严格意义上的测量，因为测量的目的在于在认识中尽可能最大限度地排除主观任意性。

②缺乏定量描述。目前，由于刺激与感觉以及感觉与判断间的联系还没有搞清，感官评价方法缺乏理论指导和定量描述，只能根据人的感觉给出评语或排位。数据可比性差，因而很难与纺织技术结合以指导和改善纺织品生产。

③采用主观的评价方法，对被试者（或检验者）一致性和稳定性方面要求较高，难以掌握，这就更进一步加深了其评价的困难。总之，就目前的水平来看，感官检验的方法不可能从根本上解决织物舒适性的客观、定量评价和鉴别问题。

4. 主—客观相关方法

主—客观相关方法（subject-object correlation method）用于织物穿着舒适性的研究，是目前使用的较为有效的方法。这类方法的基本特点是测量某些重要的反映织物舒适性的机械力学性能参数，利用多元统计分析的方法（秩相关系数法、多元回归方法、多元因子分析法等），寻找或建立这些力学性能与织物感官评价结果之间的联系，用于评价或预测织物的舒适性。然而，采用这种方法有几点需要特别注意：

（1）由于评价者感官评价结果的主观性和不确定性，企图简单地将织物力学量与评价结果统一在一个线性方程中，是与实际情况不符合的；

（2）由于织物的各个物理指标之间存在着不同程度的相关，不消除这种相关，采用多元回归方法是会导致错误的；

（3）织物舒适类别等级划分不应主观决定，只有用数学法证明各类舒适等级的均值有显著差异时，这种分类才有意义。

（四）舒适性研究的意义

纺织品和服装设计，除了款式、花色、色彩、光泽等内容外，同样重要的是穿着功能。服装工效学的发展，已经逐步地从提高坚牢度（强度、耐磨、耐晒等）的阶段，经过改善手感（韧性、挺括、滑糙、刚柔等）阶段，发展到研究服装穿着中的舒适性阶段。服装的穿着舒适性在纺织科学、纺织服装生产以及社会中的重大意义已经逐步被人们所认识。

首先，随着人民生活水平的提高，人们对服装穿着舒适性的要求也越来越高，人们对服装的欣赏、认识和使用要求是既要款式新颖、穿着美观、更要穿着舒适。因此，开展对服装穿着舒适性的研究，其中一点就是为了满足人们对服装日益增长的要求。

其次，服装穿着舒适性问题归根到底属于服装功能的一个组成部分，也是纺织品实物质量的一个重要组成部分，是衡量新产品的成功与否的重要指标。因此，开展对服装穿着舒适性的研究就是对纺织品实物质量及其服用功能性的研究的一个扩展和加深。良好的织物舒适性是纺织科学技术所追求的目标之一。可以预见，随着服装工效学的进一步发展，对服装穿着舒适性的研究将会逐步发展成服装设计的中心问题。

服装工效学（The science of clothing efficiency）主要是研究"人—服装—环境"三者之间约束关系的一门学科，从人体需要出发，系统研究各种服装材料的性能和使用要求，为服装材料服用性能的研究提供基础数据，改善服装的设计及其组合，增强人类对各种条件下的适应能力和提高人们的工作效率。由此可见，开展对服装舒适性的研究，能更好地促进纺织品的开发和使用，不仅具有重要的理论意义而且具有重要的现实意义。

最后，从服装舒适性与功能性所涉及的领域来看，服装的穿着舒适性不仅与纺织材料科学、纺织工艺学、服装材料、服装设计学等有关，还涉及了物理学、人体工程学、医学、生理学、心理学、美学、社会学等多门学科。显然，对服装穿着舒适性的研究，将有助于一些新兴学科（诸如人体工程学、服装卫生学、服装心理学等）的发展，并为其提供一些基础性信息和知识。

第二节　舒适感产生的理论基础

一、舒适感产生的物理学基础

（一）人、服装（织物）、环境

环境条件受自然现象的影响，在温度湿度方面变化幅度较大，不仅不能保证舒适的条件，而且有些时候也不能保证人的生存条件。因此服装（织物）就在人和环境中起中介和缓冲的作用。外界温度降低，人体就需要保暖，服装（织物）就要起到防寒保暖的作用；外界辐射较强时，人体为防止被过强辐射灼伤及升温要用服装遮盖；外界温度较高时，服装（织物）要起到散热防暑的作用。因此在人与环境之间，服装（织物）扮演了一个不可缺少的角色，组成人—服装（织物）—环境系统。这是一个封闭的自动调节系统和感觉系统。假设在这个系统中存在：环境温度<织物本身温度<人体皮肤温度。当环境温度升高，由于人体与环境的温度变化使织物自身温度升高，并导致皮肤温度也升高，人就会感到热，这时体内神经系统就使血液流动较快，皮肤进一步舒张并排汗，以蒸发潜热的形式帮助人体散热。人体排出的汗液又有一部分被织物吸收，从而引起织物回潮率的增加并使织物传热系数增大，又加快了人体散热……开始了一个新的调节过程。当环境温度降低，导致织物温度降低，就会加速织物从人体吸热，就使人感到冷，这时体内神经系统就会使皮肤收缩以减少散热，就像在冬天穿一件温度较低的内衣，人会产生一种冷感，同时皮肤表面就出现一种俗称"鸡皮疙瘩"的现象。此外，织物吸热升温使回潮率降低，织物导热系数的降低，构成一个调节过程。

同时，这也是一个感觉过程，皮肤中的温度感受器不断把皮肤的温度、湿度以一定的形式送到大脑，大脑结合人的经验、心理及生活习惯等，就会得出舒适与不舒适的判断。这个调节过程和感觉系统中各环节的关系如图9-4所示。

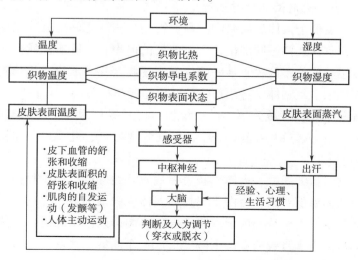

图9-4　织物直接与皮肤接触时系统关系

213

当织物与皮肤不接触时，在织物与皮肤之间就有了一个空气层，一般称为微气候区。它又在织物与人体之间充当了一个中介，了解此微气候区的主要参数也能影响人体与织物间的热湿传递状态，如图 9-5 所示。

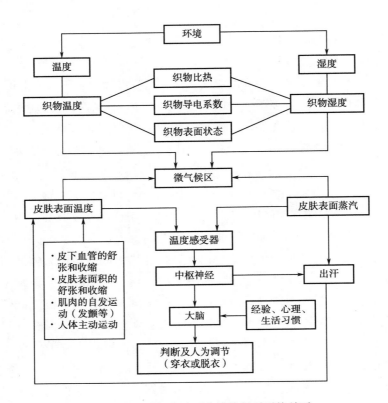

图 9-5 织物与皮肤不直接接触时系统关系

（二）织物与皮肤接触时的热传导系统

假设织物本身温度低于人体表面温度，则在织物与皮肤之间要有热量交换，二者的温度场也要发生改变，而且在人体不同部位，由于各处的曲率、皮肤表面状态等不同，温度场变化也不同。尽管冷感的评价不取决于某一部位的温度场变化而取决于整体的综合效果，但可以用一个局部的变化来了解整体中各个部位的变化趋势和状态。

现以人体皮肤某平板状区域为例，讨论织物与皮肤接触后某个瞬间温度场的分布情况。设织物初始温度为 T_{20}，人体初始温度为 T_{10}，空气温度为 T_a，此温度分布图及其随时间的变化规律如图 9-6 所示。

由于接触到温度较低的织物，人体皮肤表面最先开始降温，而织物由于吸收了一部分人体皮肤的热量其内表面温度升高，但由于织物与人体皮肤之间有一定的接触热阻，因此皮肤表面和织物内表面温度并不一致。由于皮肤表面的降温，人体中最近皮肤表面的皮下组织要向皮肤表面传递热量而引起自身的温度下降，形成一个新的温度场。同样，织物靠近皮肤一侧不断吸热，而另一侧则不断散热，也形成一个新温度场。

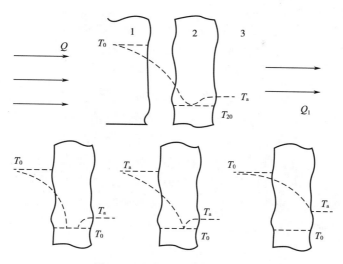

图 9-6　织物的接触温度模型

设 Q 为人体向织物传递的热量，Q_1 为织物向空气或空气向织物传递的热量（前者为正，后者为负），Q_2 为织物自身温升所需要的热量。则有：

$$Q = Q_1 + Q_2$$

如果织物初始温度低于空气温度，则开始时织物也从空气吸收热量，直到二者平衡。随着织物吸热升温，织物又慢慢向空气散热。但不同厚度、比热的织物，Q_2 有显著的不同，引起人体的散热量也有不同，人的感觉也不同。

同时，这些温度场随时间而变化，如果以织物和皮肤接触瞬间为时间坐标的零点，则人体皮肤感温神经末梢所在的浅层和深层的温度随时间变化趋势如图 9-7 所示。

由于人体皮肤在浅层和深层有两种感温神经末梢，皮肤向织物散热降温，两类感温神经末梢的反映曲线不同，浅层先感受到降温过程，而后深层才感受到。因而，服装（织物）穿着后会有两个冷感期，我们称为前期冷感和后期冷感，两者各自反

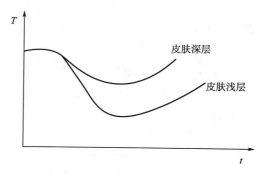

图 9-7　皮肤温度时间变化曲线

映了所在位置的温度下降量（触落温度）和温度下降速率。

浅层和深层温度下降速率与织物表面状态、织物与皮肤接触热阻、皮肤的舒展程度等有关。身体部位不同，由于皮肤厚度不同，浅层和深层感温神经末梢的深度不同，神经末梢的分布密度不同，皮下组织（脂肪层）对内层传热系数的影响不同，传热速率不同等，都会使降温曲线的形状相同而面积不同。

215

（三） 热量传递中的水分迁移

一般织物在穿着时都会有一定的水分，即具有一定的回潮率，而平衡回潮率与温度有关，在其他条件相同时温度升高则回潮率降低，接近下式变化。

$$W = (a + b) \sqrt[4]{100 - T} \tag{9-1}$$

式中：W 为平衡回潮率；a、b 为常数，随纤维品种而定。

织物与皮肤接触后，由于靠近皮肤一侧温度升高，而另一侧温度较低，就必然存在水分的再分布，即在织物与皮肤接触之前，织物内回潮率分布基本均匀，一旦织物与皮肤接触，靠近皮肤的一侧要产生温升，使织物内形成一个温度场，温度较高处的水汽分子向其他地方迁移的机会增加，使织物内的回潮率产生一个再分布，因为织物的导热系数受回潮率的影响，这种水分迁移现象必然要影响织物与皮肤之间的热量传递及传递速率，也必然要影响到接触冷暖感，但这种影响程度不大。

二、舒适感产生的生理学基础

（一） 人体代谢产热及体热散失

人体通过进食而摄入热量，经过一系列生物化学变化后，一部分形成了机体的组织，另一部分以生物化学能的形式储存于体内，并在需要的时候转变为做功的能量。如肌肉收缩的机械能、神经脉冲的电能等，而另一部分则转变成热能散发到体外。此外，机械能最终也要转变为热能。

人体在产热的同时又要以各种方式散热，这是维持脏器和体表温度的重要条件，从而构成新陈代谢的动态平衡。

人体散热可以通过皮肤的辐射、传导和对流，以及水分蒸发、呼吸道蒸发、排泄等方式。皮肤传导和对流散热占人体总散热量的70%以上，皮肤散热对保证人体舒适乃至维持生命起着重要的作用。

一般认为，身高1.78m，平均胖瘦程度的正常成年人的平均体表面积约为1.8m²，其中头部、面部、颈部、手部一般是裸露的，这部分约占人体总表面积的14%，其余86%均有衣服、鞋袜围护。

皮肤温度的不合适，不仅是感觉上的不舒适，这种不合适超过一定范围还会使人的肌体和生理状态受到损伤和影响。而在人体的表面积中约86%是由织物（服装）所覆盖，因此其作为人体与环境的中介和缓冲，在调节体温方面起着极其重要的作用。

（二） 皮肤的结构

人体皮肤一般可分为表皮、真皮、皮下组织和皮肤附属器四部分。在表皮中有基底层、棘细胞层、颗粒层、透明层和角质层，其中角质层处于皮肤最外层，除手掌、脚底及黏膜皮肤外，其他部分皮肤大多由4~8层角质化的扁平细胞组成，对皮肤有一定保护作用，同时能延缓通过皮肤的热量传递。真皮主要由胶原纤维、弹性纤维、网状纤维和基质等组成，神经末梢大都集中于这一层内。此外，汗腺也大都在此层内。

（三）感温神经末梢及感温信号的产生

1. 感温神经末梢

人体解剖学和生理学研究表明，在众多的神经末梢中，Krause 和 Raffini 小体能感知温度。Krause 小体又名球状小体，呈扁球形，外有囊衣，位于人体皮肤外层 5~21μm 处，分布于全身大部分真皮浅层，胸、腹部最密集，其次是背部及臀部，两肋较少，并有少量在舌、口腔等部位。Krause 小体在手指球部的深度为皮肤表面下 0.65~0.95mm，在胸部、背部的深度为皮肤表面下 0.065~0.11mm。Krause 小体是一种温度感受器，但基本上只感受冷感，它是皮肤浅层的冷感感受器。由于各处深度不同，故躯体部的前期冷感比较灵敏，手足等较弱，而有极少区域没有冷感。Raffini 小体又名梭状小体，呈梭形或枣核形，直径为 0.005~0.01mm，长约 0.03mm，外包囊衣，位于真皮深层。Raffini 小体在皮肤中分布不均匀，人体皮肤中胸、腹部最多，背部次之，两肋再次，手足较少，面部皮肤非常少，甚至没有，Raffini 小体对冷感比对热感更为敏感。由于它位于人体皮肤表面下 1.6~6mm 深处，故是一种皮肤深层的冷感受器。

此外，游离神经末梢也可能对温度有一定的感受能力。

2. 人体感温过程

一般情况下，外界温度比皮肤表面温度低，皮肤表面温度又总是低于皮肤深处温度，因此在皮肤深处与皮肤表面、服装、环境之间存在着一个递减的温度场，温度场维持了正常的新陈代谢散热量，形成一个动态平衡系统。当外界（包括服装）温度变化时，这个动态平衡受到破坏，皮肤表面向外界散发的热量也就随之改变。如较冷的织物与皮肤接触时，二者的温差使织物与皮肤之间产生明显的传热增量，皮肤表面温度就降低，同时皮肤表面与皮肤深处的热平衡也受到破坏，产生了一个新的温度梯度。但因为皮肤自身有一定的比热，这个温度变化不是立即产生，况且感温小体大多在皮下 0.065~0.2mm，热量传递有一个过程。因此，感温信号的产生时间比皮肤表面温度开始变化的时间（假设这个变化量足以引起皮肤深处温度变化）有所推迟和滞后。

当感觉小体附近的肌体温度变化时，感受器就受到一个刺激，继而在这个刺激作用下诱发而产生一串电位变化，称为感受器兴奋。一般认为感受器兴奋相当于一个换能过程（这里是把热能转换成电能），并依刺激的强度和性质产生一系列电脉冲编码，这个电脉冲编码包含了刺激强度、时间、性质、位置等多种信息，是一个复杂又确切的编码。神经传导纤维将此信息经过一定的整理送到中枢神经和大脑，经过一定的综合才得出感觉和评价。Krause 小体和 Raffini 小体都有一定的感受灵敏阈，能感受的最低降温速率为 0.001~0.004℃/s，过分微小的温度差异和温度变化是不能使之兴奋的。

此外，织物与人体接触时的传热实质是三维的，但如果织物面积足够大，且接触在人体体表曲率较小处，就可以近似认为是一维的。感温神经末梢产生的温度感觉信号（电脉冲串），由神经传导纤维送到自主神经系统和大脑，分别产生调节体温动作和知觉。

217

三、舒适感产生的心理学基础

（一）感觉信息的处理

如前所述，由传导纤维送到大脑的是一系列电脉冲串，这些脉冲在频率、幅度等方面反映了被感觉量的幅度变化情况、空间位置、顺序等，大脑在接收到这些信息后则要对其进行解码、分析和判断。

目前尚未明确神经中枢、大脑皮层对感觉信息（电脉冲串）的具体解码、转译处理过程和模式，但此环节对分析、研究和理解心理过程并无影响。从当前心理物理学的研究成果可以知道，大脑对这些信息的处理是相当快的，一般也是比较全面的。但是，一般情况下经常按常规程序着重对首先抽译出的主要独立变量进行分析，再对其进行合成，形成一个反映感觉特征的感觉映象。同时，还可以转译出其他变量和指标。可供特殊情况下细致分析比较使用。

（二）产生知觉映象的参比对象

仅由大脑对各种感觉信息处理还不能形成冷暖感，因为冷暖感属于知觉的范畴，是一种审视判断的方法，但是这种审视判断不可能是严格的唯一判断，只能是模糊识别的审视判断，这是一个将各种信息（大脑已经储存的信息）按事物的联系合成的完整映象。要形成冷暖感的判断，还必须依靠逻辑思维和比较，用来作为比较标准的是大脑中已经接受并储存的信息模块。这个信息模块是大脑吸收了大量的经验，经过反复运用逐渐形成系统的模块和数据库，并且不断根据新信息、新经验逐步补充修改所形成的"软件包"。它包含了人的民族、阶级、职业、风俗、年龄、历史及人体各个部位的有关信息。同时它也是一个动态的、不断改进的信息库。没有这个信息模块作为参比对象，很难迅速形成完整准确的冷暖感判断。

例如，同样是较冷的织物与皮肤接触，但在不同的季节就会有不同的判断，在炎热的夏天，人体与较冷的织物接触时，如果织物湿度不是特别低，人就不会感到冷，而且会感到有一种舒适感——凉爽。又如，婴儿也能接受外界刺激，但无法判断出冷暖感（包括其他感觉），这不仅因为婴儿没有使用语言的能力，还因为婴儿的大脑中没有形成可供参比的信息模块。

对于正常人，在受到外界刺激后总是自觉地要与自己大脑中的概念（参比对象）进行对比，而这些参比对象要受到社会上各种各样因素的影响。例如，关于服装款式和织物的色彩，不同地区、不同文化修养的人就有不同认识，同样是大花被面，居住在城市的人总认为是"俗气"，而居住在农村的人特别是年龄较大的人则认为是"喜庆"。

同时，参比对象也受经验、生活习惯、职业情绪等的影响，这些众多社会因素在人脑中的总反应就构成了人在判断舒适感时的参比对象。

（三）生理和心理的相互影响

生理和心理在舒适感形成过程中都有重要的作用，二者又是互相影响、互为主次，即生理特征要影响心理活动，而心理状态也要影响生理现象。如衣服太厚或在炎热和潮湿的夏季，热量、水分均不易散发，在产生闷感的同时也会导致人的情绪烦躁。又如，对一个心情不舒畅的人来说，即使给他穿上最舒适的衣服，也不会产生舒适感。因此进行织物穿着舒适性的研究时要注意实际穿着试验和心理调查，还应特别注意心理和生理的相互影响。

同时，心理和生理之间有一定的独立性，不同条件下或生理或心理起决定的作用。例如，一个人经过一段愉快旅行后，尽管在生理上是肌体处于疲劳状态，但心理上得到了满足，也认为是舒适的。

第三节　纤维材料、服装款式与舒适性

9-3

一、穿着舒适性的测试和评价

1. 热湿舒适性

舒适时最佳的皮肤平均温度为33℃，如果针对各种活动选择适当的衣服，即使暴露于较冷的空气中，这一平均温度也是可以保持的，在比较不利的气温条件下，当皮肤温度高于或低于该最佳温度时，人体通过皮肤中血液循环或汗液蒸发来达到体温的调节，使之达到适当的舒适感。

人体、服装、环境的热湿传递都要经过人体皮肤与服装内表面所形成的微气候区，人体能否获得热湿舒适性取决于该微气候区的温湿度是否合适。

对于热湿舒适性可以采用仪器进行客观测试，也可通过穿着试验对织物的热湿舒适性能进行主观评判，往往将两者联系进行。穿着试验可以得到织物的舒适系数及冷、热、阴冷、闷热、凉爽、黏腻、燥热等模拟微气候区热湿状态的评语。通过仪器测试可得织物的热阻、湿阻及热湿的交叉效应等参数，然后评价织物的热湿穿着舒适性。仪器测试时通常采用人造皮肤进行模拟。

2. 接触热舒适性

人体皮肤与热体或冷体接触时，使皮肤的温度产生暂时的突变，该突变与织物有密切的联系，织物的热容量和接触面积不同，人体皮肤温度发生暂时性突变的情况就不一样。一般可用皮肤触落温度、温度变化速率等指标来描述，接触热舒适性也可用仪器测试和穿着试验来评判。把衣服放置在温度远低于人体皮肤温度的环境中一定时间然后取出，让裸身受试者穿着，然后评判织物的接触热舒适性，可用热、暖、冷、激冷等术语描述。

3. 压力舒适性

一定压力作用于人体皮肤表面，使人产生舒适与否的判断。压力舒适性可以用仪器模拟试验，也可用人体感官试验。评价指标为单位面积上压力的大小，术语有压力大、压力适中、压力小。

4. 运动舒适性

运动服装能够减缓疲劳、增强生理机能、满足生理和心理上舒适的需要。这主要根据受试者的主观陈诉来判断。

二、纤维材料与穿着舒适性

长期以来，以苎麻、亚麻为代表的麻织物和以桑蚕丝、柞蚕丝为主的丝织物常用于制作薄型的夏季用衣料，人们穿着时比较吸汗、轻薄、透风而舒适。

丝绸织物由于柔软、保暖、透湿舒适也适用于秋冬季的外衣面料。羊毛由于富有弹性，织物丰满，最适用于御寒用衣料，由于织物挺括抗皱也适用于春秋季较为高档的外衣面料。棉纤维由于细而柔软，价格低廉，适用于各季度的内外衣。化学纤维在衣着用料方面向仿毛、仿麻、仿蚕丝方向发展，或者与天然纤维在特性上相互取长补短，进行混纺，以改善织物的服用性能。不同纤维材料对衣着用织物的舒适性影响不同，主要反映在两方面。一是衣料与皮肤接触时的粗糙感和瘙痒感，温暖感或阴凉感，二是在新环境温度湿度突变时衣服对机体冷热感觉是否有缓冲保护作用。

试验研究表明，衣料与皮肤接触的粗糙感和瘙痒感是由于纤维的刚度效应，差异的真正原因在于纤维的粗细而不是纤维的类别，如果对纤维提供相应于不同刚度的细度，就可以产生在皮肤接触上柔软与粗糙瘙痒的差异。另外化纤制造纺丝成型过程中，纤维黏结的硬头丝和珠子丝在纺织加工中未曾将其清除而保留在纱线表面，则这些含有纺丝疵点的纤维在内衣上将会产生显著的瘙痒感。

不同纤维的织物在皮肤接触时的温暖感与阴凉感，主要决定于织物的表面结构，大接触表面（支持面大）的光滑织物具有阴凉感，起毛拉绒处理的织物与皮肤接触时则具有温暖感。这主要是由于与皮肤真正接触的表面上，皮肤温度一般总是高于织物表面温度，纤维的导热系数比空气的导热系数大，织物与皮肤真正接触面积大，则导热散失的热量较多，因而有阴凉感，反之则有温暖感。特别是在织物含湿量较高或织物表面含有液体水（如汗液）时则更加显著，此外低卷曲纤维所产生的大面积接触，也使织物与皮肤接触时阴凉感较为显著。

当环境温度突变时，衣服对人体冷热感觉的缓冲保护作用主要取决于纤维的吸湿性能。羊毛纤维的吸湿性能强，环境温度突变，纤维放出的热量会使纤维升温，这些热量就会传递到整套服装，从而对人体的冷热起缓冲作用，因而同样的服装，使用羊毛纤维或羽绒填料比用吸湿性能低的其他纤维制品具有更好的保暖防寒性。

三、材料的物理特性与穿着舒适性

服装材料物理性能上的差异会造成服装穿着舒适感的不同，对服装舒适性与织物特性之间关系的研究需要借助各种试验方法，实际上对舒适性的测试也只能从对基本性能入手。研究表明，反映织物热湿传递的隔热性或导热性、透湿气性、透气性、透水性是影响服装舒适性的重要因素。

1. 隔热性与导热性

隔热性与导热性是织物热传递性能的两种相反描述方法，主要影响织物的热湿传递性能及保暖性，影响人体热流的散失。在冬天隔热性阻止人体热流散逸，有利维持人体体温恒定和保暖性。而在夏天，隔热性严重影响人体热量的散失，这是不利的。人体的热量可以通过纯热流形式散失，也可以以质量流为载体散发出去，因此汗液蒸发也有助于热量散失。

2. 透湿性

人体通过皮肤蒸发汗液不断散发水分。在正常条件下，人在静止时无感出汗量每平方米体表面积每小时约 30g，在热的环境中或剧烈运动时出汗量可以超过这个值，水分通过服装材料时有液态与气态两种。如果汗液在皮肤表面蒸发而以水蒸气（气相）方式透过织物，则主要是通过织物内空气的向外扩散，这时织物内孔隙中的空气仍保持其热阻。如果皮肤表面水分以液态方式通过芯吸作用传递到织物表面，并在织物表面蒸发而到达空气层，将使舒适性降低。其原因之一是润湿的织物表面为皮肤的感觉神经所觉察，使人感到衣服滑腻粘接皮肤而不适。另外，由于水分充满织物内孔隙后，孔隙内不再保存静止空气，使织物热绝缘能力明显下降，使人感到衣服湿冷而难受。人体的出汗量是随人的活动量而变的，人体分泌的汗液能够得到顺利的蒸发人才会感到舒适。在热湿环境中，高的相对湿度使汗液蒸发速率减慢。在较为寒冷的环境中，所穿着的衣服对汗液的蒸发是阻抗，所穿衣服越多，阻抗越大。尽管在冷天，人们所穿的衣服尚不能为汗液充满织物内毛细管道，但是水蒸气扩散的阻抗对舒适性影响很大，因而织物的透湿性是除了隔热性能以外影响服装舒适性的第二个重要性质。

3. 透气性

织物的透气性从几方面影响着服装的舒适性。首先，织物如果对空气容易透通，则对水蒸气与液态水也易于透通，因为织物的透湿性与透气性密切相关。其次，织物的隔热性能主要取决于织物内所包含的静止空气，而该因素又受到结构的影响，所以织物的透气性与隔热性也有一定关系。在寒冷的气候中，穿着稀疏的织物会感到寒冷，遭受板压、强烈的风吹时会影响生存。最后，透气性高的织物往往是结构比较疏松的轻薄织物，在强烈日光的直接照射下也会使穿着者感到不适，透气性不仅对衣着制品很重要，对国防用及航运用织物也有重要意义，例如降落伞织物和航海用帆布应具有规定要求的透气性。

4. 力学性能

服装材料的力学性能如弹性、刚性（柔软性）、表面摩擦性质将直接影响服装压力的传递，材料弹性好、柔软、表面光滑有利于服装压力的分解，减少压力集中，可以避免因压力集中而造成的伤害。服装勒得太紧会产生的压力集束，对人体造成伤害，例如中国古代妇女的裹脚，西欧妇女的紧身胸衣，日本妇女的腰带，韩国妇女的裙腰，现代的弹性紧带、收腰腹带、紧身裤、紧身衣、橡皮筋甚至皮鞋等。随着科学技术的不断进步，现代化的束腰紧身衣种类繁多，档次有高有低，其主要区别是选用了不同力学性能的材料来制作束腰紧身衣，以达到既美观又舒适的效果。

服装材料的力学性能如弹性、刚性（柔软性）、表面摩擦性质将直接影响织物的运动舒适性。当服装材料弹性差时，可能会束缚动作的舒展，如健美服、舞蹈服；当服装材料刚性强时，也可能形成动作的支撑，如射击服；当材料的表面摩擦性质符合运动方向时，可能有利于运动潜力的发挥，如游泳服。

医用绷带、体育防护用品、功能体育用品及功能内衣等也需要考虑服装压力舒适性。医用绷带在包扎伤口时，合适的松紧度有助于伤口的平稳愈合，并可以缓解因伤而留下的疤痕。合适的服装压力能够使人体在运动过程中减轻疲劳、增强生理机能、满足生理和心理上的需要。压力过大易引起人体疲劳，同时对正常的生理功能如血液和淋巴的传输、神经和经络的传导等也不利，压力过小，运动时易产生滑脱，起不到防护作用，穿着也不舒服。特别地，现代的塑身内衣或称瘦身衣、紧身衣塑身的概念和以往的腹带、腰带、胸衣不同，它加入了一些新概念，改变了以往头痛医头、脚痛医脚的做法，不再是局部的调整，而是通过将身体的各部位，如腋下的副乳、胃、腹、背等部位多余的脂肪转移，收拢到正确合适的位置，使身体凹凸有致，从而达到瘦身美体的功效。

合理利用服装压力满足穿着舒适性，是现代人对紧身服装提出的要求。以功能内衣、修身内衣和调整型内衣的开发为例，它是指以特制纤维制成，配合独特的剪裁以及特殊的制造技术，对身体的整体做出调整，或者配合人体工程学集瘦身、修正体型功能于一体的内衣。

四、服装款式与穿着舒适性

服装的款式多种多样，具有一定形态的服装附在人体表面，会覆盖一部分皮肤，形成一定的穿着厚度，为了穿着、运动方便，要增加一定开口。人体一般以肩部和腰部为接触支撑着服装，接触部分会给人体以某种束缚，同时人体也实现对服装的固定，因此可以用以下几个参数描述服装的状态：

1. 人体表面的服装覆盖率

人体大部分的散热量取决于皮肤表面，因此服装对人体的覆盖面积及部位，露出面积，以及两者的比例关系，会严重影响舒适性。身体各部位表面积的比率，大致是为颈部以上10.3%，上肢19.3%，躯干部24.3%，下肢46.3%，上下肢所占的表面积比例大，与散热的关系也较大。因此，夏装要求露出面积要大一些，覆盖率一般在50%左右，冬装则相反，覆盖率达90%以上。

2. 服装的厚度

服装附在人体表面，有些地方接触，有些地方则悬空，使服装与皮肤间存在薄空气层，服装材料重叠后其间也会存在空气层，服装的厚度是指从人体表面到服装外表面的尺寸，既包含了服装材料的厚度也包含了服装间的空气层的厚度，这些空气层的厚度由服装的结构，服装对人体的覆盖方式，身体姿势，运动状态的不同，全部或部分产生差异，使服装的厚度受到影响。

3. 服装的开口

服装与人体间的空气和外界空气的交换主要是通过开口进行的，所谓服装的开口是指领口、袖口和下摆等，随其形状、大小和方向不同，其散热程度也有差异。

4. 服装的束缚

服装应避免束得太紧，在同样尺寸的外衣里面，穿着几层重叠的内衣，如果束得太紧，使空气量减少，服装厚度减小，材料与皮肤直接接触部位增多，就会压迫身体，而且会大大降低其保暖效果。但服装也不宜过分宽松，特别是冬装，空气层体积过大，对保暖也不利。

对上述几个状态参量进行调整，可改变服装保暖散热的效果，实现不同穿着目的。静止空气是良好的绝热体，而运动空气对热流的阻力很小。服装间的夹层空气的状态和厚度会严重影响保暖性，服装的保暖设计除充分利用其本身结构的形式和材料的传热性质外，还可以利用结构改变这些空气层的状态。冬服皮肤裸露面积少，皮肤直接对流、辐射的散热量降低；而夏服则由于环境温度高，需要增加体热散失，应尽量使服装间的静止空气层减少，皮肤裸露面积大。服装的开口是改变服装间空气状态的好途径。若要服装里面的热空气不致向外散发，也不让外界冷空气进入服装内，达到防寒的目的，只能采用较少的开口或采用密闭装置。由于热空气上浮，向上开口（如领口）散热较多，向下开口（如下摆）散热较少，因此，领口尽量采用封闭方式。下摆口能起到防风作用，领口和下摆口都敞开，其散热量要比敞开领口时大得多，这时，如果空气层厚度大于 1.5~2.0cm，服装的保暖效果几乎丧失殆尽。夏装多采用轻薄飘逸型材料，这种材料往往不刚硬，夏装开口大，人体的轻微振动会引起服装扇动，使服装间空气层与外界空气层自然交换，造成强迫对流，相当于人的呼吸换热，这也是丝绸衬衫凉快的一个原因。正因为冬夏服装结构形式和材料上的不同，才使服装具有保暖散热作用，实现热平衡和舒适。

参考文献

［1］ 姚穆．纺织材料学［M］．2 版．北京：中国纺织出版社，1990.

［2］ 于伟东．纺织材料学［M］．2 版．北京：中国纺织出版社，2019.

［3］ 姜怀．纺织材料学［M］．2 版．北京：中国纺织出版社，2004.

［4］ DAVID H G, MACPHERSON R K. The buffering action of hygroscopic clothing［J］. Textile Research Journal, 1964, 34（9）：814-816.

［5］ DAVID H G. The effect of changing humidity on the insulation of hygroscopic clothing［J］. Textile Research Journal, 1965, 35（9）：820-826.

［6］ WANG Z, LI Y, KOWK Y L, et al. Mathematical simulation of the perception of fabric thermal and moisture sensations［J］. Textile Research Journal, 2002, 72（4）：327-334.

［7］ BISHOP D P. Fabrics：Sensory and mechanical properties［J］. Textile Progress, 1996, 26（3）：1-62.

［8］ 李俊，韩嘉绅，孙菲菲．基于心理感知的服装舒适感知的评价与预测［J］．纺织学报，2006, 27（10）：26-31.

［9］ 王府梅．服装面料的性能设计［M］．上海：东华大学出版社，2000.

［10］ 于伟东，储才元．纺织物理［M］．2 版．上海：东华大学出版社，2009.

［11］ 龚文忠．织物热湿传递性能研究［D］．上海：中国纺织大学，1989.

［12］ 陈东生．服装卫生学［M］．北京：中国纺织出版社，2000.

［13］ GAGGE A P, BURTON A C, BAZETT H C. A practical system of units for the description of the heat exchange of man with his environment［J］. Science, 1941, 94（2445）：428-430.

［14］ N. R. S. 霍利斯，R. F. 戈德曼．服装舒适性：热、通风、结构和评价因素的关系［M］．西北纺织工学院纺材教研室，译．西安：陕西科技出版社，1991.

［15］ 范坚，张渭源．服装传热传湿的分析与研究［J］．东华大学学报，2001, 27（2）：37-38.

第十章　织物的耐用性与防护性

第一节　织物的耐用性

10-1

一、织物的耐用性及其表现形式

（一）耐用性的形式

织物的耐用性是指织物在一定使用条件下抵抗损坏的性能。织物在使用过程中会受到物理、化学、微生物等诸多因素的综合作用，织物的品种和使用条件不同，所受到诸因素的影响程度不同，如外衣穿用时多受机械磨损和阳光照射分解的作用，内衣则多受汗液浸渍作用，不同环境下使用的工作服损坏的主要原因也各不相同。织物在这些因素的综合作用下使用价值降低，以致最后破坏，影响耐用性。

（1）机械方面的破坏。又称力学破坏，包括拉伸断裂、撕裂、顶裂以及磨损、起球、勾丝、弯曲疲劳、扭转疲劳等。力学性能是耐用性中非常重要的组成部分。织物的断裂强力和断裂伸长是影响耐用性能的重要因素，断裂强力和断裂伸长较大的织物，耐用性能较好；仅断裂强力大而断裂伸长小的织物，在使用中受到外力作用时，往往容易发生脆裂而损坏。

（2）物理方面的破坏。如日晒破坏（耐气候性）、湿度破坏等。有些材料吸湿后强度下降，吸水后溶解，在一定湿度下作用一定时间材料发生破坏（耐水性）。

（3）化学与微生物方面的破坏。如化学药剂腐蚀（有的材料耐酸而不耐碱，而有的材料耐碱不耐酸）、霉变与虫蛀等。在化学与微生物作用下轻则使材料性能发生改变，重则材料遭到整体破坏。

（4）织物的污损与自清洁也是影响织物耐用性的重要方面。被污染的服装颜色失去鲜艳色泽，看起来就不舒服而且也不卫生。

（二）耐用性的讨论

在研究织物耐用性时，要考虑以下 3 个问题：

（1）织物的损坏或耐用程度往往是多种因素的综合结果。织物损坏的因素有物理、化学、机械方面的多种因素，比如，当织物在受到机械破坏时，还有可能受到物理化学等因素的破坏。织物经常与周围所接触的物体相摩擦，在洗涤时受到搓揉和水、温度、皂液等的作用，外衣穿用时受到阳光照射，内衣则与汗液起作用，有些工作服还受化学试剂或高温等影响。

（2）织物是各向异性材料。在织物的不同方向上各种性能（特别是耐用性方面）有很大的差异。任何一种性能的测试值都是与织物方向相联系的，因而需要从不同的方向分析研究织物的性能，如长度、幅宽方向，有时还得考虑厚度方向和正反面情况。

（3）织物的损坏可能不是一次作用的结果，往往是多次、多种外界因素共同作用的总和。例如机械损坏，所用的外力形式可能是一次的，也可能是反复多次的，即使是一次还有快速作用（冲击）和慢速作用（疲劳）之分。

织物的耐用性一般按一批服装经一定时间穿用后不适于继续穿用的淘汰率进行评价。

二、织物的耐磨性

所谓磨破，是指织物与另一物体反复摩擦而使织物逐渐损坏的过程。耐磨性就是织物具有的抵抗磨损破坏的一种内在能力和特性。在穿着过程中磨损与拉伸、撕破、顶破等破坏形式一起构成织物损坏的主要原因。磨损要么彻底破坏织物，要么引起织物外观的改变，有人指出，军服的破坏有 30% 为平面磨损，20% 为边缘与保护物的磨损，20% 为撕破，10% 是其他机械作用的结果。此外，磨损还会引起纺织品外观的改变，诸如毛羽、起球和霜花疵点等，在纺织品损坏之前就破坏了织物的外观形貌，消费者对使用过程中由于磨损而引起纺织品外观上的改变和由于织物结构破坏而产生的损坏现象同样重视。

（一）耐磨性的测试

织物的耐磨程度同织物的断裂强力一样，都是决定织物耐用性的主要因素。耐磨性的测试方法一般有两大类，即实际穿着试验和仪器测试法。在仪器测试法中根据不同的磨损形式具体又可分为平磨、曲磨、折边磨、动态磨、翻动磨等。

织物经磨损后，其破坏程度有的可以定量测试，有的只能用文字表达。进行定量测试时，可用出现破洞时的摩擦循环次数（数据往往有较大差异）来描述，也可用织物经过一定磨损次数后其性能的改变情况来衡量，比如重量损失率、厚度改变量、强度损失率等。由于织物结构的各向异性、织物表面形状的复杂性和纺织纤维的黏弹性等，使织物耐磨性能非常复杂，试图对织物的磨损现象进行定性或定量的描述，尚需从事大量的研究工作。

（二）磨损破坏过程

织物的磨损破坏一般要经历以下四个过程：从织物表面突出的波峰或线圈凸起弧段开始逐渐向内发展；形成表面起毛；出现碎屑掉落，织物变薄，重量减轻，组织破坏、出现破洞；织物严重破坏，丧失其使用价值。

造成织物磨损的作用有三种：纤维的磨损、磨料对纤维的切割、磨料对纤维的抓拉和弹拨。前两种造成的破坏部位处于织物的受力点，第三种作用是在应力集中点开始损坏。伴随织物的磨损过程表现出四种破坏形式：纤维疲劳、纤维抽拔、纤维切割和表面摩擦损失。

此外，织物受到摩擦时，织物结构的均匀性、纤维受力的瞬时是否具有弹性转移条件等对织物的耐磨程度的影响也很大。

（三）磨损破坏与织物结构

织物的耐磨性直接受织物结构的影响。

（1）织物挤紧结构。对于紧密织物，纤维在织物中受力产生弹性转移的可能性小，对提高织物耐磨性不利，但紧密织物使用的原料多，要达到完全磨损破坏所消耗的能量大，因此增加织物的紧密程度又具有提高织物耐磨性的可能性。

（2）织物的支持面。织物耐平磨性首先受摩擦支持面积的影响，即摩擦支持面积越大，耐平磨的次数越高。

（3）摩擦方向与织物平磨性能有很大关系。当经向平磨时，是顺纤维摩擦，纤维不易被刮起毛，纱线结构的破坏比较缓慢；而纬向平磨时，是垂直纤维摩擦，纤维易被刮起毛且易被带断，纱线结构的破坏迅速。一般织物的经向平磨牢度高于纬向。

（4）在正常结构情况下，增加经密或纬密，经纬向的平磨牢度也随之提高。经纬纱同特数与同组织的 2/2 半线卡其（541 根/10cm×283 根/10cm）比 2/2 半线华达呢（482 根/10cm×239 根/10cm）的经纬向耐平磨次数高达一倍左右。此外，纬密高的织物经纬向平磨次数都提高。因为在同经纬特数与同组织情况下，增加经纬密度，或在经纬特数、经密及组织相同的情况下增加纬密，都可增加支持点数或摩擦支持面积，因而经纬向的耐平磨次数也提高。

（5）当纱线捻度提高，或者经纬纱的股线捻系数对单纱捻系数比值增加，则织物的耐平磨次数也随之增加。纱线捻度的大小是直接影响到织物使用期限的主要原因之一。纱线捻度高，结构不易松散，耐磨性能就好。当股线对单纱的捻系数比值为 1.5 时，股线内的全部纤维排列基本上均匀一致，这样就可减少纤维应力分布不匀的现象，从而充分发挥各根纤维的作用。

（6）在经纱特数、经纬密度及组织不变的情况下，提高纬纱特数，经纬向耐平磨牢度也随之提高。如 2/2 半线双面卡其（543 根/10cm×275.5 根/10cm），当纬纱由 28tex 改为 36tex 时，经向平磨次数可提高 49%左右，纬向平磨次数也提高 20%左右，因为在经纱特数、经纬密度及组织不变时，提高纬纱特数即增加了纬纱直径，从而增加了摩擦支持面，所以耐平磨次数提高。

（7）从纱线本身结构来看，股线可以增加强力、提高均匀度、增大弹性，并可提高耐磨性能。因此全线卡其的平磨牢度理应高于半线卡其，但在实际试验中却得出了相反结果，其理由在于单纱较股线易于变形，半线卡其的经纬纱屈曲波高的比值小，而且卡其类织物的结构特征是经纱浮于织物表面，因而首先受到摩擦，但随着经纱部分的纤维逐根减少，开始了纬纱的摩擦，摩擦支持面积扩大，所以半线卡其的耐磨性能就高于全线卡其。

（8）织物表面凡有棉结、杂质、粗结、大结头等，一般都较快被磨损，这是由于棉结杂质等造成织物表面不平整的结果。

（9）使用不同等级的纱线，对织物的平磨性能也有影响。原纱等级高，则耐磨性能好；反之，则差。

三、织物的疲劳问题

织物在循环载荷下发生形变，或明显在小于断裂强度的静载荷长时间作用下，织物发生断裂或损坏，这种现象称为织物的疲劳。所有材料从开始作用到破坏是一个疲劳过程，有明显的时间特征，时间越长，所能承受的外力越小。织物抵抗疲劳破坏的能力称为耐疲劳性。织物在静态和动态外力作用下都可能产生疲劳。

织物在较小外力作用下直至被破坏是静态疲劳现象。持续作用在织物上的外力，使织物不断蠕变而发生损伤与破坏，当外力所做的功积累到一定程度时，织物中的纤维断裂，纤维间产生滑移和连锁断裂，进而导致纱线断裂，而纱线的断裂和纱线间的滑移及从交织点的抽出，又使织物最终解体，织物被破坏。大多数情况下，织物还未完全破坏，其使用功能就已经失效，这种失效过程就是疲劳。织物的疲劳破坏，理论上可以发生于任意大小的力作用下，只是力小时破坏所需时间较长。静态疲劳破坏的主要机理是塑性变形，包括纤维的塑性变形、纤维间滑移、纱线滑移和断裂等方面。

织物经受多次加载荷、去载荷的反复循环作用，即在重复外力作用下性能衰退直至破坏的现象称动态疲劳。动态疲劳是由于织物受循环力作用时，织物中的纤维产生塑性变形、滑移和发热。纤维塑性变形积累造成纤维破坏的机理与静态疲劳相同；滑移是由于纤维间、纱线间的滑移，一般在无大量纱线滑移解脱的情况下，对织物无疲劳作用；发热会使纤维更易产生变形和力学性能衰退。所以织物疲劳主要是纤维的疲劳与破坏和材料发热引起的性能衰退。只有当大量纤维疲劳破坏后，织物才会疲劳解体。

四、织物的老化问题

织物在加工、储存和使用过程中，要受到光热辐射、氧化、水解、温湿度等各种环境因素的影响，性能下降，最后丧失使用价值，这种现象称为老化。织物抵抗老化的特性称为耐老化性，物理、化学、生物作用的频数和时间，直接影响织物的耐久性。

织物的老化主要表现在织物的变脆、弹性下降等力学性能的劣化；织物褪色、泛黄、光泽暗淡、破损、出现霉斑等外观特征的退化；织物原有的电绝缘或导电、可导光或变色、可耐高温或易变形、高强高模或高弹性、高吸湿或拒水、吸油或抗污、抗降解或生物相容、阻燃或导热等功能的消失。织物的老化使人们认为仍可用的织物变得无法使用，甚至产生不安全和危害。

老化的作用形式有多种。物理作用，如力、热、光、电、水及其复合作用；化学作用，如酸碱、有机溶剂、染料及气态物质对其复合降解或化学反应作用；生物作用，如菌、酶、微生物、昆虫的分解、吞噬作用，以及它们间的复合作用，俗称日晒、雨淋、风化的侵蚀作用。

第二节　织物的防污与自清洁性能

10-2

一、污染性与防污性的定义

（一）污染与污染粒子

服装长时间穿用后会因各种原因受到污染，被污染的服装经过一段时间，织物本身会变质分解，成为粒子着色、变色、脆化的原因。因此从外观看其颜色会变得污黑，失去鲜艳感觉，从性能看其保温性、吸湿性、吸水性下降，另外，人体产生的有机污染容易产生微生物，可能成为皮肤病的原因，看起来不舒服也不卫生，所以服装必须勤洗勤换。

服装污染的原因是构成污物的固体粒子与服装表面接触被滞留。污染粒子与服装表面的接触机理有两类：

其一，织物的表面暴露于污染粒子浮游的空气中，浮游污染粒子因重力作用、惯性冲击、静电吸引以及温度梯度等因素与服装表面接触或沉降在织物表面；

其二，污染粒子与织物表面机械地直接接触，或污染粒子悬浊液与织物表面直接接触，悬浊液蒸发后残留污染粒子。

这些接触或沉积在织物表面的污染粒子，通过机械结合或油脂结合保持并附着在织物表面，形成污染。机械结合的污染粒子可以嵌入纤维表面的裂缝内或纤维之间，或保持在织物交织点的纱线上。1μm 以下的污染粒子在自然界中重量占17%，表面占77%，1μm 以下的粒子最容易保持在纤维表面的微细裂缝里，而且因为粒子很细，更能显出纤维表面的污秽状态。油脂结合污染粒子以油脂为媒介附着在织物上，受静电吸引接触的粒子可通过静电作用附着在织物表面上。

织物污染情况受很多因素的影响。透气性越大，织物组织越稀疏，污染粒子的保持量越大；从寒冷的室外进入温暖的室内或夏季从制冷房间到炎热的外界时，污染粒子容易附着在服装上；电荷越大污染越显著，电荷相等时带正电的材料比带负电的材料污染严重，通过羊毛、丝绸、麻、尼龙、人造丝的防污实验发现，人造丝、尼龙最不易受污染，天然纤维特别是羊毛最容易受污染；随气流速度的增加，污染度有增加的倾向。

（二）污染源

服装的污染源可分为外部污染与内部污染。外部污染有大气中的尘埃、煤烟中的浮游、尘土等；不同职业的人所穿服装会附着不同的污物，如机械油、砂土、细菌、霉菌、污水等，还有被食品弄脏的污迹、化妆品等。内部污染由皮肤分泌出来的水分、汗、脂肪、表皮的落屑等人体分泌物形成，如放置不作处理，则会分解而产生臭气，形成霉菌、细菌繁殖的适宜条件，最终诱发皮肤病和传染病。一般来说，随湿度的增加，微生物会急剧繁殖增长，相对湿度高于80%时生长明显，而相对湿度在70%以下时几乎停止生长，但在干燥状态下也几乎不死，给予适当水分及营养可重新生长。温度与湿度有相关性，湿度低时生长的最适宜温度幅度变窄。霉菌在相对湿度100%时，最适宜温度的幅度为 5~50℃。微生物繁殖引起腐败发酵，产生氨气及其他挥发性物质，形成恶臭，霉菌繁殖生成带有颜色的污秽物质，霉菌引起的颜色变化是霉菌新陈代谢产生带色物质的蓄积，或者是这些物质与制造纤维时使用的糊料、染料等物质进行化学反应时产生的。

汗可看作是尿的稀水溶液，在极度发汗的情况下，大部分汗不能蒸发而在皮肤表面溢流，多半被衣衫等贴身内衣所吸收，新吸收的汗没有臭气，如不及时洗涤，汗液污染将滋生微生物，轻则形成霉菌带色的污斑，重则诱发皮肤病和传染病。

（三）防污性

为了保持人体健康，保护皮肤免于污染，对于外衣用织物最好具有较强的防污性能，贴身内衣用织物应能够吸附从皮肤分泌出来的水分、皮脂、表皮的脱屑等，从而去掉皮肤产生的污染物，防止微生物污染。内衣一定要保持清洁，但并不是说不易脏的贴身内衣就好，它应该要尽量吸收皮肤表面的脂肪及汗液。从这个意义来讲，越容易脏的越能发挥贴身内衣的功能，从卫生学上看是比较理想的。

目前的自清洁整理技术主要有两种，防污抗污型和光催化分解型整理技术。防污抗污型整理技术是在纺织面料或其他基体材料（玻璃、地板等）上利用浸渍、喷洒等工艺形成一层具有特殊结构的膜，从而使加工材料具有防污抗污的功能。例如已经进行商业化应用的仿生荷叶自清洁效应的服装，就是利用荷叶自洁效应生产的。

另外，纳米材料还具有双超亲性（超亲水性、超亲油性），使其表面与水的润湿角几乎到0°，从而使灰尘等不易和基体接触，目前抗污防污型面料一般采用此技术进行后整理。

二、光催化与织物自清洁

光催化自清洁技术是把整理剂加工成纳米材料，然后运用浸渍、喷洒等对面料进行处理，当织物表面涂覆一层纳米（如二氧化钛）薄膜后，利用纳米材料的光催化反应可以把吸附在织物表面的有机物分解为二氧化碳和水，与剩余的无机物一起可以被雨水冲洗干净，这个过程就是自清洁过程。

纳米光催化技术具有工艺简单、成本低廉、化学稳定性和热稳定性良好、无二次污染、无刺激性、安全无毒等特点，具有高催化活性，常温常压下利用自然光可氧化分解结构稳定的有害有机物、部分无机物、细菌和污染物，有广阔的应用前景。研究纺织面料的自清洁整理技术，就是利用纳米材料的光催化自清洁特性，针对有机物进行降解，使纺织品遇到污渍时，只有很少一部分污渍能附着到纺织品上，经过一定的光催化分解作用，将这一小部分污渍彻底清除。另外，对于纺织品内部的有害细菌也可以完全自分解，达到自清洁的目的。而且可以将纳米自清洁技术应用于其他不易洗涤的纺织品，如窗帘、毛毯、地毯等，扩大其应用领域。这样可以大大减少纺织品的洗涤次数，既最大限度地保持了外观风格，又大量节约了洗涤耗水和洗涤剂，对环境保护有较大的意义。

一般选择二氧化钛为自清洁光催化剂，因为纳米二氧化钛不仅具有光催化特性，而且具有优异的紫外屏蔽、红外吸收等功能，作为一种新型的光催化剂、抗紫外线剂，将其应用在纺织品上可赋予其抗菌、自清洁和紫外防护等多种功能。近年来，很多研究发现二氧化钛因其氧化（或还原）分解能力强，具有净化空气、抗菌杀毒、防污自洁、去污、除臭及去除NO_x有害气体等功能，在抗菌防霉、排气净化、脱臭、水处理、防污、抗老化、汽车面漆等领域有广阔的应用前景。

通过把具有特殊功能的纳米材料与纺织原料进行复合，已经制备了具有各种功能的织物和纺织新材料，开发了防污、抗菌纤维。日本仓敷纺绩（kurabo）公司把二氧化钛黏附在纤维上，制成了光催化功能面料"Suntouch"。日本的小松精练和东丽公司共同开发的光催化功能纤维，还具有吸汗速干性、防透性、接触冷感的功能。纳米整理是纳米助剂直接与纤维交联反应，在纤维表面形成一层纳米级厚度的保护膜，在分子层面上为织物提供保护，该种面料除具有优异的拒水拒油性能外，尤为重要的是不会损伤织物的呼吸性能和手感，并具有永久性。

10-3

第三节　织物的抗冲击性能

　　织物的防护性主要体现在织物能够抵御外界对人体的损伤、破坏、冲击、侵蚀作用，抗冲击性是织物防护性的重要方面。本节主要介绍冲击的概念，织物的冲击应用，几种典型的冲击行为和冲击破坏机理，纺织材料冲击试验方法，织物抗冲击的表达指标，典型冲击的分析等。

一、冲击行为与织物抗冲击性

　　对材料加载实际有两种方式，即冲击加载与静载荷，两者的主要区别在于加载速率不同，前者加载速率高，后者加载速率低。织物的抗冲击性能实际就是在很短的时间内对织物迅速加载，织物所表现出来的性能，这个加载过程可能导致材料的破坏。

　　加载速率一般用应力增长率 $\sigma = \mathrm{d}\sigma/\mathrm{d}t$ 表示，单位为 MPa/s，也可用变形速率表示。变形速率有两种表示方法，即绝对变形速率和相对变形速率。绝对变形速率为单位时间内材料尺寸的变化率 $v = \mathrm{d}l/\mathrm{d}t$，单位为 m/s，相对变形速率即应变速率 $\varepsilon = \mathrm{d}\varepsilon/\mathrm{d}t$，单位为 s^{-1}。由于 $\mathrm{d}\varepsilon = \mathrm{d}l/l$，故两种变形速率之间的关系为：$\varepsilon = \dfrac{\mathrm{d}\varepsilon}{l\mathrm{d}t} = v/l$。

　　在弹性变形速率高于加载变形速率时，则塑性变形不能充分进行。因此，加载速率对与塑性和断裂有关的性能有重要影响。

　　纺织材料在高速冲击下和静载作用下的力学性能是有很大差别的，一部分合成纤维织物的冲击强度很低。比如，涤纶织物在慢速拉伸时强度比其他纤维高，但在快速拉伸时强度比很多纤维都低。纺织材料在使用过程中经常要遇到冲击力的作用，如登山绳、消防绳、轮胎帘子线、汽车安全带、运动鞋面布、防弹背心、降落伞等。有的材料在使用过程中可能遇到冲击力的作用，有的材料则是专为抗冲击而设计的。

　　很多纺织材料由于使用情况的特殊性，无论是军用还是民用纺织材料，都需要了解动态条件下的力学性质。但就其使用的冲击速度和冲击载荷而言，都远不及降落伞用纺织材料。近代降落伞的开伞速度已经进入超音速领域，开伞载荷也已经远远超越一般使用品所能达到的程度。因此，冲击性能试验对降落伞用纺织材料具有特殊重要意义。

二、抗冲击性能的表征

（一）测试方法

　　冲击性破坏是织物破坏中的一种常见形式，也是织物力学性能中最难评价的性能之一。首先织物冲击破坏形式多样，有冲击拉伸（登山绳索、安全带）、冲击撕裂、冲击顶破、冲击弯曲、冲击剪切等，模拟在使用期间可能经受的各种各样的冲击是不现实的，而各种因素的变化对织物冲击性能评价的影响很大，有时甚至得出相反的结论。因此对织物冲击行为的研究必须在同一实验条件下进行才具有可比性。静载荷所决定的力学性能指标不能描述动载荷的条件，尤其是在变形速度很大的急加载荷情况下。

纺织材料冲击试验始于 20 世纪初期，最早的试验仪一般都借助于重力，称为重力型冲击实验仪，例如摆锤冲击实验仪和落锤试验仪。由于重力型试验仪的冲击速度和冲击载荷受到限制，20 世纪 50 年代开始发展非重力型的冲击试验仪，出现了气动和液压传动的冲击试验仪以及利用火箭车进行大速度、大载荷的冲击试验。

1. 落摆试验仪

落摆冲击试验仪主要由摆锤、试样夹和仪表盘等部件组成。这种仪器结构简单，使用方便，并能在仪器的显示盘上直接读出试样的断裂功。从理论上来说，落摆仪的冲击速度没有上限，只要增加摆的半径及摆的角度至 180°，就能达到更大的冲击速度。但在实际使用中，由于仪器尺寸受到限制，冲击速度都有一定的限度，一般摆锤冲击仪的冲击速度只能达到 2.1~3.8m/s。

2. 落重试验仪

落重试验仪与落摆试验仪的载荷作用方式相同。这两种试验仪都是利用重力作用下的重物从一定的高度上落下冲击试样。但落摆仪的重物运动轨迹为圆周，冲击瞬间的冲击速度为水平方向；落重仪的重物则为自由落体，运动轨迹为垂直的直线。落重仪冲断试样后，落重体的剩余能量测定不如摆锤仪简便可行。

3. 旋转圆盘试验仪

旋转圆盘试验仪摆脱了重力型试验仪的重力限制，试验速度和试验载荷可以根据需要进一步提高。这种试验仪主要由一台用马达传动的高速旋转的圆盘组成。圆盘上装有角状的冲击凸耳。当圆盘旋转达到恒定的速度后，夹装试样的夹具即与凸耳相遇，试样即遭受冲击。由于圆盘的角动量过大，因而在冲断试样后，能量和速度的损失难以鉴别。从这方面看，旋转盘试样仪和落重试验仪具有相似之处，亦即在试样冲击过程中，都不能简单地依赖仪器自身获得有关冲击性能的定量数据。

4. 弹道式冲击试验仪

弹道式冲击试验仪为一自由飞行的弹体冲击夹装的试样，弹道式冲击试验仪最初用于防弹衣的试验，其中的典型实例为美国织物研究所研制的飞弹型冲击摆试验仪。该仪器主要用于航空航天回收降落伞、安全带和飞机拦阻网材料等的冲击试验。冲击试验的速度可达 200~750 英尺/秒[1]，试验载荷最高可达到 10000 磅[2]。

5. 气动与液压冲击试验仪

气动与液压冲击试验仪可以采用气动、液压，或者两种动力并用的办法作为冲击源。对于大载荷的冲击试验，该试验仪要比具有同样冲击速度和冲击载荷的落重式试验仪使用更安全方便。

---

[1]　1 英尺/秒 = 0.3048m/s。

[2]　1 磅 = 0.45359kg。

6. 火箭车

利用火箭车可以在超音速条件下测定高强度纺织材料和各种降落伞构件的冲击性能。试验时，试样呈 V 字形放置在火箭车滑轨中间，火箭车的头部装有一个特制的冲击器，试样冲击过程中的性能测试利用遥控和遥测技术，但是利用火箭车进行纺织材料冲击试验的费用昂贵，一般只能在其他项目试验时附带进行，而且需要复杂的遥控和遥测技术配合。

（二） 冲击破坏的机理与表征

冲击破坏过程实际上是一个能量吸收的过程，当材料达到产生裂纹和裂纹扩展所需要的能量时，试样开始出现裂纹直到断裂成两部分。但是，在摆锤冲击试验中单独测出试样断裂所需的能量（吸收能）是很困难的。

高分子材料在冲击载荷作用下的失效模式可分为脆性失效、韧性失效和半脆性—韧性失效三种。脆性失效中裂纹的形成和扩展是一个低能量过程，温度降低和缺口半径减小容易发生脆性失效，当脆性失效时冲击强度降低。提高温度常常出现半脆性—韧性失效或韧性失效。韧性失效过程有明显的屈服形变，由于形变量增加所需的断裂能也增加，其冲击强度提高，即吸收能量高，反映出材料冲击韧性好。半脆性—韧性失效介于脆性和韧性失效之间，它既有脆性失效的特征（低的裂纹生成和扩展所需能量），又有韧性失效的特点，即有一定的屈服形变，其冲击强度高于脆性失效而低于韧性失效。许多热塑性材料在略高于室温时，呈现半脆性—韧性失效状态。

冲击载荷下失效模式是很重要的，这与实际使用密切相关，我们总是尽可能地避免材料出现脆性失效，但是也不能片面地追求韧性失效，因为韧性失效虽然抗冲击的能力提高，但其强度（拉伸强度）和刚度都会大大降低。所以，考虑一个产品或构件时，应全面了解材料的综合性能，保证产品或构件使用安全可靠，并且使用寿命长。

失效模式也是研究冲击破坏机理的一个方面，不同模式下的破坏过程和机理会有所区别。冲击速度与常规的实验拉伸速度相差极大，在 3.5m/s 的冲击速度下，试样拉伸面的分子来不及形变（脆性材料），只在应力集中点形成裂纹和裂纹扩展后断裂，裂纹失稳后以音速扩展。脆性失效的断口常常呈现平坦的玻璃状，或者出现碎片的不规则断裂表面。在拉、压两个断裂之间有剪切带的特征，当韧性失效时，拉伸面的分子柔性大，易于变形，而断口表面高低不平但却光滑，有塑性或韧性断裂带。

冲击性能对航空和航天用纺织材料具有重要的意义，探讨有关的冲击机理及试验参数的定量影响，以期对降落伞的设计有所裨益。

冲击性能一般可以用冲击强度来表征。冲击破坏所消耗的总功 A_k（kg·m）除以试样缺口处的截面积 F（mm^2），即为冲击强度或"冲击韧性"，以 a_k 表示。A_k 表示冲断试样所消耗的总功或试样断裂前所吸收的能量，有确切的物理意义，可分解为两部分，其一是消耗于试样的变形（弹性变形和塑性变形）和破坏。其二是消耗于试样和机座的摩擦及将试样掷出，机座本身振动的吸收功等。因此严格地讲，A_k 值并不能代表试样断裂前所吸收的总能量。而试样冲断所消耗的功又可分为三部分，即消耗于弹性变形的弹性功，消耗于塑性变形的塑性功，以及消耗于裂纹的出现至断裂的撕裂功。对于不同材料，A_k 值有可能相同，但消耗于这三部分功的分配比例却可以相差很大。

如果图 10-1 中两曲线包围的面积相同，则表示其韧性值完全相同。但材料 1 的弹性功大于材料 2，其表现为 ΔOAB 的面积大于 ΔOCD；塑性功材料 2 略大于材料 1，因此四边形 $CGHD$ 的面积大于四边形 $AEFB$；撕裂功材料 2 大于材料 1，其四边形面积 $GKLH$ 大于 $EIJF$，两种材料的 A_k 相同，是否表明其"韧""脆"相同呢？若弹性功占比例大，塑性功小，而撕裂功几乎没有，则表明

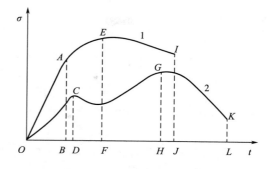

图 10-1　两种不同材料的冲击韧性

材料在断裂前塑性变形小，裂纹出现后立即断裂，断口表现为结晶状的脆性断裂。反之塑性功所占的比例大，表明材料的塑性变形大，撕裂功所占的比例大，表明裂纹出现以后扩展的速度很慢，并且断口周围有较大的塑性变形，断口为纤维状的韧性断裂。因此 A_k 的大小不能反映材料的韧和脆，而塑性功尤其撕裂功的大小，才能显示出材料的韧脆性质。

由此可见，冲击载荷具有能量特性。众所周知，静载下材料所受的应力取决于载荷和材料的最小断面积。但在冲击载荷作用下，材料所承受的冲击应力不仅与材料的断面积有关，而且与材料形状和体积有关，材料体积愈大，单位体积吸收的能量愈小，材料所受的应力和应变也愈小。

能量载荷的另一个特点是整个承载系统承受冲击能，因此承载系统中各材料的刚度都会影响到冲击过程的持续时间、冲击瞬间的速度和冲击力的大小。这些能量均难以精确测量和计算。因此，在冲击载荷作用下，常按能量守恒定律并假定冲击能全部转化为物体内的弹性能，进而计算冲击力和应力。当载荷超出弹性范围时，用能量转化法精确计算冲击力和应力则极为困难，因此直接用能量定性地表示材料的力学性能特征，冲击韧性即属于这一类的力学性能。

由于冲击载荷是能量载荷，冲击强度实质上是一个能量指标，它是材料抵抗外力破坏所需能量的大小，是材料冲击破坏过程中所消耗的各种能量的总和。一般而言，材料强度和塑性是材料互为矛盾的两个因素，提高材料强度往往导致塑性降低，增加材料的塑性可使材料强度降低。通常，增加材料塑性对提高材料抗冲击性能的贡献更大。

如果冲击曲线是力—时间曲线，其曲线包围的面积是冲量而不是能量，必须经过换算才能求出各部分的能量或总能量。其方法如下：如果在整个断裂过程中摆锤速度保持不变，计算能量的方法就很简单，它等于曲线包围的面积乘以速度常量。但摆锤速度在整个断裂过程中不为常数，它随试样瞬时承受的力成正比的下降，假设因修正摆锤速度下降而得出的能量为 E，摆锤的起始能量为 E_0，它等于 mgh，假定摆锤速度不变，从力—时间曲线求出的能量为 E_a，即

$$E_a = v_0 \int_0^t F \mathrm{d}t \qquad (10-1)$$

$$E_0 = mgh = \frac{1}{2}mv_0{}^2 \qquad (10-2)$$

式中：m 摆锤质量；v_0 摆锤自由落体的速度；h 为摆锤扬起高度；F 为摆锤打在试样上的瞬时力。

假定冲断试样后，摆锤的剩余能量为 $E_f = \frac{1}{2}mv_f{}^2$，$v_f$ 为剩余速度，被试样吸收的能量为 $E = E_0 - E_f$，因为 $v_0 - v_f = \Delta v$；$\Delta v = \int_0^t (F/m)\,\mathrm{d}t$，$t$ 为断裂时间，所以

$$E = E_0 - E_f = \frac{1}{2}mv_0{}^2 - \frac{1}{2}mv_f{}^2$$

$$E = \frac{1}{2}mv_0{}^2 - \frac{1}{2}m(v_0 - \Delta v)^2 = \frac{1}{2}m\left\{ v_0{}^2 - \left[v_0 - \int_0^t (F/m)\,\mathrm{d}t \right]^2 \right\}$$

$$= \frac{1}{2}m \cdot 2v_0 \int_0^t (F/m)\,\mathrm{d}t - \frac{1}{2}m\left[\int_0^t (F/m)\,\mathrm{d}t \right]^2 = v_0 \int_0^t F\mathrm{d}t - \frac{1}{2m}\left(\int_0^t F\mathrm{d}t \right)^2$$

$$= E_a - \frac{1}{2m}\left(\int_0^t F\mathrm{d}t \right)^2 v_0{}^2 / v_0{}^2 = E_a - v_0{}^2 \left(\int_0^t F\mathrm{d}t \right)^2 / \left(4 \cdot \frac{1}{2}mv_0{}^2 \right)$$

$$= E_a - E_a{}^2/4E_0 = E_a(1 - E_a/4E_0)$$

即
$$E = E_a - E_a{}^2/4E_0 = E_a(1 - E_a/4E_0) \qquad (10-3)$$

三、典型冲击的分析——弹丸对装甲的侵彻

装甲对目标的防护及弹丸对装甲的侵彻是非常复杂的问题，碰撞和冲击波在侵彻过程中起着重要的作用。

对于任何一种装甲目标存在着三种可能的破坏方式。第一种是结构性破坏，它在尺寸大而速度低的弹丸撞击目标时占据主导地位。对于简单的平板，弹丸低速侵彻时材料在弯曲、延伸、断裂过程中出现结构性破坏。第二种是局部破坏，在高速情况下，侵彻是受不包括弯曲或总体性结构破坏在内的局部碰撞效应所控制的，当弹丸侵彻靶板所需的时间比弯曲波到达最近的支撑件所用的时间还要短时，就会出现这种情况。在中等速度情况下，局部破坏及结构性效应都可能出现。第三种为层裂（崩裂）破坏，它通常与材料相接触的直接冲击作用相关，不过也可以由高速弹丸的撞击引起。低速度侵彻通常受弯曲控制，在简单的低速侵彻当中我们可以假设，板只承受弯曲力，并支于半径处（图10-2）。如果靶板已被加载到达屈服点 σ_0，则反抗侵彻的力为：

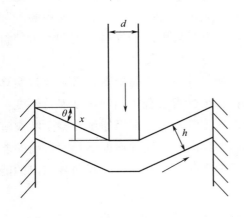

图10-2 弹丸侵彻靶板示意图（一）

$$F_1 \approx \sigma_0 \pi dh\sin\theta \approx \sigma_0 \pi dhx/c \tag{10-4}$$

式中：d、h、x、c 已定义在图 10-2 中。

因此，板的破孔如在位移 x_0 处发生，则破孔所需要的能量为：

$$W_1 \approx \pi\sigma_0 dch(x_0/c)^2 \tag{10-5}$$

令其与质量为 m 的弹丸的动量相等，便得到破孔的最小速度为：

$$v_c \approx 2\sqrt{\pi\sigma_0 dh/m}\, x/\sqrt{c_0} \tag{10-6}$$

在速度稍高时，抗侵彻力将由于板本身的剪切抗力而增大，弹丸侵彻靶板示意图如图 10-3 所示。假设靶板的侵彻是由于弹丸冲掉同样一个塞子实现的。同时假设靶板被加载到屈服点 σ_0，并假设剪力代表作用在弹丸上的阻应力 F_2，则：

$$F_2 = \pi d\sigma_0 x \tag{10-7}$$

把塞子冲压出时所做的功为：

$$W_2 = \pi d\sigma_0 h^2/2 \tag{10-8}$$

把式（10-8）与式（10-5）相加得到如下表达式：

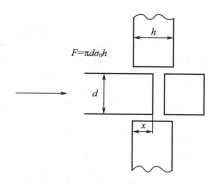

图 10-3 弹丸侵彻靶板示意图（二）

$$W/d = (W_1 + W_2)/d = S(hc + ah^2) \tag{10-9}$$

其中 $S = \pi\sigma_0(x_0/c)^2$，而 $a = c^2/2x^2$。假设 $\sigma_0 x_0/c$ 为一靶板材料常数。

在高速时，穿透靶板很容易，但弹丸速度大大减小，此减小值可由 F_1、F_2 以及与靶板的动量交换来进行估算。当弹丸速度加大时，动量交换占主导地位，最终速度便令弹丸初始动量与弹丸的动量和从靶上剪下的具有与弹丸相同面积的塞子的最终动量之和相等来进行计算。这样初始速度 v_0 损失为：

$$\Delta v/v_0 = \alpha/(1 + \alpha) \tag{10-10}$$

式中：$\alpha = PAh/m$；P 为靶板密度；A 为弹丸的横截面积；h 为靶板厚度；m 为弹丸质量。

低速弹丸能量吸收的主要机制很可能是靶板的塑性弯曲，在碰撞时向外辐射状发出一塑性弯曲波，其在 t 时刻后的作用半径与 $\sqrt{t}$ 呈比例。当弹丸速度增大时，侵彻时间缩短，承受弯曲作用的板的面积变小。因此，当弹丸速度增加时，弯曲就变得不太重要。这也是尖头的弹丸比平头的更容易侵彻的原因。

第四节 织物的阻燃性

日常生活中各种火险隐患无所不在。为了减少由于纺织品易燃引起的火灾事故，减少对人生命和财产安全的危害，纺织品燃烧性能的测试受到了世界各国的高度关注。我国在关于阻燃性纺织品的立法和标准化工作方面作出了很大贡献。

10-4

一、可燃性气体的特性

纤维因受热分解而产生可燃性气体，再加上空气中的氧而着火，进而放出热量，使纤维温度升高，燃烧持续发生。因此，可燃性气体的产生是燃烧的关键。

表 10-1 中数据指出，维持可燃性气体燃烧所需的极限氧指数非常小，仅 5.4%，即使空气中含氧极少也会燃烧。由热分解产生的有机化合物，通常在氧气含量为 10%~13% 时就能维持燃烧，即空气中的含氧量即使少到影响人体的正常呼吸的低浓度时，这些有机化合物也可进行燃烧。

表 10-1 各种可燃性气体的极限氧指数

气体名称	极限氧指数/%	气体名称	极限氧指数/%	气体名称	极限氧指数/%
氢	5.4	乙烷	11.8	辛醇	13.2
一氧化碳	7.6	丙烷	12.7	苯	13.3
甲醛	7.1	甲烷	13.9	戊烷	13.4
乙炔	8.5	甲醇	11.1	己烷	13.4
乙烯	10.5	丙酮	12.9	癸烷	13.5

由表 10-2 可知，苯、甲苯的浓度约在 1% 时就能着火，氢、一氧化碳、乙炔在空气中浓度高到 70% 以上也会着火。由热分解生成的化合物，因各自化学键的情况不同而产生不同的燃烧热。

表 10-2 各种可燃性气体的自燃点、最低发火与发火极限（空气中）

气体名称	自燃点	最低发火与发火极限/%	气体名称	自燃点	最低发火与发火极限/%
氢	400	4~74.2	丙烷	493	2.37~9.5
一氧化碳	609	12.5~74.2	丙烯	458	2.00~11.1
甲烷	632	5~15.0	甲醇	470	6.72~36.5
乙烷	472	3.22~12.45	乙醇	392	3.28~18.95
乙烯	490	2.75~28.6	苯	580	1.41~6.75
乙炔	305	2.5~80.0	甲苯	552	1.27~6.75

二、高聚物的热分解

高分子化合物因受热而产生阶段性分解，其分解过程通常按 200~300℃，300~800℃，800~1200℃ 三个阶段进行。以下是高分子化合物的分解实例。

有规分解：主链的一端逐个脱落而成气体，其例有聚苯乙炔，聚甲基丙烯酸甲酯。

无规分解：支链和主链两方面的断裂，如聚乙烯、聚丙烯、聚氯乙烯等脱氢、脱氯化氢反应。

三、阻燃剂及其阻燃机理

近年来火灾造成的损失呈上升趋势，防患于未然，阻燃剂的开发和应用已越来越引起人们的重视。阻燃剂是一种能阻止有机物燃烧、降低燃烧速度或提高着火点的材料，用以提高材料阻燃性，即阻止材料被引燃及抑制火焰传播的助剂。阻燃剂主要用于阻燃合成和天然高分子材料（包括塑料、橡胶、纤维、木材、纸张、涂料等，但主要是塑料），是高分子材料加工的重要助剂之一，加入后能使合成材料具有难燃性、自熄性和消烟性。根据阻燃剂的使用方法，可分为添加型阻燃剂和反应型阻燃剂。添加型阻燃剂是在被阻燃基体的成型过程中，通过物理混合分散到被阻燃基体中的阻燃剂，它一般是固体或液体。添加型阻燃剂主要包括锑系阻燃剂、铝系阻燃剂、卤系阻燃剂、磷系阻燃剂、硼系阻燃剂等。反应型阻燃剂则是通过化学反应结合到聚合物分子的主链或支链上的阻燃剂。反应型阻燃剂主要包括环氧树脂中间体、聚碳酸酯中间体、聚酯中间体、聚氨酯中间体。在实际应用中添加型阻燃剂占的比重较大，尤其是用在塑料阻燃中。

（一）卤系阻燃剂

卤系阻燃剂也称含卤阻燃剂，是含有卤族元素的阻燃剂，主要是氯和溴。卤系阻燃剂有着良好的阻燃效果，但其生产过程污染大，燃烧时发烟量大、有毒，会产生腐蚀性气体，且使阻燃基材的抗紫外线稳定性下降，现基本属于禁止使用的淘汰产品。

（二）磷系阻燃剂

磷系阻燃剂具有阻燃增塑双重功能，阻燃性能较好，可替代卤系阻燃剂。磷系阻燃剂的结构差异很大，大多在凝聚相发挥阻燃功效，有的也可同时实现凝聚相和气相阻燃。凝聚相阻燃包括成炭作用模式、涂层阻燃模式、抑制自由基作用模式和基于填料表面效应的凝聚相作用模式，表现为抑制火焰、溶流耗热、形成含磷酸的表面屏障、酸催化成炭、炭层的隔热隔氧等。气相阻燃模式包括化学作用模式和物理作用模式，一般表现为以下几方面：①有机物通常被氧化成 CO、CO_2，而 P 具有使有机物强烈脱氧和脱水的作用，促进含碳单体或聚合体的生长；②阻碍材料与氧接触，使有机物生成碳化合物；③促进材料局部脱水氧化，产生热熔较少的不燃性气体；④在碳化物表面生成非挥发性磷的氧化物，起到碳残存物的溶剂作用。

磷系阻燃剂主要分为磷酸酯系、聚合型有机磷系、红磷系。磷酸酯系如磷酸三丁酯（TBP）、磷酸三辛酯（TOP）、磷酸三苯酯（TPP）等，可用作塑料增塑剂，也可用作阻燃剂，不仅使有机物具有阻燃性，而且具有增塑性，但其挥发性大、耐热性低。聚合型有机磷系中聚磷酸铵分线形和交联型两种，线形聚磷酸铵具有晶体表面不平、分解温度低、水溶性较大的特点，适用于纸张、织物等材料，而交联型聚磷酸铵，P—O—P 交联表面规则，起始分解温度 300℃，水溶性小，适用于塑料、橡胶、纤维等高聚物。聚磷酸铵分解时释放出氨和水，并生成磷酸。红磷在 400~500℃ 解聚形成白磷，白磷在水汽催化下氧化为黏性的磷含氧酸，可覆盖于被阻燃基材表面，也可加速材料表面脱水炭化，形成的液膜和炭层可将外部的氧、挥发性可燃物和热与内部的高聚物基质隔开，有助于燃烧的中断。红磷的阻燃效果稍优于聚磷酸铵，其阻燃作用分为气相机制和凝聚相机制，气相机制是说红磷燃烧时的火焰中含有氧化磷，能降低火焰的强度，凝聚相机制则表明红磷的加入使聚乙烯的热稳定性大大提高。

近年来，研究人员开发的膨胀型阻燃剂，其活性成分之一就是磷，含膨胀型阻燃剂的高聚物热裂或燃烧时，表面形成一层膨胀炭层（炭的极限氧指数达 60%），具有阻燃、隔热、隔氧功能，且生烟量少，也不易形成有毒气体和腐蚀性气体，有效地克服了有机磷系阻燃剂的缺点。

（三）无机阻燃剂

$Al(OH)_3$、$Mg(OH)_2$ 是当前公认的集阻燃、抑烟、填充三大功能于一身的无机阻燃剂，一种无毒、清洁型阻燃剂，当其填充量大于 30% 时，有明显的阻燃消烟作用。阻燃机理包括对高聚物的稀释、蓄热、导热、降温、表面效应等。其特点在于高填充量，当需要增加有机物硬度时它是优点，当要求有机物韧性时它就是缺点。

硅酸盐阻燃剂常用的有两种，一种是喷雾干燥硅酸盐（IPS），另一种是膨胀型硅酸盐（IPG），硅酸盐的阻燃作用除了来自稀释效应和脱水效应外，还来自它的膨胀效应，其膨胀后构成一个连续的隔热隔氧屏障。当硅酸盐在 700℃ 加热时，形成白色的以硅酸盐为基的炭层，此炭层会降低试样的燃烧速度和火焰的传播温度，并使火焰离开凝聚相。如果高聚物中硅酸盐用量过少，硅酸盐四周被较多的高聚物包围，阻燃效果不佳，因此一般添加量都在 50% 左右。

（四）膨胀型阻燃剂

膨胀型阻燃剂主要是通过凝聚相阻燃发挥作用。凝聚相阻燃是指在凝聚相中延缓或中断燃烧的阻燃机理，阻燃过程中重要的是其成炭机理，下述几种情况的阻燃均属于凝聚相阻燃：

（1）阻燃剂在固定相中延缓或阻止材料的热分解，减少或中断可燃物的来源；

（2）阻燃材料燃烧时在其表面生成多孔炭层，该炭层既可隔热、隔氧，又可阻止可燃气溢出进入燃烧区，膨胀型阻燃剂即按此机理阻燃；

（3）含大量无机填料的阻燃材料，填料既能稀释被阻燃的可燃材料，且热容较大，既可蓄热又可导热，因而被阻燃材料不易达到热分解温度；

（4）阻燃剂受热分解吸热，阻止被阻燃材料温度升高。

膨胀型阻燃剂以磷氮为主要活性组分，不含卤素，含有这类阻燃剂的高聚物在受热时表面能生成一层均匀的炭质泡沫层，此层隔热、隔氧、抑烟并能防止熔滴，膨胀型阻燃体系一般由三部分组成：酸源（脱水机）、碳源（成炭剂）、气源（氮源，发泡剂）。实验表明，阻燃剂必须与高聚物相匹配，这种匹配性包括其热行为、受热条件下形成新的物种及其他方面。膨胀型阻燃剂的用量低于一定值时对材料的阻燃性基本上没贡献，用量超过一定值时阻燃性才会急剧提高。前面说的聚磷酸铵就是膨胀性阻燃剂的一种，还有一类就是三聚氰胺及其盐，三聚氰胺在 $250 \sim 450℃$ 时分解，分解时吸收大量的热，放出含 NH_3、N_2 及 CN^- 的有毒烟雾，并形成多种缩聚物，三聚氰胺有助于高聚物成炭，并影响高聚物的熔化行为。

（五）硼钼阻燃剂/抑烟剂

1. 硼酸盐阻燃剂

硼酸盐的阻燃一是能形成玻璃态无机膨胀涂层，二是能促进成炭，三是能阻止挥发性可燃气的逸出，四是能在高温下脱水，具有吸热发泡及冲稀可燃物的功效。作为重要的阻燃剂和抑烟剂的硼酸锌系水合物，当其与卤系阻燃剂合用时，可同时在气相及凝聚相发挥作用。

2. 钼系阻燃剂/抑烟剂

有抑烟性能的主要是钼及其化合物，六价钼的氧化态和配位数易于改变，这使其有可能作为阻燃剂及抑烟剂，且在固相起作用。抑烟作用可能是通过路易斯酸机理促进炭层的生成和减少烟量，钼在 PVC 中能以路易斯酸机理催化 PVC 脱 HCl 形成反式多烯，使之不能环化生成芳香结构，这正是烟的主要成分。另外，当硬质 PVC 中加入 2% 的三氧化钼时，燃烧后保留在试样上的炭量增加了一倍以上。

八钼酸蜜胺是由钼酸铵和三聚氰胺反应制得的，两者的性能互相补充，在起到抑烟作用的同时还具有一些膨胀型阻燃剂的性能，对高聚物的熔滴具有很好的抑制作用。八钼酸蜜胺有两个失重过程：$354 \sim 395℃$，$395 \sim 476℃$，最后形成含量高达 50% 的耐热残余物，是发挥阻燃和抑烟作用的主要成分。

以上叙述了对阻燃性有贡献的元素，表 10-3 列出了这些元素发挥效应的必要含量。

表 10-3　各元素发挥阻燃作用的必要含量 （%）

物质名称	P	Cl	Br	P+Cl	P+Br	Sb$_2$O$_3$+Cl	Sb$_2$O$_3$+Br
纤维素	2.5~3.5	724	—	—	1+9	(12~15) + (9~12)	—
聚烯烃	5	40	20	2.5~9	0.5+7	5+8	3+6
聚氯乙烯	2~4	40	—	—	—	5~15	
聚甲基丙烯酸甲酯	5	20	16	2+4	1+3	—	7+5

物质名称	P	Cl	Br	P+Cl	P+Br	Sb$_2$O$_3$+Cl	Sb$_2$O$_3$+Br
聚丙烯腈	5	10~15	10~12	(1~2)+(10~12)	(1~2)+(5~10)	2+8	2+6
聚苯乙烯	—	10~15	4~5	0.5+5	0.2+3	7+(7~8)	7+(7~8)
聚氨酯	1.5	18~20	12~14	1+(10~15)	0.5+(4~7)	4+4	2.5+2.5
不饱和聚酯	5	25	12~15	1+(15~20)	2+6	2+(16~18)	2+(8~9)
尼龙	3.5	3.5~7	—	—	—	10+6	—
环氧树脂	5~6	26~30	13~15	2+6	2+5	—	3+5

已知的典型阻燃理论有熔融概论、吸热反应论、不燃气稀释可燃气体论及炭化促进论等。这些阻燃理论一般需要考虑以下内容：

（1）改变分解燃烧机理，改变发生气体；

（2）改变分解燃烧过程，往燃烧热减少方向变更；

（3）用物理方法隔开氧与发热源之间的接触，形成炭化物、固熔体；

（4）增加比热和导热系数，阻止火焰的传播；

（5）提高着火点和分解温度，提高分解所必需的热能。

实际上无论应用哪种机理谋求阻燃，都必须反复试验。

四、织物的阻燃策略

（一）本征阻燃聚合物方法

用本身就有阻燃功能的材料制备织物，如碳纤维、诺曼克斯、聚苯并咪唑、热塑性酚醛树脂、基耐尔（Kynel）等，这些纤维本质上是难燃或耐热的。

日本大阪 Kaneka 公司生产的 Kanecaron 品牌改性聚丙烯腈纤维，它含 35%~85% 丙烯腈成分，纤维易染色、柔性好，燃烧需要氧气含量高，极限氧指数（LOI）为 28%~38%，显著大于一般天然纤维和合成纤维，具有良好的离焰自熄阻燃性。很多合成纤维加热熔融成液态，熔滴溅到皮肤会造成严重灼伤，Kanecaron 纤维即使燃烧，也不会熔成液态，而仅是炭化，稍微收缩，消除烫伤可能性。Kanecaron 的不熔融性及自熄灭性（炭化而防止火焰扩大）最终对使用者形成保护，其阻燃性经洗涤不衰退，可与其他非阻燃性纤维按一定比率混纺实现阻燃，与易燃纤维如棉纤维混纺在一起，Kanecaron 仍能保持耐火性能，抵御天然纤维的燃烧火焰，缓和燃烧速度，隔绝空气，停止燃烧。

丙烯腈材料（40%~60%）在不同纺织品中卤素的含量为：窗帘 Cl > 30%、Br > 13%，地毯 Cl>7.3%、Br>2.2%。

波莱克勒尔是在聚氯乙烯乳液中溶解聚乙烯醇配制成原液，在芒硝浴中进行乳液纺丝制成，目的是使阻燃纤维最大程度上保持纤维本身的性能。

（二）阻燃剂共混方法

阻燃剂共混法是在纺丝时将阻燃剂混炼加入聚合物中制成制品的方法。

（1）黏胶丝。在黏胶原液中混炼加入磷化物。磷化物主要有以下三种：烷基磷氮酯、氯亚乙基亚磷酸酯与丙酯的缩合物、卤烷基磷酸酯。中国南通罗莱化纤有限公司的罗莱牌阻燃三维卷曲短纤维，在聚合过程中加入磷质防火化合物，该阻燃纤维产品耐洗可染，大量用作床上用品、服装和家具材料。

（2）醋酯纤维、聚丙烯腈纤维。实现这两种纤维的阻燃非常困难，必须混练入大量 Br 与 P，混入量为 20%~30%。能够实现阻燃的化合物有二溴代丙基磷酰和卤烷基聚卤烷磷酸酯。

（3）聚酯纤维。一般混入含磷聚合物或混炼卤代苯化合物。日本 Toyobo 公司纺织纤维部的 Toyobo Heim 阻燃聚酯纤维，有长丝和短纤两个品类，在纤维生产过程中，用共聚方法加入阻燃材料。由于纤维本身带阻燃性，对比一般后处理加阻燃剂的纤维，其阻燃效果更稳定，具有长效性，可经受反复家庭水洗或干洗，具有优异的自熄灭性，遇火时也只会产生少量的低毒性气体和烟。纤维不易吸水，洗后干燥快，产品尺寸稳定性好，不易皱缩，无须熨烫，耐日晒和抗化学剂，防虫害霉变。

（三）阻燃后整理

用阻燃剂对织物进行后整理。新乡市新星特种织物有限公司开发了多种复合型阻燃面料，如阻燃三防面料、阻燃防静电面料、CVC 阻燃面料、阻燃弹力面料。

产业用纤维进行阻燃后整理的制品有绳索（安全网）、粗帆布、帐篷、安全防护毡布、绝热材料、地毯等。

（1）绳索（尼龙）。符合消防法要求的安全网，经硫脲的羟甲基化合物或缩合硫酸氨基甲酸酯与尿素树脂合并的溶液浸渍整理，其固形物含量 6%~10%。

（2）粗帆布、帐篷（尼龙、聚酯）。有些尼龙和聚酯植绒布以及厚织物要进行防水、疏水、防火等处理。其方法为：在聚氨酯树脂浴中添加 30%~40%防火剂同时进行整理。过去所用的防火剂以二溴丙基磷酰三酯为主，最近使用聚磷酸酯系化合物。

（3）安全防护毡布（棉、维尼纶、聚酯等）。符合消防法的防火整理方法有 PVC（糊糊状）与 Sb_2O_3 合用的涂层法。

（4）绝热材料（聚酯纤维、醋酯纤维、黏胶丝等）。以非织造布为主体，黏合剂中混入 2%~30%难燃剂，用喷雾法进行整理。难燃剂主要用双卤烷基磷酸酯。

（5）地毯。日本东京消防厅的条例规定楼梯上的地毯要有防火性，底纹中混入氢氧化铝可以达到防火目的。但对于尼龙、聚丙烯腈纤维来说，还需要用阻燃剂，所用阻燃剂为 100 份胶乳中加入 20~30 份缩合硫酸系与缩合磷酸系化合物。

五、阻燃测试与阻燃标准

（一）阻燃测试

纺织品燃烧测试因原理、设备和目的不同而多样。各种测试方法的测试结果之间难以相互比较，实验结果仅能在一定程度上说明试样燃烧性能的优劣。燃烧实验方法主要用来测试试样的燃烧广度（炭化面积和损毁长度）、续燃时间和阴燃时间。

根据试样与火焰的相对位置，可分为垂直法、倾斜法和水平法。我国制订并实施了 10 多项不同的测试方法标准，如 GB/T 5454—1997《纺织品　燃烧性能　试验氧指数法》、GB/T 5455—2014《纺织品　燃烧性能　垂直方向损毁长度、阴燃和续燃时间的测定》、GB/T F5456—2005《纺织品燃烧性能　垂直方向试样火焰蔓延性能的测定》等。

我国目前对于服装阻燃性能的测试主要采用 GB/T 5455—2014，其原理是将一定尺寸的试样垂直置于规定的燃烧试验箱中，用规定的火源点燃 12s，除去火源后测定试样的续燃时间和阴燃时间，阴燃停止后，按规定的方法测出损毁长度。该方法可用于服用织物、装饰织物、帐篷织物等的阻燃性能测定。我国的纺织品阻燃性能评价方法是以织物的燃烧速率为主要依据的，只有符合标准要求的纺织产品才能被视为阻燃产品。

（二）阻燃标准

根据织物的用途不同，阻燃标准有高有低，要与工艺和成本联系起来考虑。日本建筑基准法中有烟雾气体的限制，在 1959 年首先采用烟雾限制法，继而从 1976 年起采用气体毒性限制法，以老鼠停止运动的下标准值进行比较，来确定是否有毒。可从以下两方面进行考察：

（1）燃烧气体的组成。在相同条件下，经阻燃整理的织物燃烧时生成的 CO 量为未经阻燃整理织物燃烧时的 1/3~1/10，同时燃烧时空气中氧气下降率也少。

（2）燃烧法。阻燃指标随试验方法不同而有多种数值，再现性比较好的为极限氧指数。织物燃烧时也受原丝、经纬密度、布厚度、尺寸、湿度、物理乃至化学处理、洗涤程度等影响。此外，即使试样完全相同，燃烧情况也与试样的保形性、方向性、环境等有关。更具体地说，火源的种类、试样的保形性、燃烧场所、空气流动方向与速度均影响燃烧性。此外还要考虑燃烧产生的烟及有毒气体、发热量等情况。

通常情况下，评判织物的阻燃性能有两种依据：

一种是从织物的燃烧速率进行评判，即经过阻燃整理的面料按规定的方法与火焰接触一定的时间，然后移离火焰，测定面料继续有焰燃烧和无焰燃烧的时间，以及面料被损毁的程度。有焰燃烧的时间和无焰燃烧的时间越短，被损毁的程度越低，则表示面料的阻燃性能越好；反之，则表示面料的阻燃性能不佳。

另一种是通过测定样品的极限氧指数进行评判。极限氧指数（LOI）是指样品燃烧所需氧气量的指标，故通过测定极限氧指数即可判定面料的阻燃性能。极限氧指数越高说明维持燃烧所需的氧气浓度越高，即表示越难燃烧。该指数可用样品在氮、氧混合气体中保持烛状燃烧所需氧气的最小体积百分数来表示。从理论上讲，纺织材料的极限氧指数只要大于 21%（自然界空气中氧气的体积浓度），其在空气中就有自熄性。根据极限氧指数的大小，通常将纺织品分为易燃（LOI<20%）、可燃（LOI = 20% ~ 26%）、难燃（LOI = 26% ~ 34%）和不燃（LOI>35%）四个等级。

第五节　织物的红外透通性和抗紫外性能

10-5

　　红外线是波长介于微波与可见光之间的电磁波，波长在 770nm～1mm，是波长比红光长的非可见光。远红外线能穿透皮肤，触及神经。皮肤吸收红外辐射后，可使皮肤吸附层内的血液流动增强，血液和组织之间的交换增加，加强微循环促使毒素的排出加快，从而形成对机体起保护作用的色素。透入体内的红外辐射借助于神经系统和血液的反应，可对各种腺体的功能和人体物质总交换发生作用。因此，红外辐射已成功地用于人体保健及治疗淋巴系统的疾病、关节病痛、神经痛、肌肉痛、湿疹和皮肤斑疹，激活生物大分子活性活化组织细胞，有效调整人体组织液的酸碱度，以及用于治疗各种跌打损伤。

　　适度的红外辐射对人体的益处已为人们所共识，各类红外保健用品及红外理疗仪的产生就基于此。这些保健用品及医疗仪器可分为两类：一类是利用人体对红外辐射的吸收特性，用红外辐射陶瓷或涂料制成辐射源，对人体进行辐照，此类设施大部分有热源，属高温型，主要用于治疗应用，如理疗仪、红外治疗带等。另一类为利用人体所散热量，将其在常温下转化为易于人体吸收的红外线，把红外光线转化材料加入各种纤维中或涂于布上，做成红外枕头、袜子、内衣及护膝等。目前，国内外市场上主要以丙纶、腈纶、涤纶、尼龙和黏胶为载体，添加远红外陶瓷粉，陶瓷粉的技术指标要高、颗粒要细（要达到 $2\mu m$ 以下）、发射率要高（要达到 0.9 以上）、添加量要达到 20% 左右。

一、红外透通性

　　为避免太阳光（辐射热）晒伤、烫伤皮肤，夏天需要打伞或者戴帽子，目的是隔断被晒热地面的热或光线，这样既可避免太阳的直接照射，也可避免接触被太阳晒热了的东西。虽然空气吸收了太阳的热量，但因为空气比热小，空气温度并不过高，且水蒸气容量大，可从身体吸收气化的水分。人体出汗时，从身体吸收热量使其蒸发气化，这就有助于人体热量发散，这对防暑作用大，为此防暑用的服装选用透气性大，且热透过性小的材料为好。

（一）红外线的反射、吸收

　　环境中的红外线主要来自太阳，也有人工的高温发热体。对这些辐射的红外线，织物反射一部分，吸收一部分，透过一部分。寒冷时透射的红外线使织物加热，与之接触的皮肤或其他材料受暖，这时应考虑吸热效果，酷热时要考虑防止吸热。

　　红外线的反射、吸收与服装的表面状态有密切关系。表面光滑的织物反射性能大，表面粗糙的织物反射性能小；一般长纤维的织物，像缎纹组织那样浮长线长，起毛少的、有光泽的反射性大，而起毛织物、短纤维织物、起绒织物反射小；反射比例大的材料吸收的比例小。

　　红外线的反射、吸收与服装材料的颜色、光泽有很大的关系。一般情况下染色材料比白色材料红外线吸收得多，黑、紫、红色吸收大，而黄、青色小，黑色比白色吸收多两倍以上。颜色的深度与热量之间的关系是随深度的增加吸热量增大。现用白色和黑色的布片分别包住温度计的球部，放在温度不太高的发热物体的近旁，白色与黑色之间的温度上升的差别不明显。像太阳那种高温热源的辐射线，黑色织物比白色织物吸热大。从这个例子来看，在受阳光直射的地点穿白色衣服比穿黑色衣服感觉凉爽一些，冬季穿黑色服装比穿白色服装暖和，但在室内或背阴的地方，白色与黑色并没有差别。因此冬季穿黑色服装，夏季穿白色服装，只有在直接接受阳光辐射的情况下才有防寒、防暑性，在室内夏季穿白色服装凉爽，冬季穿黑色服装温暖，只不过是习惯上的主观感觉罢了。

同样是接受直射的日光，用伞或窗帘等遮蔽，与身体保持一定距离的情况下，白色面料比黑色面料感觉会凉，因为白色面料吸收辐射虽少但透过辐射明显多，而吸收热量大的黑色面料因吸热量大而透过量小。

研究表明，织物对红外线的吸收与服装的穿法有关。概括说来，红外线照射到不同纤维材料的面料上，穿一层时看不出吸收的差别，穿多层也未看出差别。将热吸收性能大的带色织物穿在外面，中间穿白色的，这样保温效果较好。把如绒线编织物一样具有厚质地、有空气层的服装穿在外面，热吸收得多，保温效果好。

（二）红外线的透射

具有气孔的织物，如针织物等，红外线透过多，特别是有直通气孔的织物，红外线的透射性与气孔面积呈正比。

人体发射主波长为 $9 \sim 10 \mu m$，共振吸收的主体也在此波长范围，使人体感到暖和，也能使人体表皮下的微毛细血管（动静脉吻合）自动膨胀，使微循环得到改善，微循环经常处于一种激活状态，使人更健康。过渡元素的一部分氧化物和碳化物能辐射 $3 \sim 25 \mu m$ 的光波，用得最多的是碳化锆、氧化锆粉末，可以加入化纤纺丝液中。有人做过动物试验，用 $3 \sim 25 \mu m$ 波长长期照射，有可能引起微毛细血管过早硬化。红外线服从正常的透射规律（lambert bear's law），即：

$$I_t = I_0 \exp(-\alpha x) \qquad (10-11)$$

式中：I_t 为透射光强度；I_0 为入射光强度；α 为透射系数；x 是距离。

当红外波长与纤维直径达到相同数量级时就可以出现绕射，因此需要修正 I_0。

$$I_t = \frac{I_0}{1 - \beta_r} \exp(-\alpha x) \qquad (10-12)$$

式中：β_r 为前表面的反射率。

人体皮肤对红外辐射吸收的能力也是很强的，这符合基尔霍夫定律。在 $3 \mu m$ 和 $7 \sim 14 \mu m$ 有较强的吸收峰。最有效的吸收波长在 $7 \mu m$ 以上。人体皮肤由表皮、真皮、皮下组织三部分组成。真皮和皮下组织里面由神经、感受器、淋巴管、汗腺和毛囊组成。远红外线能穿透皮肤，触及神经。多层反射引起了入射光强增加。红外光照射到材料表面，会产生20%的吸收，40%的反射和 $20\% \sim 30\%$ 的透射。吸收部分会使材料自身温度升高（虽升温量有限）。

（1）透过部分照到人体，给人加热；

（2）人自身也会辐射红外线，在织物上被反射回来；

（3）微气候区中保持 $30℃$，衣服内比皮肤温度高 $3℃$，就感觉很暖和，提高 $0.3℃$ 就会有明显感觉。

二、紫外透通性

（一）问题的提出

波长短于 400nm 是紫外线，根据生物效应的不同，将紫外线划分为四个波段。

（1）UVA 波段。波长 320~400nm，又称为长波黑斑效应紫外线，有很强的穿透力，可以穿透大部分透明的玻璃以及塑料。日光中含有的长波紫外线有超过 98% 能穿透臭氧层和云层到达地球表面，UVA 可以直达肌肤的真皮层，破坏弹性纤维和胶原蛋白纤维，将我们的皮肤晒黑。360nm 波长的 UVA 紫外线符合昆虫类的趋光性反应曲线，可制作诱虫灯。UVA 紫外线可透过完全截止可见光的特殊着色玻璃灯管，仅辐射出以 365nm 为中心的近紫外光，可用于矿石鉴定、舞台装饰、验钞等场所。UVA 对人体危害比较小，能帮助人体合成维生素 D，维生素 D 在自然界不存在，无法从自然界直接得到，而维生素 A+紫外线光化学转变成维生素 D，这就是晒太阳的益处。

（2）UVB 波段。波长 275~320nm，又称为中波红斑效应紫外线，中等穿透力，它的波长较短的部分会被透明玻璃吸收，日光中含有的中波紫外线大部分被臭氧层所吸收，只有不足 2% 能到达地球表面，在夏天和午后会特别强烈。UVB 紫外线对人体具有红斑作用，能促进体内矿物质代谢和维生素 D 的形成，但长期或过量照射会令皮肤晒黑，并引起红肿脱皮。紫外线保健灯、植物生长灯发出的就是使用特殊透紫玻璃（不透过 254nm 以下的光）和峰值在 300nm 附近的荧光粉制成。

（3）UVC 波段。波长 200~275nm，又称为短波灭菌紫外线，穿透能力最弱，无法穿透大部分的透明玻璃及塑料。日光中含有的短波紫外线几乎被臭氧层完全吸收。短波紫外线对人体的伤害很大，短时间照射即可灼伤皮肤，长期或高强度照射还会造成皮肤癌。紫外线杀菌灯发出的就是 UVC 短波紫外线。UVC 在地球自然界不存在，存在于紫外光源和宇宙光线中。

（4）UVD 波段。波长 100~200nm，又称为真空紫外线。紫外线的透通性受到世界一些地区（南极、澳大利亚和新西兰）的重视，UVC 到达地球的数量很少，但自从臭氧孔洞出现以后，UVC 数量增加，UVC 会导致皮肤癌、紫外线过敏，要屏蔽。阳光中的 UVA 和 UVB 这两种穿透性紫外线，会直达皮肤真皮层，使过敏体质人群受照射区皮肤出现红、灼、热、痛，这便是医学上常说的日光性皮炎即紫外线过敏；同时，长波段紫外线辐射还会导致"健康杀手"——自由基在体内急剧增加，使局部皮肤产生皱纹、色素沉积、细胞损害，甚至可改变免疫系统，造成更严重的光毒性和光过敏反应。常规紫外线防护措施包括防晒霜和防紫外线遮阳伞的使用，使用防晒霜只能阻挡部分 UVA，对 UVB 则不太管用，而防紫外线遮阳伞对从地面和墙面反射来的紫外线根本无能为力。

（二）紫外线吸收剂

由于太阳光中含有大量对有色物体有害的紫外光，其波长 290~460nm，这些有害的紫外光通过氧化还原作用（redox reaction）使颜色分子分解褪色。防止有害的紫外光破坏颜色的方法既有物理的，也有化学的。这里介绍化学的方法，即使用紫外线吸收剂对受保护的物体实施有效的抑制，或削弱其对颜色的破坏。

$\sigma-\pi$ 价键都具有吸收 UVB 的能力，吸收后变成 $2\sim3$ 个低能光子。有些织物本身不需要紫外吸收剂，如涤纶织物（苯环）、荧光增白剂处理后的织布。紫外线吸收剂应该具备以下条件：

（1）可强烈地吸收紫外线（尤其是波长为 $290\sim400nm$）。

（2）热稳定性好，即使在加工中也不会因热而变化，热挥发性小。

（3）化学稳定性好，不与制品中材料组分发生不利反应。

（4）混溶性好，可均匀地分散在材料中，不喷霜，不渗出。

（5）吸收剂本身的光化学稳定性好，不分解，不变色。

（6）无色、无毒、无臭。

（7）耐浸洗。

（8）价廉、易得。

（9）不溶或难溶于水。

目前较为理想的紫外线吸收剂/光稳定剂多为复配型的，特别是以水杨酸酯类、苯酮类、苯并三唑类、取代丙烯腈类、三嗪类与受阻胺类复配，可取得比任何单独紫外线吸收剂更为理性的效果。

紫外线吸收剂的使用领域：聚合物（塑料等）、涂料（汽车喷漆、建筑物涂饰）、印刷油墨、染色/印花纺织品的后处理、防晒化妆品。

（三）紫外线的反射、吸收、透过

同红外线一样，紫外线也是一部分被服装材料表面所反射，一部分被吸收，一部分透过。菱山氏概括了关于紫外线的透过、吸收情况：

（1）所有服装材料，在一定程度上都能妨碍紫外线的透过，其透过能力主要与织物的组织、质地有关，受构成该服装材料的纤维种类影响较小。

（2）一般来讲，针织品材料透过紫外线的程度最大，斜纹织物为次，平纹织物最小。总而言之，纤维实体是妨碍紫外线透过的，而直通孔具有较大的透过能力。所以说纱布、纱、蚊帐布、罗纹等直通孔大的织物透过能力大，而斜纹哔叽、平纹细布、绉绸等较紧密的织物透过能力小。

（3）组织和厚度都相同的织物，一般来说羊毛制品比棉织品、丝织品、人造丝织品透过能力都大。毛织物从保温角度来看最好，紫外线的透过性能比其他纤维制品都优越。实践证明，纯毛针织品衣料遮挡紫外线要 $8mm$ 厚（假设一件厚度为 $0.73mm$，则需要 11 件），有充分保暖厚度的羊毛制成的服装，与比较薄的其他纤维制成的服装，紫外线都能透过。

（4）无论纤维的种类如何，染色都明显地妨碍紫外线透过。极淡染色与白色比较，透过能力显著降低，有的暗浓色，如黑色织物 $1\sim2$ 层完全能遮挡紫外线。按紫外线透过能力的大小，其顺序是白、青、紫、灰、黄、绿、橙、红、黑。黑色的透过能力只有白色的 1/3 左右。相同的色调，依照颜色的浓淡，透过性能有不同，浓色比淡色透过能力小。

服装材料的紫外线透过情况，概括如下：

（1）织物的紫外线透过能力受有无颜色影响很大，另外纤维的种类，织物的厚度，纱线的密度也有相当影响。

（2）纤维材料不同的织物，在织物厚度、纤维的充实度相同的情况下，麻，尼龙面料紫外线透过比例较高，人造短纤维、棉、羊毛等面料的紫外线透过率一般都低。纤维相同而厚度和经纬密度不同的面料，密度越稀、越薄，透过率越高。

（3）将织物重叠时，紫外线透过率有按对数曲线减少的倾向，织物的含水率越大，紫外线透过率越高。

参考文献

[1] 姚穆. 纺织材料学 [M]. 2 版. 北京：中国纺织出版社，1990.

[2] 于伟东. 纺织材料学 [M]. 2 版. 北京：中国纺织出版社，2019.

[3] 姜怀. 纺织材料学 [M]. 2 版. 北京：中国纺织出版社，2004.

[4] 雷大鹏，陈衍夏，施亦东，等. 光触媒抗菌除臭纺织品的研究进展及前景 [J]. 印染，2006，32（13）：45-48.

[5] 顾伯洪. 织物弹道贯穿性能分析计算 [J]. 复合材料学报，2002，19（6）：92-96.

[6] 张志新. 阻燃剂发展展望 [J]. 阻燃材料与技术，1995（6）：5.

[7] 丁喜峰. 关于红外保健用品保健作用机理的探讨 [J]. 红外技术，2000，22（3）：56-57.

[8] 吴国风. 纺织品的抗紫外线整理方法及评价 [J]. 纺织科技进展，2010（5）：20-23.